岩石物理学
——从经典到数字化

刘洁等 编著

科学出版社

北京

内 容 简 介

岩石物理学是地球物理学及相关专业的重要基础课程，重点阐述岩石中的流体运动及岩石变形、声学、电学、磁学、热学性质。经典的岩石物理学是在难以获得岩石内部结构的条件下，基于大量实验并结合理论推导建立起来的。近二三十年发展起来的数字岩石物理学，通过新技术获得岩石内部精细结构，结合数值模拟技术，助力岩石各种物理学特性的深入研究，提供前所未有的岩石物理学研究新视角。本书在经典岩石物理学内容基础上，加入数字岩石物理学的概念、方法及应用，给学生提供从传统到前沿的岩石物理学知识。

本书可作为高等院校相关专业岩石物理学教材，也可以作为相关科研工作者了解岩石物理学，特别是涉及数字岩石物理的参考书。

图书在版编目(CIP)数据

岩石物理学：从经典到数字化 / 刘洁等编著. —北京：科学出版社，2023.11

ISBN 978-7-03-076945-9

Ⅰ. ①岩⋯ Ⅱ. ①刘⋯ Ⅲ. ①岩石物理学—基本知识 Ⅳ. ①P584

中国国家版本馆 CIP 数据核字（2023）第 217262 号

责任编辑：郭勇斌 彭婧煜 张 熹 / 责任校对：杨聪敏
责任印制：苏铁锁 / 封面设计：义和文创

科 学 出 版 社 出版
北京东黄城根北街 16 号
邮政编码：100717
http://www.sciencep.com

北京凌奇印刷有限责任公司 印刷
科学出版社发行 各地新华书店经销
*

2024 年 1 月第 一 版　开本：720×1000　1/16
2024 年 1 月第一次印刷　印张：18 1/4　插页：4
字数：370 000

POD定价：118.00元
（如有印装质量问题，我社负责调换）

本书编写组

刘 洁 成 谷 刘金峰 刘善琪

引　言

　　岩石物理学课程是地球物理学、石油工程、测井等专业的重要基础课程，也是相关学科学生最早学习的专业必修课之一。岩石物理学涵盖以下内容：岩石的孔隙结构及流体运移特性、岩石的强度、岩石破坏与摩擦滑动、声波在岩石中的传播以及岩石的电学性质、磁学性质和热学性质等。这些内容涉及范围十分广泛，是相关专业学生后续学习多门专业课程的基础。

　　岩石物理学对应的英文可以是 rock physics 或者 petrophysics，其中 petrophysics 有时也被翻译为"储层岩石物理学"。岩石物理学可以有不同的侧重点，以服务于不同学科；与之对应，现有岩石物理学教材大致可以分为三大类。第一类强调岩石强度与力学性能，特别是高温高压条件下的岩石破坏与摩擦作用，这是服务于偏理论的固体地球物理学的岩石物理学（rock physics），代表作有陈顒等 2001 年和 2009 年出版的《岩石物理学》，以及席道瑛和徐松林 2012 年出版的《岩石物理学基础》。第二类强调岩石孔隙结构与渗透性，包括毛细管作用和多相流问题，这是服务于石油工程等应用的岩石物理学（petrophysics），如 Peters 2012 年出版的 *Advanced Petrophysics*（共四卷）。第三类强调岩石的声学特征和电、磁特性，这是服务于地球物理探勘的岩石物理学，如孙建国所编 2006 年版的《岩石物理学基础》。也有少量涵盖内容较丰富的岩石物理学教材，但往往深度和广度难以兼容。不同学校教材的选取，主要根据各自学校及专业所制定的培养方案和培养目标。

　　近二三十年发展起来的以微观层析成像（也称微观 CT）为主的数字岩石技术提供了前所未有的岩石内部三维精细结构，从中可以识别孔隙、裂隙及不同矿物颗粒的大小、形态和分布，使得从微观角度定量分析岩石的各种物性特征成为可能，为岩石物理学研究内容带来了革命性的影响。现在已经发展出数字岩石物理学（digital rock physics，DRP）这样一个新的学科分支。

　　数字岩石物理学依赖于岩石三维结构的高分辨率数字图像，同时，现代数值模拟计算技术也是数字岩石物理学的重要支撑。数字岩石物理学不仅分析岩石结构，而且在精细结构的基础上模拟计算岩石物性，并分析物性与结构的深层次关系。岩石的成分、结构与物性的关系正是岩石物理学研究的核心内容，因此数字岩石物理学是岩石物理学的重要进展，并且已经成了岩石物理学前沿的关键组成部分。

　　在目前的岩石物理学教材中，仅陈顒等 2009 年出版的《岩石物理学》涉及极少量数字岩石物理学的新进展。经典岩石物理学是在岩石内部孔隙和不同成分矿物的准确结构难以获得的条件下建立起来的，因此无法就岩石内部结构特征与物理性质定量关系进行深入探讨，而数字岩石物理学使得这些关系的研究得以突破。本书正是基于岩石物理学的数字化革命，为满足教材的基础性、前瞻性，在介绍传统岩石物理学基本知识的基础上，加入以下内容：①岩石精细结构图像的获取及相应的图像处理技术；②岩石微观结构的定量描述方法；③基于微观孔隙结构的孔隙尺度流体渗流特征及研究进展；④依据岩石中矿物成分与结构定量分析岩石变形、声学、电学和热学性质的基本方法及应用实例。

本书由中山大学从事一线实践教学的教授专家组织编写。编写人员有刘洁（第1~7章）、成谷（第6、7章）、刘善琪（第7章）、刘金锋（第8章）。刘洁负责全书统稿与修改工作。

成书过程中，多位学生参与了文字和部分图片的校正工作，在此表示感谢！

因时间和水平所限，本书尚存诸多不足，恳请批评指正！

编　者

2022年12月于中山大学

目 录

第1章 岩石及其基本特征 ··· 1
1.1 岩石的结构特征与成因 ·· 1
1.1.1 岩石的成分 ··· 1
1.1.2 岩石的分类及成因 ·· 3
1.1.3 成岩过程 ··· 6
1.1.4 岩石类型与岩石物理性质 ··· 6
1.1.5 岩石的微构造 ·· 7
1.2 岩石的特性 ·· 9
1.2.1 多样性 ··· 9
1.2.2 多变环境 ··· 9
1.2.3 时空尺度变化 ··· 10
1.3 岩石物理学 ··· 11
1.3.1 岩石物理学的内涵 ·· 11
1.3.2 岩石物理学的研究方法 ··· 12
1.3.3 岩石物理学研究意义 ··· 12
思考题 ·· 14
参考文献 ·· 14

第2章 岩石数字化技术基础 ··· 15
2.1 岩石观测技术概述 ·· 15
2.2 X射线微观层析成像技术 ··· 16
2.2.1 基本原理 ··· 16
2.2.2 不同设备 ··· 17
2.2.3 从投影图像到三维结构 ··· 19
2.3 三维CT图像处理 ··· 23
2.3.1 三维图像数据特征 ·· 23
2.3.2 图像处理流程 ·· 25
2.3.3 岩石三维结构显示 ·· 27
2.4 逾渗理论基本概念 ·· 30
2.4.1 逾渗与团簇 ··· 30

2.4.2　连通性与逾渗阈值 ··· 32
　　2.4.3　基于逾渗理论的CT图像分析 ·· 35
2.5　数字岩石发展与应用 ··· 37
　　2.5.1　发展历程 ··· 37
　　2.5.2　结构的表征 ··· 38
　　2.5.3　岩石结构与物性关系 ··· 41
思考题 ·· 41
参考文献 ·· 41

第3章　岩石中孔隙与流体运移 ·· 43
3.1　孔隙与孔隙度 ··· 43
　　3.1.1　孔隙结构 ··· 43
　　3.1.2　孔隙结构指标 ··· 44
　　3.1.3　孔隙度的测量 ··· 46
3.2　达西定律和渗透率 ··· 48
　　3.2.1　渗流假设与等效体 ··· 48
　　3.2.2　达西定律 ··· 49
　　3.2.3　渗透率 ··· 50
　　3.2.4　达西定律的适用范围 ··· 51
　　3.2.5　渗透率的测量 ··· 52
3.3　孔隙度-渗透率关系 ··· 54
　　3.3.1　实验结果与拟合 ··· 54
　　3.3.2　等效管道模型 ··· 55
　　3.3.3　Kozeny-Carman 关系 ··· 57
　　3.3.4　Pittman 经验公式 ··· 58
3.4　渗透率影响因素 ··· 58
　　3.4.1　岩性差异 ··· 58
　　3.4.2　压力 ··· 59
　　3.4.3　温度 ··· 60
　　3.4.4　逾渗模型 ··· 61
3.5　多相流概念 ··· 62
　　3.5.1　饱和度与相对渗透率 ··· 62
　　3.5.2　润湿性 ··· 64
3.6　基于数字岩石的孔隙流体研究 ··· 66
　　3.6.1　基本方法 ··· 66
　　3.6.2　应用实例 ··· 68

3.7　孔隙流体的影响···73
　　思考题···73
　　参考文献···74
第 4 章　岩石变形特征与本构···76
　　4.1　应变···76
　　　　4.1.1　基本概念··76
　　　　4.1.2　应变的基本分类及定义··77
　　　　4.1.3　从位移矢量到应变张量··78
　　　　4.1.4　三维应变分析··81
　　　　4.1.5　应变率···83
　　　　4.1.6　自然界中的应变与应变率··84
　　4.2　应力···85
　　　　4.2.1　力的定义··85
　　　　4.2.2　一点的应力状态···86
　　　　4.2.3　应力张量··86
　　　　4.2.4　应力单位与符号···89
　　　　4.2.5　主应力与应力不变量···89
　　　　4.2.6　偏应力···91
　　　　4.2.7　应力莫尔圆···91
　　4.3　岩石本构的基本概念··93
　　　　4.3.1　本构概念··93
　　　　4.3.2　岩石变形特征··94
　　4.4　一般弹性本构···95
　　　　4.4.1　广义胡克定律··96
　　　　4.4.2　主要弹性参数··97
　　　　4.4.3　应力-应变关系的简化··99
　　　　4.4.4　弹性本构在地球科学中的应用···100
　　4.5　塑性与屈服··102
　　　　4.5.1　典型单轴应力-应变曲线···102
　　　　4.5.2　单轴塑性本构··103
　　　　4.5.3　塑性本构在地球科学中的应用···104
　　4.6　黏性与流变··104
　　　　4.6.1　黏性定义与特征···105
　　　　4.6.2　岩石的黏性···106
　　　　4.6.3　非完全黏性本构···107

       4.6.4 黏性本构在地球科学中的应用 109
   4.7 空间平均模型 109
       4.7.1 沃伊特平均和罗伊斯平均 110
       4.7.2 其他平均 112
   4.8 孔隙弹性 113
       4.8.1 孔隙介质压缩性 113
       4.8.2 含水孔隙介质压缩性 118
       4.8.3 有效应力定律 120
   4.9 基于数字岩石的本构分析 121
       4.9.1 基本方法 121
       4.9.2 应用实例 124
   思考题 127
   参考文献 128

第5章 岩石的破裂和摩擦 130
   5.1 破裂类型及过程 130
       5.1.1 岩石破坏的类型 130
       5.1.2 岩石破裂过程及观测 132
   5.2 岩石破裂的力学分析 139
       5.2.1 库仑准则 139
       5.2.2 其他破裂准则 142
       5.2.3 圆孔应力集中及应用 143
       5.2.4 断裂力学概念 146
       5.2.5 损伤力学概念 148
   5.3 岩石强度及影响因素 150
       5.3.1 岩石强度与实验测试 150
       5.3.2 岩石强度的影响因素 153
   5.4 岩石的摩擦滑动 156
       5.4.1 摩擦理论基础 156
       5.4.2 拜尔里定律 159
       5.4.3 岩石摩擦实验 161
       5.4.4 影响岩石摩擦的因素 163
       5.4.5 失稳准则与粘滑 165
   5.5 地应力与岩石受力状态 169
       5.5.1 自重应力与构造应力 169
       5.5.2 地应力测量 171

5.5.3　岩石圈强度极限范围 176
　5.6　基于数字岩石的破裂和摩擦研究 183
　　5.6.1　基本方法 183
　　5.6.2　应用实例 184
　思考题 188
　参考文献 188

第6章　岩石中波的传播 190

　6.1　岩石中的波 190
　　6.1.1　岩石中体波的类型和特点 190
　　6.1.2　波在介质分界面上的反射、透射和折射 191
　　6.1.3　有界介质中的波及岩石波速测量 193
　6.2　岩石中波速特征及影响因素 195
　　6.2.1　不同岩性岩石的波速 195
　　6.2.2　波速与密度和矿物成分的关系 196
　　6.2.3　波速与孔隙度及饱和度关系 197
　　6.2.4　波速与温度、压力的关系 199
　　6.2.5　波速比 201
　6.3　岩石中波的衰减 201
　　6.3.1　损耗比 202
　　6.3.2　品质因子 202
　　6.3.3　衰减系数 203
　　6.3.4　吸收衰减特性表征参数之间的关系 205
　　6.3.5　影响声波（地震波）吸收衰减的因素 205
　6.4　岩石波速的平均模型 208
　　6.4.1　岩石中不同成分的波速 209
　　6.4.2　空间平均模型 209
　　6.4.3　时间平均模型 209
　　6.4.4　裂纹模型 210
　　6.4.5　球堆模型 211
　　6.4.6　孔隙流体流量模型 211
　6.5　基于数字岩石的地震波特征研究 212
　　6.5.1　基本方法 212
　　6.5.2　应用实例 214
　思考题 215
　参考文献 215

第7章 岩石的其他性质 ·· 217
7.1 岩石的热学性质 ·· 217
7.1.1 热传导方程 ·· 217
7.1.2 岩石中的热源 ·· 218
7.1.3 岩石的热导率、比热和热膨胀系数 ·· 219
7.1.4 岩石热导率和比热的影响因素 ··· 222
7.2 岩石的磁性 ··· 226
7.2.1 物质的磁性 ·· 226
7.2.2 矿物的磁性 ·· 229
7.2.3 岩石的磁性 ·· 230
7.3 岩石的电学性质 ·· 233
7.3.1 岩石电阻率的影响因素 ·· 233
7.3.2 矿物岩石电阻率变化范围 ··· 236
7.3.3 沉积岩电阻率的各向异性 ··· 237
7.4 基于数字岩石的电、热特征研究 ··· 239
7.4.1 基本方法 ··· 239
7.4.2 应用实例 ··· 240
思考题 ·· 245
参考文献 ··· 246

第8章 岩石物理实验方法与设备 ·· 248
8.1 岩石孔隙表征 ·· 248
8.1.1 压汞法实验原理 ·· 248
8.1.2 压汞实验设备及步骤 ·· 251
8.2 渗透率测量方法 ·· 253
8.2.1 稳态法 ··· 253
8.2.2 脉冲法（瞬态法） ··· 255
8.2.3 周期加载法 ·· 256
8.2.4 气体滑脱效应及校正 ·· 256
8.3 单轴压缩实验 ·· 257
8.3.1 样品应力-应变的测量 ··· 257
8.3.2 单轴抗拉强度的测量 ·· 258
8.3.3 单轴抗压强度 ··· 259
8.3.4 有侧限单轴压缩实验 ·· 260
8.4 三轴压缩实验 ·· 261
8.4.1 常规三轴实验 ··· 262

8.4.2　真三轴实验 ··· 263
8.5　摩擦实验 ··· 264
　　8.5.1　常规直剪实验 ··· 265
　　8.5.2　围压剪切实验 ··· 265
　　8.5.3　双剪切实验 ··· 267
　　8.5.4　环剪实验 ··· 267
8.6　声发射技术 ··· 268
　　8.6.1　岩石波速与动态弹性常数测量 ····································· 268
　　8.6.2　被动声发射探测 ··· 270
　　8.6.3　声发射成像 ··· 272
参考文献 ·· 274

彩图

第 1 章　岩石及其基本特征

地球科学的研究对象就是我们赖以生存的地球。地球表面松软沉积层以下均由固化的岩石构成。地球表面的山川、高原、盆地都由岩石所支撑；地震、滑坡、崩塌等自然灾害和工程建设中的岩爆、塌方等破坏，都是不同岩石在不同环境条件下发生的突变；目前支撑人类生产生活所需要的化石能源均采自岩石；大量清洁的水和极富潜能的地热能源也储存于岩石中。岩石是人类生存和发展所需大量物资的来源，也是探求地下深处奥秘的最重要的载体。

1.1　岩石的结构特征与成因

1.1.1　岩石的成分

岩石由一种或多种矿物组成。

1.1.1.1　矿物

矿物是天然产出的、一般以固态形式存在的单质或化合物，具有确定的或者一定范围内变化的化学成分和分子结构，一般由无机作用形成。换言之，矿物是具有确定成分和晶形的天然均质固体。自然界中存在 5000 多种矿物，并且每年都有新的矿物被发现和命名。但常见的矿物仅有数十种，最常见的矿物有石英、长石（含多个变种）、橄榄石、云母、角闪石、辉石、方解石、黄铁矿和磁铁矿等。

常见矿物可以根据其化学成分划分为六大类。

（1）氧化物矿物，如石英（quartz, SiO_2）、磁铁矿（magnetite, Fe_3O_4）、赤铁矿（hematite, Fe_2O_3）等。

（2）硫化物矿物，如黄铁矿（pyrite, FeS_2）、闪锌矿（sphalerite, ZnS）、方铅矿（galena, PbS）等。

（3）碳酸盐矿物，如方解石（calcite, $CaCO_3$）、白云石（dolomite, $CaMg(CO_3)_2$）等。

（4）硫酸盐矿物，如石膏（gypsum, $CaSO_4 \cdot 2H_2O$）。

（5）硅酸盐矿物，如橄榄石（olivine, $(Mg, Fe)_2SiO_4$）、钠长石（albite, Na

($AlSi_3O_8$))、钾长石（potassium feldspar, $K(AlSi_3O_8)$)、辉石（pyroxene）、角闪石（hornblende）、白云母(muscovite, $KAl_2[AlSi_3O_{10}](OH, F)_2$)、黑云母（biotite, $K(Mg, Fe)_3[AlSi_3O_{10}](OH)_2$)、高岭石（kaolinite, $Al_4[Si_4O_{10}](OH)_8$)等。

（6）氟化物矿物，如萤石（fluorite, CaF_2）。

已知橄榄石是地幔的主要成分，上述其他矿物多为地壳中的矿物。根据这些矿物的化学表达式，可以确定地壳中占比最高的元素分别是 O（约 46%）和 Si（约 28%），其余元素 Al、Fe、Ca、Mg、K、Na 等共约占 26%；而地幔中占比最高的元素分别为 O（44%）、Mg（22.8%）和 Si（21%），其余元素 Al、Fe、Ca、K、Na 等仅占 12.2%。

在学习矿物学时，多采用颜色、形状（晶体形态）、断面纹理、密度、硬度、光泽等参数进行描述，这些参数也可称为矿物的物理性质，但属于矿物表观特征，是矿物鉴别的基本参数。而与岩石的物理性质相关的矿物物理特征则主要包括矿物的弹性特征、塑性特征（晶体位错）、声学特征（波速）、导电性、导热性和磁性特征等，这些性质也是矿物物理学研究的核心内容。

大部分矿物的晶体结构存在特定方向的对称面，导致其物理参数在不同方向存在差异（称为各向异性）。例如，完全各向同性弹性介质只存在两个独立的弹性参数，而对于各向异性的矿物，则需要用更多的参数才能准确描述；同样，由于矿物晶体结构面的存在，其发生塑性变形时，更容易沿结构面发生位错；其他物理参数也容易受到结晶方向的影响。不过，巨大的自形晶体在自然界中占比极小，多数情况下，即使是纯矿物体，也包含不同方向晶体的集合。因此可以用不同方向物理参数的平均值表示矿物的物理性质，见表1-1。

表1-1 一些造岩矿物常温常压下的密度、弹性参数和波速测量值（Schön，2015，整理）

矿物	密度/$kg·m^{-3}$	K/kPa	μ/GPa	v	v_p/$m·s^{-1}$	v_s/$m·s^{-1}$
石英	2650	36.5~38.2	43.3~45.6	0.06~0.08	6050	4090~4150
长石（平均）	2620	37.5	15	0.32	4680	2390
钠长石	2630	55~75.6	25.6~29.5	0.28~0.35	5940~6460	3120~3290
钙长石	2760	84	40	0.29	7050	3800
橄榄石	3320	130	80	0.24	8540	4910
镁橄榄石	3224~3320	129.6~129.8	81.0~84.4	0.23~0.24	8540~8570	5015~5040
白云母	2790	42.9~61.5	22.2~41.1	0.23~0.28	5100~6460	2820~3840
黑云母	3050	41.1~59.5	12.4~42.3	0.21~0.36	4350~6170	2020~3730
角闪石	3124	87	43	0.29	6810	3720
透辉石	3310	111.2	63.7	0.26	7700	4390
斜辉石	3260	94.1	57	0.25	7220	4180
方解石	2710~2712	73~76.8	32	0.31~0.32	6540~6640	3430~3440

续表

矿物	密度/kg·m^{-3}	K/kPa	μ/GPa	ν	v_p/m·s^{-1}	v_s/m·s^{-1}
白云石	2860~2870	94.0~94.9	45~46	0.29~0.3	7340~7370	3960~4000
黄铁矿	4930~5010	143~147.4	128~132.5	0.15~0.16	7920~8100	5060~5180
高岭石	1580	1.5	1.4	0.14	1440	930
铁铝榴石	4180	176.3	95.2	0.27	8510	4770
无水石膏	2970~2980	55~56.1	29.1~30	0.27~0.28	5620~5640	3130~3140
石膏	2350				5800	

注：K 为体积模量；μ 为剪切模量；ν 为泊松比；v_p 和 v_s 分别为 P 波和 S 波速度。

1.1.1.2 矿物集合体

由一种或几种造岩矿物在自然条件下经过各种地质作用形成的坚硬固体称为岩石，其中不同矿物组分及结构反映了其形成环境。岩石具有其特定的比重、孔隙度、抗压强度等物理性质。这些物理性质取决于造岩矿物的成分、所占百分比、分布状态、胶结物成分及胶结厚度，以及固体颗粒和胶结物以外的孔隙和裂隙。

不同于矿物具有确定的化学成分和结构，岩石中所含矿物成分和比例不确定且极具变化，因此不存在确定的分子表达式。另外，矿物多以晶体形式存在，矿物晶体为完整的固体；而岩石中不同矿物颗粒之间往往存在孔隙，同时构造运动使得岩石破裂，形成不同尺度的裂隙。因此岩石中总是存在大量孔隙和裂隙，且其中可能充填水、油或气体。这些充填的流体使得岩石整体的物理性质发生明显变化，这正是岩石物理学需要研究的内容。

1.1.2 岩石的分类及成因

一般将岩石划分为三大类，即火成岩、沉积岩和变质岩。

1.1.2.1 火成岩

火成岩（igneous rock）指地下高温导致原始岩石熔融后再冷凝形成的岩石，约占地壳总体积的 65%，也称为岩浆岩。熔融的物质称为岩浆（magma）。岩石在含水的条件下，从大约 650℃开始发生熔融，随着温度升高而熔融比例增大。随着熔融比例增大，岩石的流动性增强。岩浆流动到地下一定部位后会逐步冷凝、结晶，重新形成的岩石称为侵入岩（intrusive rock）；而熔融的岩浆喷发或溢出到地表后冷却形成的岩石为喷出岩（extrusive rock）。

不同成分比例的岩浆导致形成不同的岩石。岩浆中的主要化学元素为 O、Si、Al、Ca、K、Na、Mg 和 Ti，主要以硅和金属氧化物的形式存在，其中 SiO_2 的含量最高。火成岩中的 SiO_2 被称为酸性组分，根据 SiO_2 含量可以将火成岩分为超基性（SiO_2 含量<45%）、基性（SiO_2 含量 45%~52%）、中性（SiO_2 含量 52%~65%）和酸性（SiO_2 含量>65%）四大类。

从超基性到酸性的岩浆都能够以侵入或喷出的形式成岩，形成 8 种典型的火成岩类型，见表 1-2。不同类型火成岩中具体成分、矿物粒度的差异造成其物理性质也差异明显。

表 1-2 8 种主要火成岩类型

岩浆类型 （SiO_2 含量）	超基性 （<45%）	基性 （45%~52%）	中性 （52%~65%）	酸性 （>65%）
侵入岩	橄榄岩	辉长岩、辉绿岩	闪长岩	花岗岩
喷出岩	科马提岩	玄武岩	安山岩	流纹岩

1.1.2.2 沉积岩

沉积岩（sedimentary rock）指在外力作用下形成的岩石。外力作用是指以太阳能、日月引力能及势能为能源，通过大气、流水、生物引起的地质作用；与之相对，以地球内部热为能源、主要发生于地球内部的地质作用称为内力作用。沉积岩形成于低温低压环境，一般具有成层性。

沉积岩所占体积明显小于火成岩，但在地壳表层分布最为广泛，覆盖了大约 75%的陆地面积和近乎 100%的海洋面积，平均厚度在陆地为 2 km、在海洋为 1 km。

沉积岩一般可以分为碎屑岩和化学岩两大类。碎屑岩主要有砾岩、砂岩、泥岩和页岩等，化学岩包括石灰岩、白云岩、硅质岩等。由于物质来源、形成条件、成岩环境等因素的影响，沉积岩具有比火成岩更复杂的类型和物性特征，可以从以下几方面进行分析。

矿物成分：地球的常见矿物几乎都能在沉积岩中出现。沉积岩中的稳定矿物（如石英）的含量称为矿物成熟度。矿物成熟度高，对应外力作用时间长，经历长时间的搬运，长期处于温暖潮湿的环境。

粒度：碎屑直径>2 mm 称为砾岩，0.05~2 mm 称为砂岩，0.005~0.05 mm 称为粉砂岩，<0.005 mm 称为泥岩，如果具有典型的平行层理，则称为页岩。粒度大对应外力搬运作用强，反之则搬运作用弱。

分选性：指颗粒的均匀程度。分选性好表示碎屑物质搬运距离长。

磨圆度：指颗粒形状的圆度。磨圆度高表明碎屑物质经历过长距离搬运。

胶结特征：指将不同碎屑成分胶结在一起的物质的成分和固化强度。根据胶结成分可以区分为硅质胶结、钙质胶结和泥质胶结等。

层理：指岩石不同层之间表现出的颜色、矿物成分、分选性、胶结物等的差异。沉积岩中的层理有平行层理、斜层理、交错层理、粒序层理等。

上述特征中，粒度、分选性和磨圆度影响沉积岩的堆积方式，并进而影响孔隙体积；而岩石的矿物成分和胶结特征严重影响岩石的力学强度。

孔隙体积占总体积的比例称为孔隙度，是衡量岩石结构性质的重要参数。沉积岩的孔隙度明显高于另外两大类岩石。水体（海洋、湖泊等）中未固结的沉积岩的孔隙度可高达 80%，已固结的沉积岩的孔隙度一般在 5%～30%。孔隙中存在的流体在地下高温高压环境下容易与岩石各组分发生化学反应，同时流体的流动也是物质迁移和能量传输的重要环节。油气的形成、运移和开采也都与岩石孔隙及其中流体运动密切相关。一般而言，碎屑物粒度大、分选性好和磨圆度高均有助于保持岩石的高孔隙度。

页岩在地壳中含量很高，约占沉积岩总量的 50%，属于典型的细粒碎屑岩。以往的认知认为，页岩具有极低的孔隙度，低渗透性使得其成为良好的隔水层和油气盖层。但近二三十年的研究表明，页岩中可能存在高达 20%（甚至更高）的孔隙度，但是这些孔隙都极其微小，需要借助高分辨率电子显微镜才能观察到。这些微小孔隙中往往广泛地储存着油气资源，但由于孔隙微小、流动性差，需要特殊方式才能开采。

1.1.2.3 变质岩

变质作用是指岩石在基本保持固态的情况下，温度、压力和流体作用使得岩石颗粒大小、矿物成分和结构发生变化的过程。该过程的产物即变质岩。变质作用可以在高温高压、高温低压或低温高压环境下发生。变质作用方式具体包括化学成分改变（如脱水、脱碳酸、水化、化合反应和置换反应等）、矿物成分变化（同质多象的转化和变质结晶作用）、重结晶（成分无变化）和形态改变（如破裂、位错、矿物定向排列等）。变质岩具有一些典型的结构和构造，这些结构和构造成为识别变质岩的基本特征，也影响其整体的物理性质。

火成岩和沉积岩都可以在一定条件下发生变质形成变质岩。由于原岩（火成岩、沉积岩）不同、变质作用方式（接触变质、区域变质和动力变质）差异和变质程度的递进变化，变质岩的成分和结构较火成岩和沉积岩更复杂。变质岩在地壳内分布广泛，约占陆地面积的 18%。

1.1.3 成岩过程

上述三种岩石类型是在三种不同的地质作用下形成的。火成岩的形成对应火成过程（igneous processes），即高温条件下岩石熔融，经冷却结晶和固化的过程；沉积岩的形成对应沉积过程（sedimentary processes），指地表岩石在外力作用下经过剥蚀、搬运、沉淀并逐步固结成岩的过程；变质岩的形成对应变质过程（metamorphic processes），指在高温或高压环境下，原始岩石发生物理或化学变化、形成新的矿物组合的过程，该过程没有发生大比例熔融，在固态条件下发生变化。

三种成岩过程使得火成岩、沉积岩和变质岩之间可以相互转化，称为岩石循环（rock cycle）。这种相互转化贯穿整个地球演化历史和各种不同动力过程。岩石循环这一概念最早由苏格兰地质学家 James Hutton 于 1795 年提出，其基本含义为，熔融的岩浆在地下冷却过程中或喷出后结晶、固化，形成火成岩；地表及地壳浅部的岩石受地表作用影响，被剥蚀搬运到其他地方沉积下来，经过长时间压实作用固化形成沉积岩；火成岩和沉积岩处于特定的构造环境中可以发生变质作用，形成变质岩；沉积岩和变质岩因环境变化被加热到熔融温度后，可以重新转化为火成岩。因此三种岩石可以相互转化，如图 1-1 所示。伴随着岩石类型的转化，岩石的物理性质也发生相应变化。

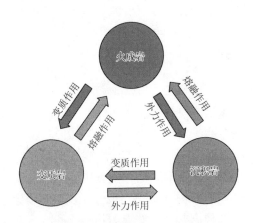

图 1-1　三大类岩石的循环转化

1.1.4 岩石类型与岩石物理性质

岩石的物理性质主要由三方面因素决定：①岩石的组成，包括组成岩石的矿物成分和孔隙，以及孔隙内的流体性质及饱和度。②岩石内部结构，包括矿物颗粒大小、形状及胶结特征，以及孔隙、裂隙的形态特征。③岩石所处的热力学环境，包括温度、压力和地应力状态等。前两个因素属于内因，第三个因素属于外因。这三方面因素使得岩石具有差异明显的物理性质，但总体而言，不同类型岩石之间又显示一定的规律性。表 1-3 给出了地壳中几种常见岩石在常温常压条件下的物理性质。岩石物理性质在不同温度、压力条件下发生的变化将在后面章节逐一介绍。

表 1-3 中数据表明，沉积岩的孔隙度明显高于火成岩和变质岩，同时其密度相对较小，力学强度明显偏低。火成岩的平均孔隙度最小，密度和强度最高。但存在特例，某些火成岩由于岩浆中包含大量气体，固结后形成大量孔隙，典型的有多孔玄武岩和浮石。含大量孔隙的火成岩的密度和强度大幅降低。浮石就因为其密度小于 $1\ \mathrm{g\cdot cm^{-3}}$，可以漂浮在水面而得名。变质过程至少伴随高温或高压中的一项，如果原岩是沉积岩，原有的孔隙一般会被压缩或充填，因此变质岩的孔隙度一般也较小，对应力学强度也较沉积岩大，但一般不会超过火成岩的强度。

表 1-3　9 种常见岩石的主要物理性质

岩石类型		密度/g·cm^{-3}	孔隙度/%	抗压强度/MPa	抗拉强度/MPa
火成岩	花岗岩	2.6～2.7	1	200～300	
	闪长岩	2.7～2.9	0.5	230～270	4～7
	玄武岩	2.7～2.8	1	150～200	
沉积岩	砂岩	2.1～2.5	5～30	35～100	
	页岩	1.9～2.4	7～25	35～70	1～2
	石灰岩	2.2～2.5	2～20	15～140	
变质岩	大理岩	2.5～2.6	0.5～2	70～200	
	石英岩	2.5～2.6	1～2	100～270	4～7
	板岩	2.4～2.6	0.5～5	100～200	

1.1.5　岩石的微构造

决定岩石物理性质的三个因素中，除了岩石所处热力学环境这一外部因素，另外两个因素都通过岩石微观结构表现。微观结构（microstructure）也称为微构造、显微构造或显微结构。岩石的微观结构不仅是岩石学研究的主要内容，也是岩石物理学的重要组成。岩石内部结构和构造影响岩石的各项物理参数。

一般岩石中的颗粒尺度都在毫米和亚毫米量级，肉眼观测较为困难，所以放大镜成为岩石结构观测的必备工具之一；显微镜和电子显微镜技术的发展使得我们拥有更精确、更细致地观测岩石结构的能力。通过薄片的显微观测，人们可以清楚地了解岩石中不同矿物成分及其含量、颗粒大小、结晶程度和形态、分布特征等。薄片显微观测已经成为岩石鉴定的必备手段。岩石薄片一般是将岩石中具有代表性的部位切割出来，加工为大约 2.4 cm×2.4 cm×0.03 mm 的薄片并固定于玻片上。图 1-2 为一些代表性岩石的偏光显微图片，展示各种不同的岩石微观结构。

各类显微镜均只能观测岩石薄片，即从二维尺度上观测岩石的微观结构。尽管二维结构可以一定程度上反映岩石总体的空间特征，并且通过不同方向切片的观测可以加强对三维结构的理解，但是真实的三维观测仍然非常必要，特别是对结构连通性的观测，其在二维和三维空间具有明显差异，而结构的连通性往往对相关的物理性质具有至关重要的影响，如孔隙的连通是流体流动的基本条件。

图 1-2 典型岩石薄片观测照片（后附彩图）
(a) 纯橄榄岩；(b) 辉长岩；(c) 闪长岩；(d) 砂砾岩

计算机层析成像（computed tomography，CT）技术和离子束聚焦（focused ion beam，FIB）技术可以帮助我们获得三维结构图像。这些技术将在第 2 章进行介绍。岩石内部三维高分辨率数字化图像使得准确观察、识别和表征不同矿物成分及其形态、大小与分布特征成为可能，为岩石物理学研究带来数字化的突破。

岩石的物理性质与岩石的微构造密切相关。例如，孔隙度的大小和连通性决定孔隙中流体的流动特性；矿物颗粒或结构的定向性使得各项物理性质在不同方向具有明显差异，即存在各向异性；微小的孔隙、裂隙或软弱的矿物成分使得岩石在受力时容易在这些软弱处首先发生失稳破坏，而破裂的扩展很可能沿矿物颗粒边界发生。

1.2 岩石的特性

1.2.1 多样性

岩石由不同矿物组成。根据国际矿物学协会统计，自然界已经定名的矿物有 5000 多种，常见的造岩矿物有 20 多种。岩石中矿物的排列组合极多；同时，具有相同矿物成分的岩石还可以因为不同含量比例、颗粒大小和排列方式而不同，使得其自身具有极其丰富的多样性。

岩石中除了矿物成分，还包含矿物颗粒之间的孔隙。孔隙可能由空气充填，也可能由水、油或者流体混合物充填。岩石受力发生破坏形成裂缝。多期次的构造运动可能形成多组相交裂缝，流体作用使得裂缝被流体或矿物沉淀物所充填。

岩石的多样性是研究岩石物理特性需要考虑的重点因素之一。对某一地区开展地球物理研究时，对具体岩石样品进行相关实验研究是十分必要的。

1.2.2 多变环境

地球的温度和压力从地表往深部单调增加，变化范围极大，如图 1-3 所示。地表压力为 1 个标准大气压，约等于 0.1 MPa；地表室温一般在 20℃左右，野外温度随纬度和高程变化的范围可达-40℃$\sim$60℃。岩石自重作用产生的垂向压力梯度达 25$\sim$33 MPa·km^{-1}，且深度增加时垂向压力梯度递增。大陆地壳底部（约 35 km 深度）压力值大约 1 GPa；岩石圈底部（约 200 km 深度）垂向压力值约 6 GPa。地下温度随着深度递增而提高，一般地壳浅部温度梯度为 25$\sim$30℃·km^{-1}，随着深度增加，温度梯度减小。大陆地壳底部温度值可达 1000℃左右，岩石圈界的温度一般认为 1300$\sim$1400℃。

构造作用过程，如板块俯冲、挤压造山和地震等，可以产生持续或瞬时的巨大构造作用力，这些构造作用力可以在重力作用基础上引起更高的压力或不同方向的差应力。差应力是引起岩石发生形状变化（即岩石破裂）的因素。

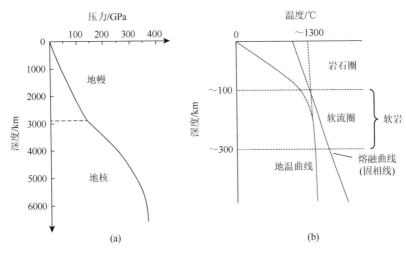

图 1-3 地表以下温压变化曲线

(a) 压力随深度变化；(b) 温度随深度变化

岩石的孔隙-裂隙中几乎总是含有水。高温、高压条件下，矿物中的化学成分发生化学反应，形成新的矿物，或者矿物颗粒溶于水随着流体在孔隙-裂隙中运移，在适当的环境条件下沉淀。这些过程都伴随着岩石成分和结构的变化，这同时意味着岩石物理性质的变化。

1.2.3 时空尺度变化

地球科学本身涉及的尺度范围极大。空间上，从矿物成分的原子结构导致的同质多象和类质同象现象，到矿物颗粒组成不同岩石、多种岩石构成地层，再到地层呈现从局部到全球尺度的不同构造，空间尺度的变化范围达 10^{15} 量级或更高。时间上，从地球诞生到现今已经有 46 亿年的历史；某些过程发生于瞬间，如地震；某些过程缓慢但长期影响极其明显，如板块俯冲和地幔对流等。时间尺度的变化范围从秒到百万年或亿年，跨度也达 10^{13} 量级以上。

对于岩石，所需要分析的空间尺度集中在从矿物颗粒到均匀化的岩石尺度。岩石的结构特征意味着在不同尺度研究岩石的物理性质可能差异显著。例如，在组成岩石的矿物颗粒大小的范围内进行测量时，所获得的测量结果实际上是矿物的相关物理性质，在不同位置取样的测量结果因矿物差异而十分离散、无规律；只有当所分析的尺度比矿物大很多，包含了足够多的矿物颗粒时，才能反映出岩石的整体物性特征。这其中包含均一性概念，可以理解为分析的尺度足够大时，从一个大的岩石体中任意位置取一个样品进行分析，都能获得一致的测量结果。但这是一种理想化的假设，自然界的岩石很难达到这种理想结果。一般我们采用统计意义的均一性,即某一尺度的分析结果统计意义上代表岩石的平均物理参数。该尺度成为我们对岩石物理性质进行分析的下限尺度——它包含足够多的矿物颗粒,代表统计学上合理的岩石平均特征。

下限尺度与代表性体元(representative volume element,RVE)的概念契合。准确确定下限尺度或代表性体元的大小具有一定难度。对于实验研究,一般倾向于取相对较大的样品进行分析;在样品尺度受限制的情况下,该问题需要慎重考虑。对于数值模拟研究,在保证分辨率的情况下,样品大小与计算量正相关;为了避免冗余计算,需要采用一些具体措施确定代表性体元大小,再对代表性体元开展物性分析计算。

与下限尺度对应的概念是上限尺度。自然界的岩石多数经历了复杂的构造运动,其中总是包含大量断层、节理和劈理等间断面。这些间断面和岩石所构成的材料称为岩体(rock mass)。岩体中的间断面或软弱面使得其整体的流体输运性质、力学强度、声学性质和其他物理性质都发生明显变化,如裂隙和断层往往使得流体的渗透作用增强,但同时使得力学强度降低。岩石分析的上限尺度一般指岩体中存在的间断面的平均距离。

岩石的下限尺度和上限尺度分别是区分矿物与岩石、岩石和岩体的尺度。对岩石物理参数进行测量和分析,样品的尺度要大于下限尺度、小于上限尺度。

上述分析阐述了在特定时间点上,岩石特征在空间上的尺度变化。与此类似,在特定空间位置上,岩石随时间尺度也发生变化,包括沉积压实作用、在特定温压环境下的化学反应和溶解-沉淀、部分熔融与重结晶、岩石破裂等形式的变化。这些变化都严重影响岩石的物理性质。

1.3 岩石物理学

1.3.1 岩石物理学的内涵

岩石物理学是一门以岩石为研究对象,物理学为研究手段的新学科,可以更具体地理解为研究岩石的物理性质的学科,其中的物理性质主要包括流体输运性质、力学响应性质、声学性质、电学性质、磁学性质和热学性质。

岩石物理学的研究对象是岩石。尽管研究对象单一,但岩石本身的多样性、地球内部环境条件变化的多样性和时空尺度的多样性,使得这一研究对象复杂多变,目前还有很多未知认识有待探索。科学研究的目的是探索自然、为人类生活谋福利,岩石物理学将研究目的具体落实到帮助理解地球内部构造与运动、能源与矿产的勘探开发、地质灾害的成因与减灾、环境保护与监测等方面。为了更好地服务于这些目的,需要不断推进岩石物理学研究。

随着科学技术的进步,CT 技术和 FIB 技术等可以提供岩石内部三维结构的数字化图像,在此基础上,数字岩石物理学正逐步形成和发展。数字岩石物理学并没有改变岩石物理学的内涵,但是数字化图像使得岩石的三维微观结构清晰可见,传统岩石物理学中所缺乏的一个重要环节得以补充;对岩石物理学的研究对象的描述实现了数字化和定量化;继而,对岩石成分与结构对物理性质的影响也可以从定量角度进行深入分析,为更好地理解地球动力学、能源与资源、灾害与环境相关的岩石问题提供了新的机遇。

1.3.2 岩石物理学的研究方法

岩石物理学是在实验研究的基础上发展起来的学科。最常见的研究方法是,采集各种相关岩石样品,在实验室中利用各种仪器设备进行测试,分析各种因素对其物理性质的影响,通过大量实验数据的统计分析获得经验关系式。继而,在建立合理且简化的数学物理模型的基础上,将实验所获经验关系外推到实际地球科学问题中。注意如果没有合适的数学物理模型,将实验室小尺度样品测试结果直接应用于自然界大尺度问题,可能导致错误结论。

鉴于岩石物理学参数涉及力学、声学和电、磁、热参数,岩石物理学的研究涉及流体力学、固体力学、地震学和电磁学等基本原理,并且需要采用相关学科的基础理论和实验方法。同时针对不同研究目的或具体的地球科学问题,如岩石破裂与天然地震的发生机制、资源勘探与开发、环境保护等,涉及不同的岩石物理特征和解决途径,需要结合具体问题采用相应的研究方法。表 1-4 为典型物理方法对应的岩石物理特征及其应用。

表 1-4 典型物理方法对应的岩石物理特征及其应用

物理方法	岩石的物理特征	应用
流体力学	岩石孔隙度和渗透率	油气、地下水开采
固体力学	岩石变形特征、强度与破裂方式	地球动力研究、地震灾害预测
地震方法	地震波速度和衰减、密度等	地震方法勘探地下结构
磁法	磁化率、磁导率	磁法勘探地下结构
电法	电导率和介电特性	电法勘探地下结构
地热	热导率、比热和热扩散系数	建立地下热结构、地热勘探与开发
重力	密度	重力方法勘探地下结构
核变	放射性参量	核能资源勘探、核废料处理

1.3.3 岩石物理学研究意义

岩石是构成地壳和地幔的主要介质,也是生活中最常见的工程材料,对岩石开展物理性质的研究兼具理论和应用意义。可以从以下几个方面进行说明。

1.3.3.1 地球内部构造与动力学

科学的本质是探索未知。对于人类赖以生存的地球，由于不可入性，获得地表以下的结构信息具有相当的难度。目前我们对地球整体结构的认识主要来源于地震波数据的反演，了解地震波在岩石中的传播特征是开展此类反演分析的前提。岩石的声学特征正是岩石物理学的主要研究内容之一。尽管我们已经获得了地球结构的粗略图像，以及局部地区的精细图像（以二维剖面为主），但离建立一个高分辨率的"透明地球"模型还有很长距离。详细的岩石声学参数是建立高分辨率地球内部结构模型的必要条件。

地球物理勘探揭示的是当前地球内部的静态构造。该构造是如何形成的？经历了多长时间？主要影响因素有哪些？未来将如何发展？这些问题属于地球动力学的范畴。解答这些问题涉及岩石的变形和演化特征，只有在很好地了解岩石在不同条件下的变形特征之后，才有可能对当前结构的成因机制、影响因素等地球动力学问题进行解释。因此，岩石的力学特征也是地球动力学分析的基础。

1.3.3.2 资源的勘探开发

地下蕴含丰富的资源和能源，包括石油、天然气、煤炭、地热和其他各种矿藏，是人类生产、生活和技术进步的重要物质支撑，发现和开采地下资源都离不开岩石物理研究。

能源与矿产资源的勘探需要大量地球物理技术以确定资源所在的空间位置。无论采用哪一种方法开展地球物理勘探，了解不同岩石对这些物理方法的响应才能判定储层的位置。为了更准确地圈定储层，需要更精细的岩石物理模型，包括流体影响、结构各向异性、温度及压力响应等。

固体资源的开发往往涉及地下结构的稳定性问题，开挖使得岩体失去原有支撑，如何避免因结构的突然破坏而造成的事故，需要研究岩石及岩体的强度和变形特征。而流体资源（如石油和天然气）的开采依赖于流体在孔隙中的流动性，有关岩石孔隙结构、渗透率和多相流问题的研究在油气工业领域至关重要。目前全球常规油气的储量已经严重不足，但非常规油气，即以往人们认为非储层的致密地层中所含油气，储量巨大。致密、极低渗透性地层的油气开采，需要采用特殊的技术（如水力压裂）提高岩石的渗透率。改造致密岩石提高其渗透率，需要研究岩石强度和破坏特征，以及破坏后流体的流动特征。另外，地热开采也涉及地下水抽取，而干热岩（多指高产热率、低渗透率的花岗岩）地区的地热开采同样也面临与非常规油气开采类似的改造致密岩石提高其渗透率的问题。

1.3.3.3 地质灾害的成因与减灾

地震是地球上最常见且破坏性最大的自然灾害。受太平洋板块和印度板块的共同作用，中国是世界上受地震灾害影响严重的国家。如何最大限度地降低地震灾害的影响是地震科技工作者的终极目标。

地震的发生对应岩石的破裂或先存破裂（断裂）的再错动，地震的孕育、发生对应岩石变形、破裂、快速滑动的过程。但这仅仅是初步的理解。不同构造环境下，哪个具体部位、什么条件下将发生地震，这些问题都还有待回答。回答这些问题需要详细了解地下构造状态、应力状态和岩石物理特征，包括岩石强度、断层摩擦强度和流体影响作用。同时，我们需要进一步了解地下岩石变形、应力积累时相伴随的其他物理现象，通过临震现象的观测作出短临地震预报，以减轻地震造成的灾害损失。这是岩石物理学研究的一个重要组成部分。

其他与岩石破坏相关的灾害包括岩崩、滑坡、边坡稳定等，对于这些一般归属地质工程范畴的灾害治理问题，也需要首先了解岩石的物理性质，特别是其力学性质。

1.3.3.4 环境保护与监测等方面

伴随工业化进程，地球的环境正日趋恶化，为保护我们赖以生存的地球，环境保护和治理措施亟待发展。相关问题如：地下水污染的防治涉及岩石中孔隙和裂隙流体输运；二氧化碳捕获封存后，是否会发生泄漏，其所处构造环境会对岩石状态有何影响？关于核废料的储存，一方面必须保证其放射性隔离，另一方面核废料可能继续生热，其周围岩石的热物理特征更是极其重要。

思 考 题

1. 判断以下哪些物质属于矿物：黄金、玛瑙、人造金刚石、石墨、岩石中的水晶颗粒、玻璃、天然汞、煤、石油。
2. 岩石下限尺度和上限尺度分别如何确定？为什么？
3. 简述研究岩石物理特征时需要考虑哪些因素。

参 考 文 献

陈颙, 黄庭芳, 刘恩儒, 2009. 岩石物理学[M]. 合肥: 中国科学技术大学出版社.
张珂, 郑卓, 章桂芳, 2021. 地球科学概论（第二版）[M]. 北京: 地质出版社.
Schön J H, 2015. Physical properties of rocks: Fundamentals and principles of petrophysics[M]. 2nd ed. Amsterdam: Elsevier.

第 2 章 岩石数字化技术基础

本章主要介绍获得岩石内部三维结构的微观层析成像方法、所获图像的基本特征和处理方案，以及对流体至关重要的逾渗（连通性）概念，随后概略介绍表征岩石几何结构的一些定量方法及基于数字化岩石微观结构的岩石物性特征研究现状。

2.1 岩石观测技术概述

岩石的观测一般主要指观测其矿物成分和结构。最简单、便捷的观测工具是放大镜。放大镜和地质锤、罗盘也被称为地质工作的三件宝。放大镜的放大倍数一般不超过 30 倍，对于尺度在毫米、亚毫米级别的颗粒和孔隙，放大镜可以帮助我们获得更清楚的图像。但是对于更微小的结构，放大镜显然无能为力。另外，应用放大镜只能观察到样品表面的颗粒和孔洞，内部结构则需要将样品切开进行观测。

显微镜的放大倍数远高于放大镜。一般光学显微镜的放大倍数可以达到 1000 倍，而透射电子显微镜的放大倍数则可以达到几百万倍；放大倍数介于这两种显微镜之间的扫描电子显微镜（scanning electron microscope，SEM）也广泛应用于岩石结构观测，现在 SEM 技术已发展到放大倍数与透射电子显微镜接近。这样的放大倍数对于观测岩石中微米、纳米尺度的精细结构不存在任何障碍。然而显微镜存在一个明显的缺陷，即只能观察二维平面结构。利用一系列二维薄片，可以一定程度上接近三维观测，但是考虑到薄片加工过程对样品的磨损，实际上很难实现连续的三维观测。

FIB 技术是通过一系列二维观测组合形成三维结构图像的一项新技术。FIB 将离子源（如镓、氦、氖）产生的离子束经过离子枪加速，聚焦后作用于样品表面。一方面，离子束产生二次电信号，形成与扫描电子显微镜类似的图像；另一方面，利用强电流离子束可以对样品表面进行剥离，剥离厚度可以控制在微米甚至纳米量级。因此，通过反复的离子束剥离、离子束电信号图像获取（或者配合 SEM 图像获取），可以获得一系列二维图像。不同于一般二维薄片加工过程对样品的大量磨损，FIB 依次仅剥离已经获得图像的微小厚度，不存在样品加工过程造成信息丢失的问题，因此可以获得极高分辨率的三维结构图像。不过，应用 FIB

技术获取三维结构图像操作难度大、成本高昂，且图像获取的同时样品也被逐步破坏。

20世纪70年代逐步发展起来的CT技术，是一种无损伤地获得样品内部结构的技术。最初将其应用于医学检测，即众所周知的医学CT。医学CT的分辨率一般在毫米量级，满足探测人体病灶的需求，但难以应用于分辨岩石亚毫米、微米尺度的结构特征。随着技术的不断完善和分辨率的提高，CT技术图像分辨率达到微米甚至纳米量级，CT技术获得了人体医学研究之外更广泛的应用。根据分辨率不同，微米级分辨率CT也被称为微米CT，而纳米级CT则被称为纳米CT。微观层析成像的英文名可以用microtomography或micro-CT，简写为μCT。词头micro-和希腊字母μ可以表示广义的微观尺度，也可以表示狭义的微米。微观CT技术应用于岩石结构观测具有三方面优势：①三维精细观测；②数字化图像；③样品无损伤。微观CT技术自1994年应用于岩石物理研究以来，现在已经广泛应用于岩石物理学和地球科学其他领域的研究。

2.2　X射线微观层析成像技术

CT技术的核心是放射线源产生的射线透过样品之后在探测器上留下不同程度衰减后的信息，一般以灰度影像记录。最常用的射线源为X射线源，所以Xray-CT、X-CT、X-ray micro-CT、X-μCT这些英文缩略词实际上都指（微观）层析成像技术。

2.2.1　基本原理

CT技术的基本原理为：射线源发射出X射线，前方安置样品，由于样品中不同物质成分对射线的吸收率不同，射线穿过样品不同部位后具有不同程度的衰减，样品另一侧的接收器（即照相机）可以记录下不同灰度值的图像（如大家熟知的医院放射科所拍摄的X光片）。这是CT技术最基础的一步。随后需要将样品进行一个小角度的旋转，X射线从另一个方向射入，探测器将获得另外一个不同的灰度影像。通过一系列不同旋转方位的影像，借助重建算法可以获得样品内部三维结构的图像，如图2-1所示。

其中，X射线源可以以不同的几何形态发出，如早期的扇形射线源（图2-2a）、锥形射线源（图2-2b）和平行射线源（图2-2c）。对于扇形射线源，投影图像需要逐个切片获取，效率低，目前使用较少。锥形和平行光源分别用于不同设备中，二者没有明显的优劣差异。

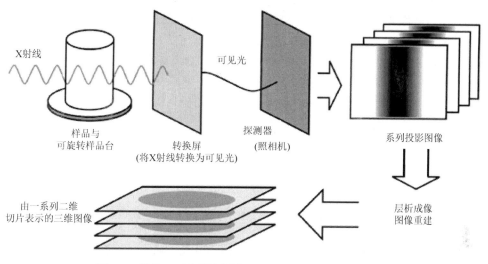

图 2-1　微观 CT 原理示意图（Landis and Keane，2010）

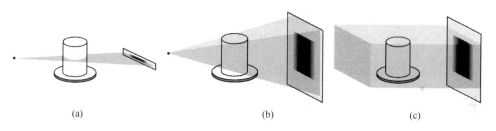

图 2-2　不同形态的射线源（Landis and Keane，2010）
（a）扇形射线源；（b）锥形射线源；（c）平行射线源

探测器（照相机）获得的图像称为投影图像。探测器的像素决定了最终三维图像数据的大小。例如，2000 像素×2000 像素的探测器，最后的三维图像数据就是 2000^3 大小，但是如果在图像重建过程中对投影图像进行了切割，最终的三维图像会小于 2000^3。目前很多设备的探测器像素已经达到 4000 像素×4000 像素的量级，所形成的三维图像数据达 4000^3，这对图像处理设备和软件都提出了很高要求。

2.2.2　不同设备

获取微观 CT 图像的设备主要有两种：实验室内卧式或立式 CT 扫描仪（提供锥形光源）以及大型设施同步辐射光源（提供平行光源）。

实验室内卧式或立式 CT 扫描仪都包含射线源、样品控制台和检测器这三个主要部件以及配套的辅助设施，构成一套复杂、精密的系统；其外观尺度为

2～4 m。同步辐射光源则是一种投资巨大、工程复杂的大型科学设施，进行 X 射线微观 CT 扫描仅仅是其众多功能之一；其外观是一个半径约 100 m 或更大的环状建筑。

同步辐射光源的基本原理如下（图 2-3）。

（1）首先，高亮度 X 射线源从加热到 1100℃的阴极管中发射出电子，电子在直线加速器的高压交流电场作用下加速。

（2）高速电子注入同步助推器（加速器），同步助推器是一个类似跑道的圆环。在助推器内电子能量可以在半秒之内从 10^8 V 增加到 10^9 V 量级，此时电子的运动速度接近光速。加速力来自电磁频率腔发出的电场，为了维持电子运动轨迹，弯曲和聚焦的磁场与电场强度同步增加。这是"同步辐射"名称之"同步"的来源。

（3）能量高达几十亿伏的电子注入周长从几百到一千多米的电子储存环中，环上包含几百至一千多个电磁体和相关设备，电磁场聚焦高速电子以保证电子以一个小射线束的形态在环内高速运转。可以在储存环上设置多个电子出口，出口处电子将以近似光速沿切线方向射出。沿切线方向上建设相应的实验设施，这些设施称为同步辐射光源的"线站（beamline）"。

图 2-3　同步辐射光源基本结构

从电子储存环中射出的射线可以作为岩石 CT 的射线源，同步辐射光源的射线源为平行光源（图 2-2c）。利用该射线源，还需要建设相应的样品控制台和检测器，构成一个具有专门用途的线站。一个同步辐射光源可以有多达数十个不同功能的线站。

不同的同步辐射光源具有不同的能量大小（主要取决于同步加速器的功能）和不同的建筑规模（主要取决于电子储存环大小），且二者正相关。目前世界上能量最高的几个同步辐射光源设施分别是：①位于日本列岛中央兵库县的日本同步辐射光源（Super Photon ring-8，SPring-8）；②位于美国芝加哥阿贡国家实验室的先进光子源（Advanced Photon Source，APS）；③位于法国东南格勒诺布尔（Grenoble）的欧洲同步辐射光源（European Synchrotron Radiation Facility，ESRF）；④位于我国上海市浦东新区张江高科技园区的上海同步辐射光源（Shanghai Synchrotron Radiation Facility，SSRF），相关参数见表2-1。前3个属于高能光源（输出功率高于5 GeV），SSRF属于中等能量光源（输出功率1～5 GeV）。正在建设的北京怀柔科学城高能同步辐射光源（High Energy Photon Source，HEPS）也属于高能光源。

表 2-1　世界前四位同步辐射光源主要参数

同步辐射光源设施	SPring-8	APS	ESRF	SSRF
加速器注入能量	0.9～1.5 GeV	450 MeV	200 MeV	150 MeV
加速器周长	396 m	～350 m	300 m	180 m
输出功率	8 GeV	7 GeV	6 GeV	3.5 GeV
储存环周长	1436 m	1104 m	844.4 m	432 m

从光源特性看，实验室显微 CT 扫描设备产生锥形射线，同步辐射光源产生平行射线；从能量强度看，一般显微 CT 扫描设备仅几百 keV，远低于同步辐射光源 GeV 的量级。低能量意味着检测器需要更长时间获得成像，犹如摄影时在低亮度的情况下需要更长的曝光时间。因此采用实验室显微 CT 设备进行扫描一般耗时更长。

2.2.3　从投影图像到三维结构

CT 设备的检测器获得的单张 X 射线影像与人们所熟悉的医院所拍摄的 X 射线光片效果完全相同。通过旋转样品获得 X 射线从不同角度穿透样品的一系列投影图像，进而通过图像重建步骤，可以得到样品内部三维精细结构。为了能够准确反演样品内部三维结构，一般将样品旋转180°，每 0.1°～0.5°检测器获取一张 X 射线影像图，即 CT 扫描将获得 360～1800 张投影图像。

图 2-4 显示样品一个切面对应投影图像上的一条线的关系，投影图像上每一个点是一条 X 射线穿过物体后的衰减强度综合值。衰减关系在数学上可以用比尔定律表示，出射光强度 I 满足：

$$I = I_0 \exp\left(-\int \mu(x,y) \mathrm{d}s\right), \tag{2-1}$$

式中，I_0 为入射光强度；$\mu(x,y)$ 为光线路径 AB 上点 (x,y) 的局部线性衰减系数，μ 与能量值相关，由四个效应决定，即光电效应、非相干散射（康普顿散射）、相干散射（瑞利散射）和电子对生成（electron pair production，EPP）。电子对生成效应只能发生在能量值高于 1.022 MeV 的条件下。通过代数转换，式（2-1）可以表达为

$$\int \mu(x,y) \mathrm{d}s = -\ln(I/I_0)。 \qquad (2\text{-}2)$$

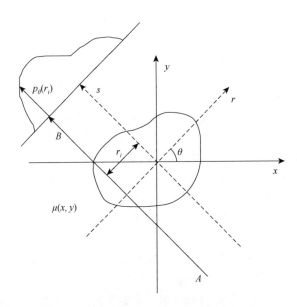

图 2-4　射线方位与衰减关系

采用适当的图像重建算法，根据足够数量的投影图像提供的衰减强度数据，就能够反演计算出样品中每一个点上的 μ 值。μ 值取决于材料密度 ρ，且和能量相关，在通常用于 CT 的 X 射线能量范围内，与原子序数 Z 的立方（Z^3）成正比。

有关图像重建算法不在本书介绍。图像重建之后即获得完整的样品三维结构图像，具体内容将在 2.3 节陈述。以下简单介绍图像重建过程涉及的常见问题。

投影图像首先需要进行暗流（dark current）和白场（white field，也称 flat field）校正。暗流指没有开启 X 射线源时检测器检测周围环境得到的背景噪声图像，该图像基本上显示为黑色，但实际上包含少量光点；白场则是指 X 射线源不通过样品直接打在检测器上留下的影像，不同设施的白场一般显示为具有不同形态和对比度图案的偏浅色图像。图 2-5 为原始投影图像、典型暗流和白场图像，以及校正后的投影图像。暗流和白场图像对于图像重建不可或缺，需要在样品扫描过程中以一定间隔穿插获取若干。

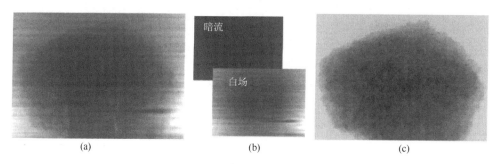

图 2-5　原始投影图像（a）、暗流、白场图像（b）和校正后的投影图像（c）

一般图像重建后的三维图像可能存在较多明显问题，主要包括：

（1）环状伪影（ring artifact），即图像的中心往外出现多个同心圆，如图 2-6a 所示，严重的会导致图像真实信息难以识别。多种因素都可能导致重建的图像出现环状伪影，不过目前的图像重建软件都已经能较好地将其消除。

（2）条状伪影（streak artifact，或称条纹干扰），多由物体内部物质对射线吸收差异太大造成，如图 2-6b 所示，常出现于对 X 射线吸收明显更弱或密度明显更高的物质（如金属和骨骼）的周围。

（3）线束硬化（beam hardening），多出现于射线衰减强烈的物质的边界，如图 2-6c 所示。这种伪影通过在重建过程中对原始影像进行过滤和对重建软件进行改进已经基本可以消除。

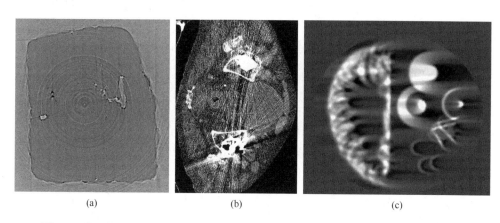

图 2-6　常见的 CT 图像干扰现象，所显示图像均为重建后三维图像中的某一个切片
（a）环状伪影；（b）条纹伪影；（c）线束硬化

还有一种常见的影响图像质量的因素称为相衬（phase contrast），其成因是射线穿过不同物质时发生折射，导致在不同物质相的边界上出现明显的衰减波动，

如图 2-7 所示。图 2-7a 显示存在一个椭圆状密度异常物质，该物质使射线衰减变化，同时密度异常区的边界射线发生折射，叠加效果为密度异常区的边界附近射线衰减值出现波动。其效果在重建后的图像中显示为灰度值的强烈对比，如图 2-7b 所示。该图为基质中含高分子化合物微细纤维的重建后图像，微细纤维的周围，白色高亮度影像是由相衬造成的。经过技术处理，可以在图像重建步骤消除相衬，这一处理称为相位复原（phase retrieval）。图 2-7c 给出了一个砂岩样品进行相位复原前后的重建图像。左侧为未进行相位复原操作的图像，颗粒的边缘显示为白色，其在跨过孔隙的局部范围（短粗线所示）的灰度变化如其中插入图框，显示灰度值振荡明显；右侧为经过相位复原操作的重建图像，其在跨过孔隙的局部范围（短粗线所示）的灰度变化如其中插入图框，显示灰度值为规则变化。相位复原操作可以很大程度提升图像品质，使得后续的图像分割等操作易于实现。

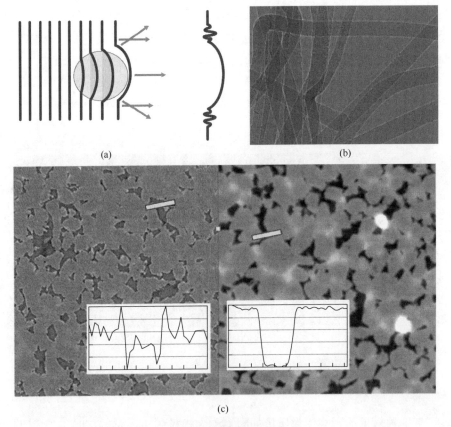

图 2-7　相衬与相位复原

2.3 三维 CT 图像处理

2.3.1 三维图像数据特征

重建后的数据为一个三维数据体，可以用不同的格式存储。

可以把三维数据体理解为由一系列二维切片按顺序叠置而成的，每一张切片视觉上如同一张照片。对于二维照片，人们熟知"像素（pixel）"这一概念，指在一个由数字序列表示的图像中的最小单位。用图像编辑软件将任意点阵图放大到最大时所看到的小正方形即代表一个像素。但是，照片是没有厚度的，为了把三维空间充填起来，需要将一个切片理解为具有一定厚度的照片，切片的厚度（第三个方向的尺度）和切片平面上像素的尺度相同。这时，二维平面的"像素"概念转化为三维空间中的"体像素"（voxel，由 volume pixel 两个词合成而来）概念，体像素是三维数据中的最小单位，可类比于一个小立方体，也称为体元。

对于普通照片，人们一般强调像素的数量，以此说明图像清晰度。对于微观结构图像，如果图像中的物体具有准确的尺度，那么每一个像素所代表的尺度大小称为分辨率。图 2-8 所示为一圆柱状砂岩样品的水平切片图，其平面上像素数量为 2000×2000，圆柱直径为 5 mm（5000 μm），那么该图像的分辨率 a 为 5000/2000 = 2.5 μm。分辨率一般对于二维和三维图像是相同的，少数情况下，数据中每一张切片代表的厚度与平面上的分辨率不相等，这时通过插值计算很容易将其转换为标准的体像素表示的数据。

分辨率在微观 CT 数据中是一个非常重要的概念。分辨率决定了所获得的数字图像能否识别待分析的结构。一般一个实体至少在某一个方向上包含 3~5 个体像素，该实体才能准确识别。例如，对于孔隙结构岩石，如果孔径的尺度在 10 μm 左右，则图像的分辨率一般要 2~3 μm，以保证具有各向同性尺度特征的孔洞可以准确识别；而识别岩石样品中厚度约 1 μm 的裂缝，需要的图像分辨率应该不低于 1 μm，因为裂缝在其他至少一个方向的延伸会大于 3~5 倍厚度；如果图像的分辨率大于 1 μm，则会因为体像素尺度大于裂缝的厚度而造成这类微裂缝无法识别。因此我们总是根据研究目标的尺度设定扫描分辨率。在扫描获得图像数据之后，人们一般根据扫描分辨率和图像数据的大小计算图像区间的实际尺度，特别是对于不规则形状样品或者局部扫描（即扫描样品内部的一部分，样品外边界在扫描范围之外）情况。

图像数据的大小取决于检测器镜头像素数量。近些年照相机的像素数量一直在不断增加中，目前一般微观 CT 数据大小在 2000^3 以上。由于镜头像素的数量相对固定，这意味着图像的分辨率越高（分辨率值 a 越小），所能探测的样品范围就越小，如获取纳米级分辨率图像，需要将样品加工到微米尺度；而微米分辨率图像的样品尺度一般在毫米级别。

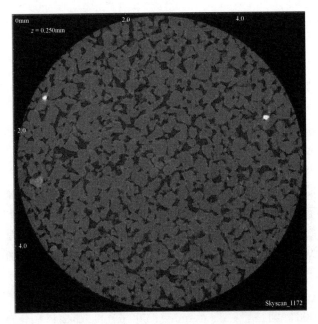

图 2-8　圆柱状砂岩样品的水平切片图

图像数据的存储一般以系列切片图像文件存储，即一个切片图像为一个单独文件，如一个样品数据包含约 2000 个文件（或更多，对应样品数据中的切片总数），文件名中包含对应切片号的数字；文件可以是 BMP、TIFF、PNG 等多种常见图像格式。这类数据可以选择性地装载其中若干切片进行显示和处理。图像数据也可以用一个完整体数据的方式存储，如三维 RAW 格式、HDF 或 netCFD 格式数据。这类数据每次读取都只能完整读取，不如切片存储方式灵活，但两种方式本质上并没有区别。

图像数据的总体格式一般包含文件头和具体图像数据两部分。文件头说明图像的格式、大小及某些总体特征；具体数据为根据图像数据体积大小，按一定循环规律分别存放每一个体像素位置上的图像灰度值，如 x、y 和 z 方向体像素数量分别为 nx、ny 和 nz，可以第一层循环在 x 方向从 1 到 nx，第二层循环在 y 方向从 1 到 ny，第三层循环在 z 方向从 1 到 nz。由于数据结构的规律性，仅需按照循环顺序存储相应位置的图像灰度值，不需要存储具体位置信息。简言之，对于二维切片数据，其具体数据部分可以理解为一个二维数组；而对于三维整体数据，则对应一个三维数组。

灰度值数据的类型可以多种。如果是 8 位整型数据，则图像的灰度值介于 0（黑色）至 255（白色）；16 位可以为整型或浮点型，整型数据的范围介于 0 至 65 535；32 位数据一般为浮点型，数据范围可以极大。数据类型决定文件物理存储空间的大小。对于 2048^3 体像素的数据，如果是 8 位类型，总的存储空间需要 8 GB，而 16 位和 32 位的存储空间分别为 16 GB 和 32 GB。相对而言，文件头所占的存储物理空间极小，一般仅几个或几十个字节，最大到 kB 量级，也可以没有文件头。

灰度图像中，深色代表对 X 射线的吸收量低。孔隙和裂隙一般在图片中呈现为黑色，原子量小的矿物成分为灰色或深灰色，原子量大的矿物成分则往往表现为浅灰色或白色。

2.3.2 图像处理流程

图像数据处理主要包括数据装载、图像预处理（去噪、光滑、锐化等）、图像切割、图像分割和可视化等步骤。图像数据处理依赖于专业的软件，包括多种商业和开源软件。例如开源图像处理软件 FIJI（即 ImageJ 的更新版）可以完成大部分以下介绍的图像处理流程操作。

数据装载步骤为将图像数据导入相应的图像处理软件中。一般情况下，只要选择了正确的文件格式，并且软件可以读取该格式，图像装载就不存在任何问题。特殊情况下，如图像数据为 RAW 格式数据，需要说明数据体的大小、数据类型、存储循环的次序等参数，只有参数全部正确，图像才能成功导入软件，显示样品内部结构形态，作为下一步操作的基础。

装载后在软件中打开的 CT 图像可能不够清晰、含较多噪声点等缺陷，常见的去噪、光滑、锐化等图像操作可以一定程度上改善图像质量。这部分内容本章不进行介绍。感兴趣的读者可以查阅图像处理方面资料并进行操作处理，对比不同操作处理的结果，可以得到很直观的理解。

图 2-9a 为一个完整的岩石样品数据体，其中样品实体为一圆柱体（图 2-9b）。样品的顶、底部一些切片影像不清晰（非矿物成分引起的灰度差异明显），这种情况在实验室 CT 扫描设备获得的图像中更常见；另外，每一张切片上样品一般显示为圆形（或其他不规则形态），样品周围包含较多非样品信息数据。图像切割就是将不清楚部分或非样品信息部分切除，仅保留完整、清晰的样品内部信息。切割后的数据体一般较原始数据大幅减小。关于图像切割的大小和部位，可以根据需要切割最大体积进行整体分析，也可以切割某一个或几个特定小区域进行分析，如图 2-9c～图 2-9e 所示。

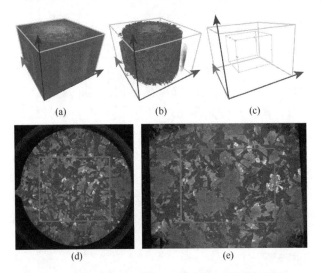

图 2-9 某岩石样品图像基本特征及图像切割方案
(a) 完整图像体积；(b) 样品体积；(c) 图像切割区间；(d) 图像横截面与切割区间；(e) 图像纵截面与切割区间

图像分割（image segmentation）是指识别样品中不同成分并提取出来。CT图像为灰度数据，图像分割主要是根据样品中不同成分表现出来的灰度值进行识别和分割，所选定的部分一般称为目标相（target phase），其余部分统称为基质（matrix）。例如，为了研究岩石中的孔隙-裂隙结构，将孔隙和裂隙进行分割，其余各种矿物所构成的固体部分则为基质；为了研究样品中某一种矿物成分的结构，则将该矿物作为目标相，其余矿物和孔隙-裂隙等统称为基质。

图像分割技术有很多种，实际上，图像分割是图像处理技术的一个重要分支，包括阈值分割方法、基于压缩的方法、基于直方图的方法、边界检测法、基于偏微分方法等。其中简单阈值分割最为直观且易于理解和操作，其基本原理为，当体像素上灰度值介于指定的阈值范围之内时，该体像素被分割为目标相，反之，则分割为基质。图 2-10 显示采用简单阈值分割方法选取不同阈值时的分割效果。尝试分割的目标为孔隙，阈值的下限取图像中最低灰度值，图 2-10 中主要调整阈值上限并显示分割效果。显然，阈值取值是否合理直接影响图像分割结果。经过图像分割步骤之后，原始的灰度图转化为二值的黑白图。由于二值数据只有 0 和 1 两个取值，这时采用 8 位数据类型就足够，对于原始类型为较长字节的数据文件，其大小又可以进一步缩小。

简单阈值分割方法的优点是直观简单且易于实施，其缺点也如图 2-10 所示，必须通过多次尝试、仔细对比才能确定一个相对较为合理的分割阈值；很多情况下，可能很难找到一个恰当的阈值。其他众多图像分割方法一般都就这一明显缺点有所改进，也有针对具体问题或具体图像特征而开发的分割方法，感兴趣的读者可以查阅图像分割方面文献，了解更多相关信息。

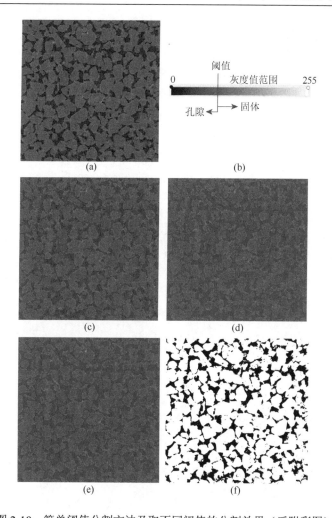

图 2-10　简单阈值分割方法及取不同阈值的分割效果（后附彩图）

（a）一个砂岩样品切割后的原始灰度图，为 8 位类型的数据；（b）该类型数据灰度值范围及阈值含义；（c）阈值为 50 时的分割效果，红色为根据阈值选定的孔隙，显然孔隙没有全部被选中；（d）阈值为 83 时的分割效果，颗粒内部大量点被不合理地分割为孔隙；（e）阈值为 73 时的分割效果，分割效果较好；（f）灰度图像分割后转化为二值图像，黑色部分为孔隙，白色部分为固体基质

2.3.3　岩石三维结构显示

岩石中不同成分的分布和结构可以在图像分割之前采用体渲染技术进行显示。体渲染（volume rendering）是一套将三维数据在二维平面上投影显示的技术。体渲染以体像素为基本操作单位，计算每个体像素对投影图像的影响。技术需求包括两点：①对空间模型定义一个假想的光源及视角；②定义每个像素的颜色及透明度，

通常用 RGBA[①]来定义每一个体像素的显示方式,这个定义也称为传递函数(transfer function)。传递函数定义不同灰度值的伪色彩和透明度。传递函数可以是一个简单的斜坡函数、分段线性函数,也可以是任意表格。由此确定每个体像素的色彩及透明度并投影到二维平面(屏幕)上,产生逼真的立体视觉效果。通过调节色彩及透明度突出显示感兴趣的区域,帮助探索物体内部结构。体渲染技术的计算量大,对计算机硬件要求也较高。图 2-11 为一个传递函数示例和相应的体渲染结果。

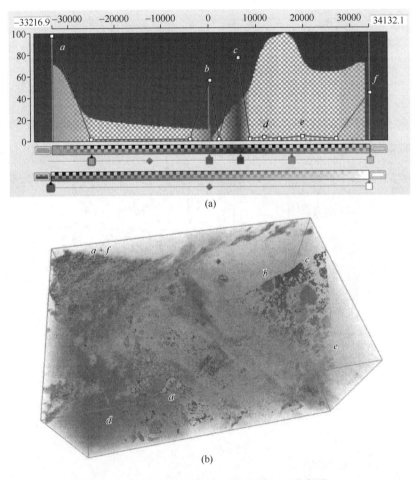

图 2-11　传递函数示例及体渲染结果(后附彩图)

(a)传递函数,图中底部灰度条为原始图像灰度范围;中部横条为与灰度对应的伪色彩,伪色彩可以自定义;上部阴影部分为灰度直方图,斜线定义颜色的透明度,纵轴方向越高表示越不透明,a、b、c、f 部位不透明,d、e 部位透明度高,其余部位完全透明。(b)体渲染效果图,其中所标示的 a~f 对应传递函数中所定义的色彩和透明度

---

① RGBA 中,R 表示红色(red),G 表示绿色(green),B 表示蓝色(blue),A 对应透明度(alpha)。

经过图像分割处理步骤之后，目标相和基质之间划分了一个清晰的等值面（iso-surface），可以更有效地显示孔隙、裂隙及不同成分的结构。分割后的二值图像依然可以采用体渲染技术进行显示，但由于图像数据只具有两个取值，一般不需要使用传递函数，而是选用某种合适的颜色表示目标相。基质一般占比较大，多处理为透明显示。可以将不同目标相的分割结果叠加，用不同颜色显示岩石样品中不同成分的分布。

图 2-12 分别显示一些典型岩石中的三维微观结构。a~f 分别为辉长岩、浮岩、细砂岩、板岩、麻粒岩和榴辉岩。辉长岩中长石为主体，辉石和橄榄石呈不同结晶形态，并含少量金属矿物和微小孔隙。浮岩主要显示孔隙和固体之间界面，孔隙内部以高透明度浅粉色表示，显示孔隙含量高。细砂岩中主要含石英和长石，也含白云母，孔隙大小不一、分布不均匀。板岩主体为泥质成分，孔隙多为不规则扁平状，定向特征明显，含少量绢云母。麻粒岩主要成分为斜长石，并含角闪石、辉石和石榴子石结晶颗粒，结晶形态各异。榴辉岩以辉绿石及石榴子石为主要成分，并含少量金红石，可见一条明显裂隙。

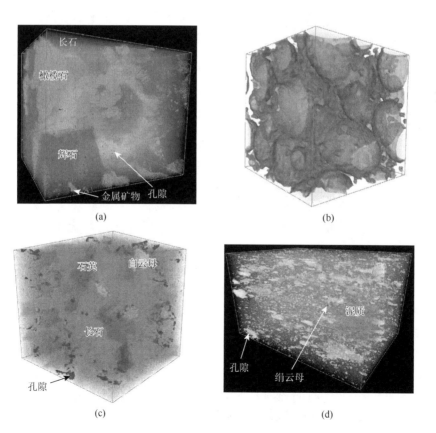

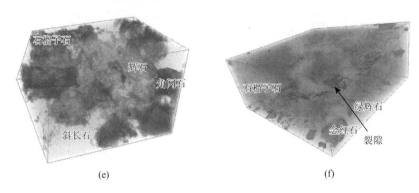

图 2-12　一些典型岩石中的三维微观结构体渲染图（后附彩图）

(a)辉长岩，其中蓝色表示微小孔隙；(b)浮岩；(c)细砂岩；(d)板岩；(e)麻粒岩；(f)榴辉岩

2.4　逾渗理论基本概念

逾渗理论（percolation theory）是统计物理学的一个分支，研究随机系统的连通特征、对应的参数及临界性质。近些年逾渗理论应用于岩石微观结构及相应的岩石物理特性分析，已经取得了一些较好成果。

2.4.1　逾渗与团簇

逾渗所对应的英文单词 percolation 在不同学科具有不同含义。在地球科学中，逾渗一般指流体在多孔介质中的缓慢流动，可以等同为渗流；在数学和物理领域，逾渗指结构的连通性，仅限于几何结构特征的描述。显然，结构的连通是孔隙流体流动的前提。岩石物理学属于地球科学的分支，但是本书逾渗概念主要用于微观结构分析，因此仅指结构的连通性。

根据所研究的系统的结构，逾渗理论可以划分为连续逾渗（continuous percolation）和晶格（或离散）逾渗（lattice/discrete percolation）（Ghanbarian et al., 2014）。在晶格（或离散）逾渗理论中（Stauffer and Aharony, 1994），模型通常由各种形状的均匀离散元素组成，如蜂巢状、三角形、立方体、菱形晶格，也可以是冯罗诺图或凯莱树等。其中最简单和最普遍的晶格是二维的正方形晶格和三维的简单立方晶格。相同的晶格又有两种基本类型的逾渗：位逾渗（site percolation）和键逾渗（bond percolation）。例如，一个 $n_1 \times n_2$ 的（二维）方格模型，每个方格被称为一个位点（site），两个相邻方块的边缘是一个键（bond）。当从位点被占用或为空的角度来考虑这个问题时，这个问题被称为位逾渗；相反，当从键是开放或封闭的角度来考虑这个问题时，这个问题被称为键逾渗，如图 2-13 所示。

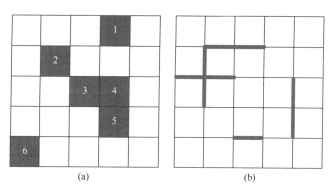

图 2-13 二维正方形晶格模型的位逾渗（a）和键逾渗（b）示意图（Liu and Regenauer-Lieb, 2021）

对于三维简单立方体（simple cube）晶格模型，任何两个共面的位点都被称为最近邻（nearest neighbor）；任何两个有一条共线的位点都被称为次近邻（next-nearest neighbor）。当两个最近邻属于同一材料时，它们是连接的（两个位点之间的连接称为基本连接）；而同一材料的两个次近邻则不定义为连接。在二维正方形晶格位逾渗模型中，基本连接定义为具有公共线的正方形，如图 2-13a 中的位点 3 和位点 4、位点 4 和位点 5；而位点 2 和位点 3 则未连接。

团簇（cluster）是相互连接的最近邻构成的结构，换言之，团簇内的体像素由最近邻连接而成，且一个团簇不与任何其他团簇相连接。一个团簇可以简单到只有一个位点，也可以非常大、复杂并占据模型的一大部分。

团簇的确定需要进行团簇标注（cluster labelling）工作，即给同一个团簇内的所有体像素相同的标号，这个标号同时也成为这个团簇的标号。团簇的标号需要遵循一定的规律。图 2-14 给出二维情况下团簇标注的基本思路。假设需要对白色格子进行标注，首先从第一行开始，自左向右，第一个格子标为 1，第三个格子为新团簇，标为 2，第五个格子也是新团簇，标为 3。转到第二行，第一个格子因为与上侧格子连接，故采用相同的标号；第三个格子同样也因为与上侧格子连接而得到标号 2；第四个格子则是跟随其左侧的格子而得到标号 2；第五个格子遇到一个矛盾：跟随左侧应该得到标号 2，跟随上侧则应该得到标号 3，这种情况

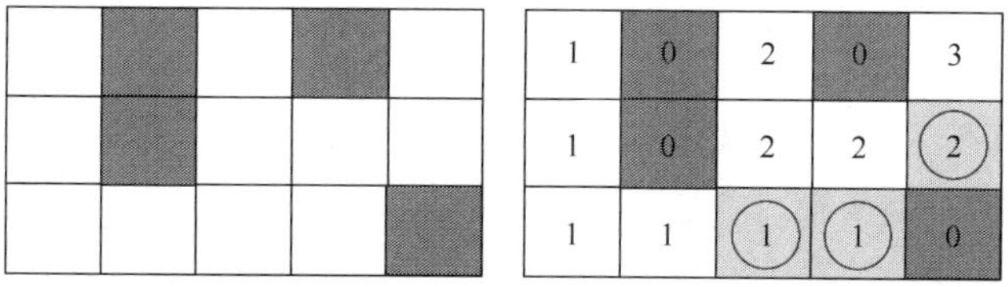

图 2-14 团簇标注示意图（Hoshen and Kopelman, 1976，略有修改）

规定给较小的编号。第三行第一格子因为与上侧格子连接而得到标号 1，第二个格子与左侧格子连接同样得到标号 1；第三个和第四个格子再次采用较小编号的规定。

图 2-14 中数字画圈的三个格子实际上包含一个问题：第二行第五列表明团簇 3 和团簇 2 是相互连接的。按照一个团簇只用一个编号的原则，这时应该重新编号，将团簇 3 标注为 2；第三行的第四列和第五列表明团簇 2 和团簇 1 又是连接的，这时应该再次重新编号，将团簇 2 标注为 1。但是显然，如果每次发现两个原本分别标号的团簇实际上相连接、应该给相同标号时就返回进行修改，那么对于一个大的结构体意味着需要一遍一遍重新开始，这样的过程十分麻烦，效率极其低下。

Hoshen 和 Kopelman（1976）采用了一种避免这种重复工作的团簇标注方法。他们提出区分"好的标注"（没有与其他任何团簇相连接的标注）和"坏的标注"（获得了一个标号后被证明是其他团簇的一部分）；以一个数组存放"标注的标注"，这个"标注的标注"不仅存储其"好"或"坏"的信息，而且记录每一个"坏"的标号应该修正的标号信息。因此在完成一次整体扫描和标注之后，对"坏"的标注进行处理，追踪其最小的团簇标号。因此，使用该方法，只需要一次初始扫描标注和一个修正步骤，就可以正确标记所有团簇，大大减少了计算时间。

2.4.2 连通性与逾渗阈值

完成团簇标注之后，每一个团簇获得了一个独一无二的标号，这时判定结构体是否连通就十分简单直接。当某一方向上两个对应边界上存在同一个团簇时，就定义该方向是连通的或逾渗的（Stauffer and Aharony，1994）。对于三维模型，可以在一个、两个或三个方向上连通。

图 2-15 表示二维方格模型的团簇标注与逾渗分析。左侧为原始结构，假设白色为基质、灰色为目标相；右侧为团簇标注之后的结果，不同颜色表示不同团簇标号。根据团簇标号之后的结果，可以十分清楚地判断出该模型上下边界是连通的，而左右边界并不连通。如图 2-16 所示的三维简单立方体模型，以白色表示基质，有颜色的位点表示目标相，那么从结构的外表面可以看到 5 个团簇，其中最大的团簇用浅灰色显示。仅从这一视角看，这个 6^3 大小的模型在 x 方向和 z 方向是连通的，但是 y 方向是否连通需要从其他视角观察。实际上，对于复杂模型的连通性，均需要通过计算进行标注和判断，甚至需要超级计算和并行计算方案进行分析，同时团簇的结构形态的观察需要借助计算机可视化技术。

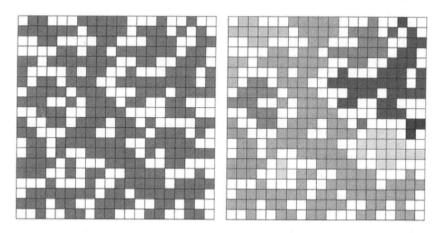

图 2-15　二维方格模型团簇标注与逾渗分析（Liu and Regenauer-Lieb，2021）（后附彩图）

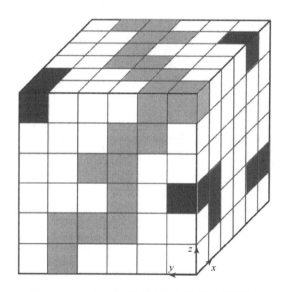

图 2-16　一个三维简单立方体模型及其团簇

逾渗阈值是使得模型连通的目标相的最小体积占比，对于孔隙结构而言，逾渗阈值就是孔隙结构连通的最小孔隙度。一般用 p 表示体积比，p_c 表示逾渗阈值。可以想象，无论是随机结构（即每一个位点的状态是随机确定的，与其他位点无关）、不同颗粒堆积构成的孔隙结构，还是具有一定方向和长宽比分布的裂隙结构，体积比很低时都难以形成一个连通的团簇；当体积比持续增大时，总会形成一个使模型连通的团簇。使结构连通的最小体积比即逾渗阈值。图 2-17 为两个二维正方形晶格模型（方格线未绘出）随机结构具有不同体积比时的团簇分布，其中黑点为不同大小的团簇显示的目标相，用线连接起来的为较大的团簇。左侧图为体积比为50%的状态，最大的团簇没有将模型边界连接起来，即模型不连通；右侧图为体积比为60%的状态，最大团簇造成模型上下和左右都连通。

逾渗理论（Stauffer and Aharony，1994）研究了不同晶格模型的逾渗阈值，但主要考虑随机结构，因为随机结构可以通过数学方法生成任意体积比的模型，分析一系列不同体积比模型的连通性，可以精准确定模型的逾渗阈值。表2-2列出了几种晶格模型的逾渗阈值。表2-2中的逾渗阈值表明，不同晶格模型的逾渗阈值相差较大；相同晶格模型的键逾渗阈值小于位逾渗阈值。注意二维正方形晶格的位逾渗阈值接近0.6（即60%），这正是图2-17所示情形，50%体积比时小于逾渗阈值，模型不连通；60%体积比时达到逾渗阈值，模型连通。这一特征可以用图2-18所示的连通概率表示，即在体积比低时，模型的连通概率为零，随着体积比增大，模型连通的概率突然增大，连通时对应的体积比为逾渗阈值。对于无限大模型，这种突变近似于图2-18中虚线所示的折线，而对于较小尺度的模型，连通概率依然显示在一定体积比范围内发生突变。

对于表2-2中的数据还需要注意的一点是，三维立方体晶格模型的逾渗阈值（~31%）明显小于二维正方形晶格模型的阈值（~60%），而二维正方形晶格模型可以看作三维立方体晶格模型的一个切片。二维和三维模型逾渗阈值相差巨大意味着，对于三维结构，取其中一个剖面或切片研究其逾渗性质时，其结果是不合理的。

表2-2 不同晶格模型随机结构的逾渗阈值

晶格模型	位逾渗阈值	键逾渗阈值
二维蜂巢形	0.686 2	0.652 71
二维三角形	0.5	0.347 29
二维正方形	0.592 746	0.5
三维简单立方体	0.311 6	0.248 8

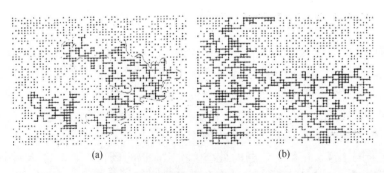

图2-17 二维正方形晶格模型随机结构体积比为50%（a）和60%（b）时的结构形态
（Stauffer and Aharony，1994）

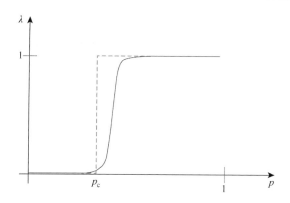

图 2-18 模型连通概率 λ 随体积比 p 变化特征

p_c 为逾渗阈值

2.4.3 基于逾渗理论的 CT 图像分析

2.3.2 小节所介绍的图像分割之后的二值图像，完美匹配了逾渗理论中三维简单立方体晶格的位逾渗模型。三维二值图像中，每一个体像素对应一个立方体单元（或位点），其状态只能是基质或目标相两种情况（如固体或孔隙状态）。因此采用三维简单立方体晶格模型分析岩石 CT 图像就具有了充分的理论依据。

基于逾渗理论的岩石 CT 定量分析首先是进行团簇标注。这一步已经在 2.4.1 小节进行了介绍。团簇标注之后，一般对所有团簇进行一次排序，最大（体像素最多）的团簇排第一，为 1 号团簇，其次为 2 号团簇，…，依此类推。

对于每一个团簇，其形态特征可以用方向矩阵 T 进行描述

$$T = \sum_{i=1}^{n} a_i a_i^T ,\qquad (2\text{-}3)$$

式中，a_i 为从团簇中心到第 i 个体像素位置的矢量；n 为该团簇拥有的体像素总数。矩阵 T 有 3 个特征值，从小到大排列为 $\tau_1 < \tau_2 < \tau_3$，分别对应三个特征向量 u_1、u_2、u_3。如果以一个最佳拟合椭球体来近似表示团簇形态，则 $\sqrt{\tau_1}$、$\sqrt{\tau_2}$、$\sqrt{\tau_3}$ 分别表示椭球体的三个主轴的长度，u_1、u_2、u_3 分别为三个主轴的方向，其方向余弦值表示主轴的方位。在此基础上再定义各向同性指数（isotropy index）：

$$I = \sqrt{\tau_1} / \sqrt{\tau_3} \qquad (2\text{-}4)$$

以及伸长指数（elongation index）：

$$E = 1 - \frac{\sqrt{\tau_2}}{\sqrt{\tau_3}} ,\qquad (2\text{-}5)$$

可以更简单地表示团簇的总体形态。例如，近于 1 的各向同性指数表示最短轴和最长轴接近（实际上也意味着三个轴长度接近），结构近似于球形；若各向同性指数很小，表示最短轴远小于最长轴，近似于裂缝形态。大的伸长指数表示中间轴明显小于最长轴，即该结构主要在一个方向上延伸；而小的伸长指数表示中间轴和最长轴接近，如果同时各向同性指数很小，则为典型的扁平形态。

至此，每一个团簇的大小（体像素量）、位置（以团簇中心点位置表示）、形态、三个主方向的延伸长度和延伸方向等都可以用具体的参数表示。这些参数构成几何特征定量分析的基础；由此还可以进一步开展结构形态的统计分析，如矿物颗粒大小分布曲线、裂缝或定向矿物排列的优势方向等。

基于团簇大小和数量统计可以计算结构的分形维数 D：

$$D = -\frac{\lg N(l \geqslant \frac{R}{R_{max}})}{\lg l(=\frac{R}{R_{max}})}, \qquad (2\text{-}6)$$

式中，l 为团簇的相对大小，即为该团簇的等效半径与最大团簇等效半径之比，具有 n 个体像素的团簇的等效半径 R 可由

$$R^2 = \sum_{i=1}^{n}(|x_i - x_0|^2/n) \qquad (2\text{-}7)$$

计算，其中，x_i 为第 i 个体像素的位置，

$$x_0 = \sum_{i=1}^{n}(x_i/n) \qquad (2\text{-}8)$$

是团簇中心（质心）位置；N 为等效半径大于等于 l 的团簇数量。分形维数也可以用其他方法获得。分形维数是一个重要的描述自相似性的参数。自相似性意味着结构形态在不同尺度上的一致性。

结构的连通（逾渗）是很多物理现象发生的基础，包括孔隙中流体的渗流、与流体相伴随的岩石导电性、材料发生相变时的物理状态。实际上，在逾渗阈值附近，这些现象往往发生突变，被统称为临界现象。逾渗理论研究结构的连通性、逾渗阈值及相应的临界现象。和分形维数相似，临界指数（如关联长度临界指数、弹性模量临界指数、渗透率临界指数等，由不同方法获得）也是与尺度无关的量，意味着某些从微观结构中获得的参数可以应用于宏观尺度（Liu and Regenauer-Lieb, 2021），这对于岩石微观 CT 结构分析及相应的物性特征研究具有特别重要的意义。

2.5 数字岩石发展与应用

2.5.1 发展历程

微观 CT 的发展最早可以追溯到 20 世纪 80 年代。Flannery 等（1987）在《科学》（*Science*）期刊上发表题为 "*Three-Dimensional X-ray Microtomography*" 的论文，首次完整介绍了 X 射线微观层析成像技术的概念、实现技术和实例。有趣的是，论文的作者并非归属国家级研究机构或大学，而是埃克森美孚公司所属的研究与工程公司。该技术很快应用于不同材料内部结构的探测研究。1999 年，《国际材料论评》（*International Material Review*）期刊就刊登了 X 射线层析成像与材料研究的综述论文（Stock，1999），该文介绍同步辐射 CT 技术的理论、设备和技术，同时阐述了无机材料组分、孔隙材料与输运性、钙化组织、疲劳裂纹闭合等方面的应用。Stock（2008）又再次在《国际材料论评》上对 1999 年以来的 CT 应用进展进行了综述。这篇长综述不仅展示了微观 CT 对静态结构的观测和分析，也列举了大量材料变形过程，如疲劳损伤、裂纹扩展、蠕变破坏等的分步观测。

应用于岩石材料最早的研究成果为 Spanne 等（1994）发表于《物理评论快报》（*Physical Review Letter*）中的研究岩石孔隙结构形态与输运性质的论文。随后 Arns 等（2001）、Fredrich 等（2006）和 Knackstedt 等（2006）也都对岩石微观结构及其对应的孔隙流体输运特性、岩石有效弹性参数及不同物理参数的相关性等进行了研究。国内学者也较早就开展了基于岩石 CT 观测的相关研究（姚军等，2005，2007；赵秀才等，2007）。大约 2006 年起，基于岩石 CT 技术的三维岩石微观结构观测、岩石的运输特征、岩石力学性质、电学性质、波速等特征的研究进展迅速，涌现大量相关分析新技术和应用。岩石 CT 观测弥补了先前难以准确描述岩石内部三维结构的明显缺陷，特别是对于与结构连通性有关的问题，CT 技术提供了坚实可靠的依据，从岩石内部精细结构与物性关系角度分析岩石物理参数，极大地拓宽了岩石物理学研究的深度和广度，由此已经逐步形成了"数字岩石物理"这个专门领域。

一般而言，CT 图像为静态图像，需要使样品处于除旋转以外的相对静止状态，以实现多达几百张至一千多张透视图像的获取，再进行图像重建。对于样品动态演化的观测，需要样品发生变化的环境保持在 CT 扫描环境中，如利用 X 射线可穿透的加热设备观测样品在加热过程中发生的变化（Fusseis et al., 2012）；对于在自然状态下能发生变化的样品，如生面，对其在酵母作用下发酵过程的观测，需要超高速成像条件，否则样品旋转过程中变形明显，会使得图像重建无法实现。岩石受力变形过程的微观动态观测对于理解岩石结构与破坏具有非常的价值，但是岩石实验设备主要由厚重的钢铁材料制成，很难与CT扫描设备相结合。

新近研发的HADES设备实现了岩石实验设备与CT扫描设备的结合，使得动态CT观测成为可能（Renard et al.，2016）。HADES设备的优势在于能使高能X射线穿透岩石样品腔，如图2-19所示。该设备可以施加轴压200 MPa、围压100 MPa、加热温度250℃，样品直径不大于5 mm，高度不大于10 mm。设备安装在高能级同步辐射光源线站，在施加围压、轴压的同时，可保持施压进行扫描，从而获得几十甚至上百个加载步的CT图像，这些图像构成岩石结构变形的近于连续的观测。基于这类动态观测数据已经获得了对有关岩石屈服、损伤、裂缝初始形成与扩展等问题的新认识。

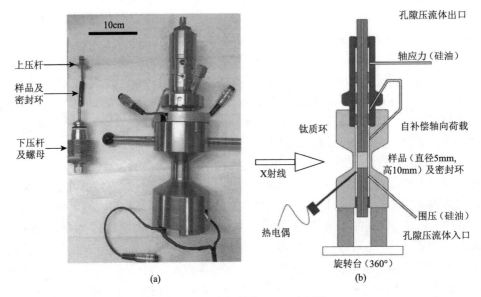

图2-19　HADES设备外观（a）及内部结构（b）示意图（Renards et al.，2016）

2.5.2　结构的表征

在应用CT技术获得岩石内部三维结构图像后，需要解决的第一个问题是如何定量地描述岩石内部复杂结构，即通过不同参数对结构进行表征。

2.5.2.1　颗粒形态表征

对于碎屑沉积岩，其主要结构由颗粒堆积形成。对颗粒结构的定量描述，可以将原有的表征二维图像颗粒结构的参数进行扩展。以ImageJ软件中提供的二维图像常用参数为例,包括颗粒中心(二维坐标值)、面积及面积比、颗粒周长、最佳拟合椭圆、长短轴及方向等。与之相对应的描述三维结构的参数应该为颗粒中心(三维坐标值)、体积及体积比、颗粒表面积、最佳拟合椭球、三个主延伸方向的轴长及方向等。

基于逾渗理论中的"团簇"概念,上述三维结构的参数可从团簇参数中获得(Liu et al.,2016,2013):

(1)颗粒中心为团簇中所有体像素位置坐标的平均值,即式(2-8)所定义;

(2)颗粒体积由每一个团簇内包含的体像素数量和体像素大小(据图像分辨率)的乘积确定;

(3)体积比为颗粒体积与所分析的总体积之比,可以计算每一个团簇的体积比,也可以计算所有颗粒的总体积比;

(4)颗粒表面积也根据团簇标注结果,由团簇中与基质相邻的体像素面计数乘以图像分辨率的平方(即每一个体像素单个面的面积)得到;

(5)最佳拟合椭球可以由式(2-3)计算;

(6)三个主延伸方向由最佳拟合椭球的特征向量 u_1、u_2、u_3 描述,延伸轴长为对应特征值的平方根 $\sqrt{\tau_1}$、$\sqrt{\tau_2}$、$\sqrt{\tau_3}$。

在此基础上,还可以统计分析体积内颗粒的总体特征,如颗粒大小分布、平均颗粒半径、颗粒优势方向等。需要注意的是,这里假设一个矿物颗粒为一个团簇。如果两个或多个相同的矿物颗粒发生连接,需要采用一些附加技术,如商业软件 Avizo® 中的颗粒识别、分离功能,将连接断开才能获得每一个颗粒的表征参数;否则,相连的颗粒构成一个团簇,基于团簇的表征方案给出的是该颗粒团的参数。

2.5.2.2 孔隙结构表征

对于颗粒之间的孔隙,团簇概念也可以一定程度上表征其特征,包括对孔隙结构提取上述所列参数,但是对于一个连通程度高的孔隙结构,内部连通的团簇的整体特征不能反映孔隙的详细结构。孔隙-网络(pore-network)模型提供一个简便易用的描述孔隙详细结构的工具。

Dong 和 Blunt(2009)发展的孔隙-网络模型的核心包含三步:

(1)以一个可变半径球放置于孔隙的所有位置,每一个位置上可变球的最大半径代表该位置孔隙的大小;

(2)依此进一步将孔隙结构区分为两个重要的单元:颗粒之间较大的空隙——称为孔洞(pore),以及孔洞之间相对较小的连接管道——称为孔喉(throat);

(3)随后再将孔隙结构简化为一系列由圆柱管(孔喉)和圆球(孔洞)相连接的网络,一个孔喉管道一般连接两个孔洞,但是一个孔洞可以由多个孔喉相连接。

由此提供一个简单的网络模型描述孔隙结构的关键细节。图 2-20 为孔洞、孔喉定义的示意图以及一个砂岩的孔隙结构与处理后的孔隙-网络模型。与某一个孔洞相连的孔喉数量称为配位数（coordinate number）。一般结构的平均配位数越高，其整体连通性越好。孔洞主要发挥储存流体的功能，孔喉大小控制流体运动速度。

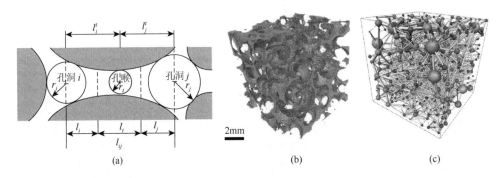

图 2-20　孔隙-网络模型示意图（Dong and Blunt，2009）

(a) 孔洞与孔喉定义；(b) 砂岩孔隙结构体渲染图；(c) 孔隙-网络模型结构

2.5.2.3　裂缝结构表征

对于裂缝的表征，如果裂缝没有出现相交，即每一条裂缝都对应一个独立的团簇，那么前面介绍的团簇的表征参数完全可以用于定量描述裂缝。对于裂缝结构，各向同性指数的值一般较小，这表示裂缝厚度明显小于裂缝长度，大的各向同性指数则表明该团簇不具备裂缝形态；但伸长指数的大小仅描述裂缝的宽度与长度之比，其大小不影响裂缝结构的定义。

一般情况下，如果岩石中的裂缝不是特别稀疏，则裂缝发生相交的可能性较高。当裂缝相交时，意味着它们之间相互连通，成为一个团簇。这时，采用团簇的表征参数无法描述单条裂缝的特征。和颗粒相连接的情况相似，需要对裂缝进行识别、分离，再对分离后的单条裂缝进行表征。

开发相关程序可以实现裂缝的识别和分离（Liu et al.，2021）。其核心步骤是判断裂缝相交位置并将裂缝相交部位的体像素值由原来的孔隙（值为 0）修改为基质（值为 1），由此将相交裂缝断开。为了准确将裂缝相交点断开，程序需要预先经过三个处理步骤：①过滤——删除结构中的微小团簇以减少后续分析步骤的工作量；②光滑——修补结构中存在的一些瑕疵；③减薄——使得裂缝厚度减小到 2~3 个体像素，以易于判定裂缝相交点。裂缝相交点断开之后，还需要将被断开的原属于一条延伸较长的裂缝重新合并（包括减薄的厚度复原），合并后的同一条裂缝——尽管可能分成若干段——但对其中的体像素都赋予相同的编号。分离与合并过程如图 2-21 所示。此时一条裂缝对应一个团簇的定义，可以使用团簇的相关参数进行表征。

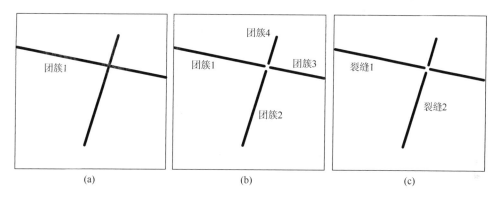

图 2-21　裂缝分离与合并过程的关键步骤（Liu et al.，2021）

(a) 两条裂缝相交构成一个团簇；(b) 相交点断开，形成 4 个团簇；(c) 根据裂缝段的延伸方向和原有属性，将同一方向的裂缝段合并为一条裂缝

2.5.3　岩石结构与物性关系

岩石结构与物性关系是岩石物理学中的重要内容之一。在后续章节中分别对岩石结构与流体输运性质、力学响应、声学性质等的关系进行讨论。

思　考　题

1. 微观层析成像技术的主要原理是什么？它给岩石物理学带来了什么？

2. 一个原始大小为 2048^3 的 CT 图像，以 32 位数据类型存储，总数据量是多少 GB？

3. 假设一个 2048^3 的 CT 图像，分辨率为 3 μm，样品为形状规则的圆柱体，直径为 3.6 mm 且位于图像正中。以样品的最小外接长方体切割图像，数据量是多少 GB？同时去除两端，以样品最大内接正方体切割图像，数据量是多少 GB？如果再转换为 16 位类型数据，数据量是多少 GB？

4. 什么是逾渗？什么是团簇？什么是逾渗阈值？

参　考　文　献

姚军, 赵秀才, 衣艳静, 等, 2005. 数字岩心技术现状及展望[J]. 油气地质与采收率, 12 (6): 52-54.

姚军, 赵秀才, 衣艳静, 等, 2007. 储层岩石微观结构性质的分析方法[J]. 中国石油大学学报（自然科学版）, 31 (1): 80-86.

赵秀才，姚军，陶军，等，2007. 基于模拟退火算法的数字岩心建模方法[J]. 高校应用数学学报 A 辑，22（2）：127-133.

Arns C H, Knackstedt M A, Pinczewski W V, et al., 2001. Accurate estimation of transport properties from microtomographic images[J]. Geophysical Research Letters, 28（17）：3361-3364.

Dong H, Blunt M J, 2009. Pore-network extraction from micro-computerized-tomography images[J]. Physical Review E, 80（3）：1-11.

Flannery B P, Deckman H W, Roberge W G, et al., 1987. Three-dimensional X-ray microtomography[J]. Science, 237（4821）：1439-1444.

Fredrich J T, DiGiovanni A A, Noble D R, 2006. Predicting macroscopic transport properties using microscopic image data[J]. Journal of Geophysical Research：Solid Earth, 111：1-14.

Fusseis F, Schrank C, Liu J, et al., 2012. Pore formation during dehydration of a polycrystalline gypsum sample observed and quantified in a time-series synchrotron X-ray micro-tomography experiment[J]. Solid Earth, 3：71-86.

Ghanbarian B, Hunt A G, Ewing R P, et al., 2014. Theoretical relationship between saturated hydraulic conductivity and air permeability under dry conditions：Continuum percolation theory[J]. Vadose Zone Journal, 13（8）：1-6.

Hoshen J, Kopelman R, 1976. Percolation and cluster distribution. I. Cluster multiple labeling technique and critical concentration algorithm[J]. Physical Review B, 14：3438-3445.

Knackstedt M A, Arns C H, Saadatfar M, et al., 2006. Elastic and transport properties of cellular solids derived from three-dimensional tomographic images[J]. Proceedings of the Royal Society A, 462（2073）：2833-2862.

Landis E N, Keane D T, 2010. X-ray microtomography[J]. Materials Characterization, 61（12）：1305-1316.

Liu J, Huang J C, Liu K Y, et al., 2021. Identification, segregation, and characterization of individual cracks in three dimensions[J]. International Journal of Rock Mechanics and Mining Sciences, 138：104615.

Liu J, Pereira G G, Liu Q B, et al., 2016. Computational challenges in the analyses of petrophysics using microtomography and upscaling：A review[J]. Computers & Geosciences, 89：107-117.

Liu J, Regenauer-Lieb K, 2021. Application of percolation theory to microtomography of rocks[J]. Earth-Science Reviews, 214：103519.

Liu J, Regenauer-Lieb K, Hines C, et al., 2013. Applications of microtomography to multiscale system dynamics：Visualisation, characterisation and high performance computation[M]// Yuen D A, Wang L, Chi X B, et al., GPU Solutions to Multi-scale Problems in Science and Engineering. Heidelberg：Springer, 653-674.

Renard F, Cordonnier B, Dysthe D K, et al., 2016. A deformation rig for synchrotron microtomography studies of geomaterials under conditions down to 10 km depth in the Earth[J]. Journal of Synchrotron Radiation, 23（4）：1030-1034.

Spanne P, Thovert J F, Jacquin C J, et al., 1994. Synchrotron computed microtomography of porous media：Topology and transports[J]. Physical Review Letters, 73（14）：2001-2004.

Stauffer D, Aharony A, 1994. Introduction to percolation theory[M]. 2nd ed. London：Taylor &Francis.

Stock S R, 1999. X-ray microtomography of materials[J]. International Materials Reviews, 44（4）：141-164.

Stock S R, 2008. Recent advances in X-ray microtomography applied to materials[J]. International Materials Reviews, 53（3）：129-181.

第 3 章　岩石中孔隙与流体运移

孔隙是材料中没有被固体充填的部分。岩石中普遍存在的孔隙构成流体赋存空间。孔隙的连通是流体流动的前提。孔隙中的流体（油、气、水等）是地球重要的资源；孔隙流体的存在影响岩石力学性质；孔隙流体的输运伴随着热和化学物质的传递。

本章主要介绍岩石中的孔隙结构和流体运移的描述，包括孔隙度、渗透率等重要概念，也简略介绍多相流问题。

3.1　孔隙与孔隙度

3.1.1　孔隙结构

"孔隙"的中文词义其实包含"孔"（孔洞）和"隙"（裂隙）两层含义，即孔洞和裂隙可以统称为孔隙。因此，孔隙从形态上可以区分为孔洞和裂隙。不过，孔隙对应的英文表达 pore（形容词 porous）只有孔洞的含义。所以较多情况下，孔隙一词主要表示孔洞，强调同时存在裂隙时，可以用孔隙-裂隙或孔缝表达。

从成因机制上可以将孔隙划分为原生孔隙和次生孔隙，分别指成岩过程形成的孔隙和成岩之后改造形成的孔隙。对于颗粒状结构的岩石，孔隙可以划分为粒间孔隙和粒内孔隙。在分析孔隙结构与输运性质相关性时，人们更关注当前岩石孔隙结构的状态。

不同岩石类型的孔隙结构存在明显差异，这些差异与成因机制关系最为密切。一般气孔状火成岩中，孔隙是岩浆中气泡的残余空间，因此孔隙一般表现为圆孔状。碎屑岩中的孔隙是颗粒压实胶结后的剩余空间，颗粒的粒度、磨圆度、分选性、压实和胶结程度都极大地影响孔隙大小和形状。碳酸盐岩在成岩过程中形成原生孔隙，成岩后的构造运动和流体溶蚀会使得孔隙结构发生明显变化，不仅孔隙明显增多、增大，且孔隙大小和形态均不规则。图 3-1 为几种典型岩石孔隙结构的图像。

孔隙的定性描述包括成因、分类、形态、大小范围等；定量描述可以采用第 2 章介绍的孔隙-网络描述方案或团簇描述方案。几个最常用的参数见 3.1.2 节。

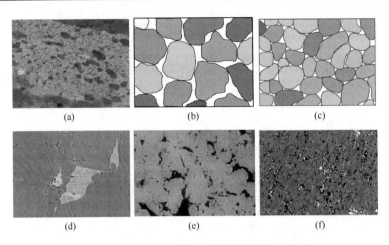

图 3-1 典型岩石的孔隙结构

分别为气孔状玄武岩照片（a），低压实程度（b）和高压实程度（c）碎屑岩颗粒和孔隙结构示意图，花岗岩（d）、石灰岩（e）、泥岩（f）显微图像

3.1.2 孔隙结构指标

孔隙度（porosity）是描述孔隙结构最重要的指标。孔隙度的定义为孔隙体积占总体积之比，一般以 ϕ 表示，即

$$\phi = \frac{V_\mathrm{p}}{V_\mathrm{b}} = \frac{V_\mathrm{b}-V_\mathrm{s}}{V_\mathrm{b}} \leqslant 1, \tag{3-1}$$

式中，V_b 为总体积（bulk volume）；V_p 为孔隙体积（pore volume）；V_s 为固体体积（solid volume）；$V_\mathrm{b}=V_\mathrm{p}+V_\mathrm{s}$，即总体积为固体体积和孔隙体积之和。孔隙度是一个大于等于 0、小于等于 1 的无量纲数，一般以小数或百分比表示。

岩石中的孔隙度差异非常大，一些致密的火成岩或变质岩孔隙度极低，常规储层的沉积岩孔隙度一般为 10%～20%，而气孔玄武岩（浮石）的孔隙度可以达到 60%～70%。孔隙度的值可能与测量方式有关。例如页岩，传统观念认为其孔隙度极低，往往作为隔水层或油气储层的盖层；通过微纳米尺度的高分辨率观测，发现其孔隙度可能达到 10%～20%；但是相比于砂岩、灰岩等常规储层的孔隙，这些孔隙的尺度极其微小。

岩石中的孔隙具有不同的连通程度，部分孔隙在成岩过程中或后期变形过程中被孤立，与外界孔隙的连接被断开，其中的流体就无法参与整体孔隙结构中的循环。这就意味着，对流体运动起作用的孔隙只占孔隙体积的一部分。用有效孔隙度（effective porosity）定义这部分相互连通、流体能够自由出入的孔隙占比，表示为

$$\phi_{\mathrm{e}} = \frac{V_{\mathrm{cp}}}{V_{\mathrm{b}}} \leqslant \phi , \tag{3-2}$$

式中，V_{cp} 表示连通的孔隙体积。有效孔隙度总是小于等于总孔隙度。图 3-2 为一个石灰岩样品中所有孔隙、连通孔隙和不连通孔隙的结构，孔隙度和有效孔隙度分别为图 3-2a 和图 3-2b 中孔隙体积除以总体积。岩石的连通性一定程度上可以用有效孔隙度表示，有效孔隙度高表示孔隙之间连通性好，低则表示连通性不好。需要注意有效孔隙度的确定也受观测或实验技术的影响，如依据 CT 图像利用团簇标注判定连通性，其结果受图像分辨率的限制。

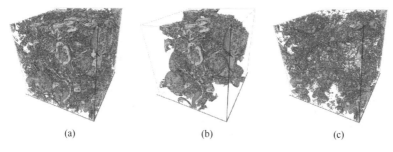

图 3-2 一个石灰岩样品中的所有孔隙（a）、连通孔隙（b）和不连通孔隙（c）（Liu et al., 2014）
样品尺度为 1.84^3 mm^3，图像分辨率为 1.84 μm，总孔隙度和有效孔隙度分别为 20% 和 16.8%，不连通的孔隙占总体积的 3.2%

孔隙的比表面积（specific surface area，SSA）定义为孔隙表面积与总体积之比，以 s_{s} 表示：

$$s_{\mathrm{s}} = \frac{S}{V_{\mathrm{b}}} , \tag{3-3}$$

式中，S 为孔隙与固体交界面的总面积。比表面积的单位为长度的倒数。比表面积大，表示孔隙表面起伏、弯曲大。相同孔隙度时，比表面积越大越不利于流体的流动。比表面积的定义在与表面过程相关的分析中，如吸附作用、表面化学反应等，具有非常重要的意义。

孔隙的弯曲度（tortuosity）定义为孔隙的实际距离 l 和直线距离 L 之比：

$$\tau = \frac{l}{L} , \tag{3-4}$$

弯曲度也是一个无量纲量，总是大于或等于 1。图 3-3 分别显示固体中孔隙的简化理想状态（直管，长度 L）和实际真实状态（弯曲管道，长度 l）。依此定义弯曲度十分直观便捷，但实际上，在考虑三维结构、多通道交错并存时，孔隙弯曲度参数的提取并非易事。

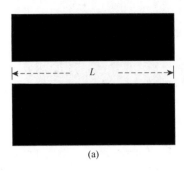 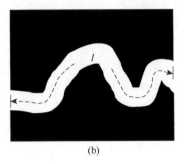

图 3-3　孔隙流体通道简化理想状态（a）和实际真实状态（b）示意图

3.1.3　孔隙度的测量

根据式（3-1）给出的孔隙度计算公式，只要知道固体体积、孔隙体积和总体积三个变量中的任意两个变量，就能计算孔隙度。

样品总体积 V_b 的获取方案一般有两种：直接测量和流体排出体积测量。对于加工好的规则形状样品，利用游标卡尺测量可以计算样品总体积。流体排出体积的测量又有两种方案：其一是使用汞（水银），一般常压下汞液体难以进入岩石微小的孔隙中，样品置入汞液体中，排出的液体体积等价于样品总体积；其二是采用流动性好的液体（如盐水、煤油、甲苯），将样品置于液体中，达到饱和之后，再测量样品所能排出的流体体积。

样品中固体体积 V_s 的获取也常用两种方案：方案一是将样品置入流动性强的流体中，假设流体能够进入所有孔隙中，那么排出的流体体积即固体体积；方案二依据波义耳定律，即恒温下，密闭容器中气体的压强和体积成反比关系，具体实现方式如图 3-4 所示。图中设备主要包括两个相连的密封舱。实验需要两步进行：第一步，两个密封舱之间阀门关闭，样品放入一侧密封舱，注入一定压力 p_1 的气体，另一侧密封舱抽真空；第二步，打开连接两个舱体的阀门，两侧气体压力平衡后测量压力值 p_2。以 V_1 和 V_2 分别表示两个密封舱的体积，根据波义耳定律，有

$$p_1(V_1 - V_s) = p_2(V_1 - V_s + V_2)，\tag{3-5}$$

由此可以计算样品固体的体积 V_s。

孔隙体积测量方案同样也主要有两种：流体饱和法和压汞法（mercury injection method，MIM）。应用流体饱和法分别测量干燥样品和完全浸透的饱和样品的重量，二者质量差异除以流体密度即得孔隙体积。应用压汞法首先需要将样品抽真空，随后施加高压将汞液体压入孔隙中，压入的汞的体积即孔隙体积。该设备称为压汞仪，压汞仪除了可以测量孔隙度，还可以测量毛细管压力和孔喉大小的分布。由于水银的毒性，做过压汞实验的样品不能再次使用。

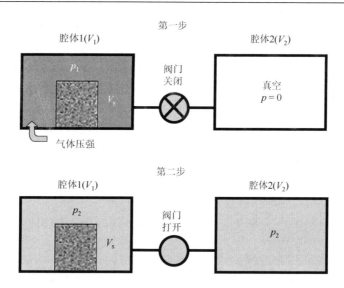

图 3-4 根据波义耳定律测量固体体积的设备和方案示意图（Schön，2015）

考虑到压汞法、流体饱和法及气体扩散都依赖于孔隙的连通，因此以上方案测量计算的孔隙度均为有效孔隙度。测量总孔隙度的方案一般是在测量样品总体积之后，将样品粉碎成极细的颗粒，再用流体排出法测量固体体积，或者根据固体颗粒的平均密度计算固体体积。

以上介绍的为传统的直接孔隙度测量方法，一般测量误差可能在 0.5 个百分点左右，即如果测量的孔隙度为 21%，实际孔隙度可能在 20.5%～21.5%。间接测量方法主要利用测井或地震技术，在已知孔隙度和某些测量参数对应关系的前提条件下，根据测量数据推测地下岩层的孔隙度。间接方法测量的孔隙度精度一般较低。

根据第 2 章内容，利用数字化图像可以十分直观、简便地获取岩石的孔隙度和比表面积，见表 3-1，具体如下。

（1）总孔隙度的计算利用图像分割后的数据，对孔隙所占有的体像素计数，再除以总体积获得；

（2）有效孔隙度的计算需要结合逾渗理论的团簇概念，利用团簇标注后的数据，以连通的（最大）团簇所包含的体像素数量除以总体积获得；

（3）比表面积的计算也直接利用分割后的二值数据，对孔隙与固体边界面计数，再除以总体积；

（4）还可以计算有效孔隙的比表面积，也需要结合团簇概念，以连通的团簇的表面积除以总体积获得。

表 3-1　利用数字岩石技术（CT 图像数据）获取孔隙结构参数的方法

参数	基础数据	计算方案
孔隙度	图像分割后的二值数据	孔隙体像素计数/总体像素
有效孔隙度	团簇标注后数据	连通团簇体像素计数/总体像素
比表面积	图像分割后的二值数据	孔隙表面积计数/总体像素
有效孔隙比表面积	团簇标注后数据	连通团簇表面积计数/总体像素

关于孔隙弯曲度，Nakashima 和 Kamiya（2007）发展了基于岩石 CT 图像数据的三维复杂结构中孔隙弯曲度分析方法。

显然，岩石数字化图像为孔隙结构的分析提供了新途径，但其缺点是，孔隙的识别受图像分辨率影响，小于图像分辨率的孔隙无法识别，一般图像识别计算的孔隙度较实测的孔隙度低，与实测值的差异取决于孔隙大小分布与图像分辨率的匹配；但如果图像质量不高，存在较多伪影，也可能造成图像孔隙度比实测值高。

3.2　达西定律和渗透率

流体在岩石孔隙中的渗流，是流体在压力差的驱动下，顺着曲折、大小变化的孔隙管道流动的过程。研究孔隙流体运动，可以考虑两个方案：①根据孔隙的详细结构分析流体在固体颗粒所围限的孔隙内的运动，称为孔隙尺度流体分析。该方案需要 CT 技术的支持，对于深入理解渗透率的影响因素、流体运动的微观机制、多相流及油气开采应用等都具有帮助，是目前正在发展的学科分支。②依据孔隙结构所表现出来的平均性质，忽略孔隙内部的细节特征，分析流体在孔隙中运移的总体特征，称为渗流分析。方案二是长期以来孔隙流体输运的主要研究方案；具有简易性和实用性，获得了广泛的应用，是本课程重点学习的内容。

3.2.1　渗流假设与等效体

渗流分析基于两个基本假设，首先是孔隙的尺度远小于所分析的流体区域的尺度，对于裂缝型岩石，如果裂缝的尺度明显小于所分析区域的尺度，并且裂缝方向分布均匀，那么可以和孔隙介质同等对待；其次是流体在孔隙中的流速较为缓慢，流动属于"层流"。

渗流分析用一种假想的流体代替真实岩石中孔隙-裂隙中的流体，这个假想流体充满了孔隙-裂隙空间和岩石固体颗粒所在的整个岩石空间，流体在流动时所受的有效阻力等于真实水流所受的阻力，流体通过任意截面的流量及任一点的压力或水头与实际流体相同,这种假想水流所存在的空间称为岩石等效体。图 3-5 给出了岩石孔隙真实水流和假想水流的对比示意图。

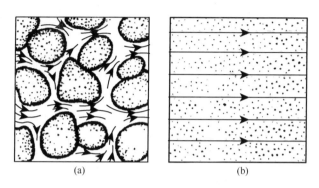

图 3-5　岩石孔隙真实水流(a)和假想水流(b)的对比示意图(薛禹群,1986)

采用等效体概念,可以在研究岩石的输运性质时,把微观上并非处处连续的流动转化为宏观上的连续流动,从而可以充分利用现有的水力学和流体力学理论进行深入分析。

3.2.2　达西定律

法国科学家达西(Darcy)1856 年通过研究水流经砂质颗粒堆积体(图 3-6),发现单位时间通过圆柱状砂样的流量与圆筒截面积、进水口与出水口之间压力差成正比,与进水口与出水口之间距离成反比,表示为

$$Q \propto A \frac{\Delta h}{\Delta l}, \tag{3-6}$$

式中,Q 为单位时间的渗流量;A 为圆筒截面积;Δh 为进水口与出水口之间水头(hydraulic head)差(即水压差);Δl 为进水口与出水口之间距离。式(3-6)转化为以单位时间通过单位面积的流量 q 表示,则为

$$q = -K \frac{\Delta h}{\Delta l}, \tag{3-7}$$

式中,K 称为渗透系数(hydraulic conductivity),也称为水力传导系数。由于流体总是从高水压向低水压方向流动,为了保持流量以正值表示而在式(3-7)中人为添加了负号。单位时间渗流量 Q 的量纲为"体积/时间";单位时间、单位面积的流量 $q = Q/A$ 具有"长度/时间"的量纲,与速度的量纲相同;水头差 Δh 与距离 Δl 的比值为无量纲量;因此渗透系数的量纲也为"长度/时间",也与速度的量纲相同。

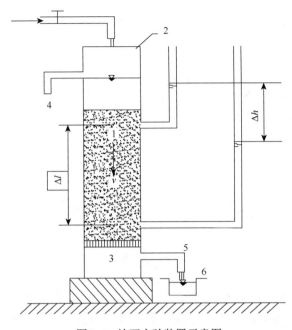

图 3-6 达西实验装置示意图
1. 砂样；2. 圆筒；3. 滤板；4. 溢水管；5. 出水口；6. 量杯

流量 q 表示流体在孔隙中流动的平均速度。由于真实的流体仅在孔隙-裂隙空间中流动，岩石孔隙空间中流体真实的平均速度应该为

$$\bar{v} = \frac{q}{\phi},\tag{3-8}$$

即孔隙中真实流体速度比渗流表示的流量 q 快若干倍，孔隙度越小，真实流体运动速度较流量的差异越大。注意式（3-6）和式（3-7）均仅考虑一维圆管的渗流问题。对于二维或三维问题，可以将水头差与距离的比值用水头的梯度表示，即

$$q = -K\nabla h。\tag{3-9}$$

尽管达西最初研究的流体是水，介质为堆积砂样，但达西定律已经推广应用于不同科学领域的不同介质和流体运动，在地学领域，不同流体（石油、水、天然气等）在不同松散堆积和岩石类型（包括孔洞型和裂缝型储层）中的输运，只要满足渗流分析的基本条件，都可以采用达西定律。

3.2.3 渗透率

仅考虑一种流体时，渗透系数可以很好地从多孔介质角度描述流体在其中的流动特征，这也构成了水力学的基础。但是在考虑不同介质时，不同流体由于流动性

（一般以黏滞系数 η 表示，该参数将在第 4 章讲解）不同，在相同孔隙结构介质中的流动会有不同的单位面积单位时间流量 q。一般 q 与黏滞系数成反比关系，即

$$q \propto \frac{1}{\eta}, \qquad (3\text{-}10)$$

高黏滞性流体流动慢，q 值低；低黏滞性流体流动快，q 值高。这意味着渗透系数 K 实际上包含流体本身的性质。如果将黏滞系数纳入方程中，则可以消除流体本身流动性的影响。

另一个需要考虑的因素是，在达西实验中，主要考虑的是浅表的渗流情况，采用水头 h 描述流体压力差方便且不失准确性。对于大量深度较大的地下流体问题，重力作用往往是构成流体压力差的重要因素。因此需要将式（3-7）中的水头 h 替换为流体压力 p

$$p = \rho g h, \qquad (3\text{-}11)$$

式中，ρ 为流体密度；g 为重力加速度。将式（3-10）和式（3-11）并入式（3-9）中，得到更普遍适用的达西定律表达式

$$q = -\frac{\kappa}{\eta}\nabla p = -\frac{\kappa}{\eta}\rho g \nabla h, \qquad (3\text{-}12)$$

式中，κ 为渗透率（permeability）。渗透率 κ 与渗透系数 K 的关系为

$$K = \frac{\kappa \rho g}{\eta}。 \qquad (3\text{-}13)$$

式（3-12）的优点在于把影响流体输运的两个方面，即流体本身性质（以 ρ、η 表示）和岩石性质（以渗透率 κ 表示）分离表示，因而更具有普遍性。同时该式的形式与电磁学中的欧姆定律和热力学中的傅里叶定律十分近似，方便记忆和理解。

渗透率是一个仅与岩石孔隙结构有关的参数。渗透率的量纲为长度的平方，即与面积单位相同，其国际标准单位为 m^2，更常用的单位为达西，记为 D（或 d）。黏滞系数为 10^{-2} 泊（P）[①]的流体，在压力梯度为 $1\ \text{atm}\cdot\text{cm}^{-1}$ 的作用下，通过岩石孔隙的流量为 $1\ \text{cm}\cdot\text{s}^{-1}$ 时，岩石的渗透率就是 1 D。达西与 SI 单位的转换关系为

$$1\text{D} = 0.987\times 10^{-12}\ \text{m}^2 (\approx 1\ \mu\text{m}^2)。 \qquad (3\text{-}14)$$

不同岩石的渗透率差异极大，渗透性好的岩石的渗透率可以达到 1 D 或更大，而渗透性差的岩石的渗透率可能仅为其百万分之一或更低。

3.2.4　达西定律的适用范围

前文已述，渗流假设的两个前提条件之一是流体运动速度慢，属于"层流"

---

① $1\text{P} = 10^{-1}\ \text{Pa}\cdot\text{s}$。

（laminar flow）运动。流体运动是否属于层流，是根据流体运动时的雷诺数（Reynolds number）来判定的。雷诺数的定义为

$$Re = \frac{\rho v D}{\eta}, \qquad (3\text{-}15)$$

式中，v 为流体平均速度；D 为流体流动空间的特征尺度，如岩石孔隙空间的特征尺度对应孔喉的直径。公式右端的分子表示流体的惯性力，分母黏滞系数表示黏滞力，因此雷诺数是惯性力和黏滞力之比。

一般将雷诺数小于 2000 时的流体划分为层流。与层流对应的流体运动称为紊流或湍流（turbulent flow）。二者流动特征差异如图 3-7 所示。实际上，对层流和紊流的划分并不是一个严格的雷诺数，而是一个大致范围，如以雷诺数 2200 作为层流的上限也没有问题，并非雷诺数大于 2000（或 2200）的流体运动就属于紊流，而是将更大的雷诺数（大于 3500 或 4000）的流动划分为湍流。这样层流和紊流之间存在一个雷诺数为 2000～4000 的过渡范围，该范围内的流体运动也可称为转换流（transitional flow）。雷诺数 2000 对应黏滞系数为 10^{-3} Pa·s 的水在 0.1 m 直径的管道中以 20 mm·s^{-1} 的速度运动；如果孔喉直径在 1mm 量级，那么流速在 2 m·s^{-1} 量级的流动依然属于层流。显然对于孔隙流体，达西定律在砂岩中是完全适用的。更大的孔径和流速，如在较大裂缝中的流动，则可能属于紊流，此时达西定律不适用。

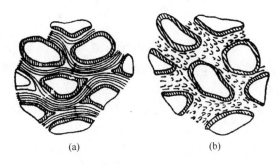

图 3-7　孔隙流体运动的层流（a）和紊流（b）（陈颙等，2009）

3.2.5　渗透率的测量

岩石渗透率的测量一般采用稳态法、脉冲法和周期加载法。这三种方法不仅可以在实验室操作测量，也可以在野外（钻孔中）实施。

3.2.5.1　稳态法

稳态法测量渗透率基于达西实验。在岩石样品的两端施加一定压力差，测量

一定时间内的流量值，根据式（3-12）计算渗透率。注意采用该方案时需要等岩石中流体流动达到稳态时再测量流量。稳态法适用于渗透率较高的岩石的渗透率的测量，如大于 $10^{-15}\,\text{m}^2$（1mD）的渗透率，原因在于低渗透率岩石达到稳态的时间很长，以周或月为单位的等待时间代价过于高昂。用稳态方法测量得到的岩石渗透率下限是 $10^{-21}\,\text{m}^2$（Morrow et al.，1984）。

测量的流体可以是水或气体。液体在管道中流动时，与管道壁接触部分的流体因黏滞力而速度为 0；而对于气体，管道壁上的分子都处于运动状态，且贡献一个附加能量，这种现象称为克林肯贝格效应，造成以气体为媒介测量的渗透率会比以水为媒介测量的值偏大。因此以气体为媒介测量的渗透率还需要进行克林肯贝格校正，具体方案为测量不同压力下渗透率，外推到 0 压力状态，以 0 压力状态值作为校正值。经过克林肯贝格校正后的渗透率与测量媒介无关。

3.2.5.2 脉冲法

脉冲法是在岩石实验设备中，首先设定岩石孔隙压力为 p_0，随后突然增加样品上端压力至 p_1，即施加一个脉冲压力，压力差造成样品内部产生瞬态流动，同时引起上端压力逐步减小、下端压力增大，二者同时趋近于最终压力 p_f。忽略岩石孔隙中流体含量的变化，样品上、下端的压力变化分别为（图 3-8）

$$上端：p_u(t) = p_f + (p_1 - p_f)e^{-\alpha t}；\quad (3\text{-}16a)$$

$$下端：p_b(t) = p_f - (p_f - p_0)e^{-\alpha t}。\quad (3\text{-}16b)$$

式中的指数衰减系数 α 与岩石渗透率 κ 成正比（Brace，1968）。将记录的上、下端压力随时间变化值在双对数坐标系中表示，拟合得到的直线斜率对应渗透率。

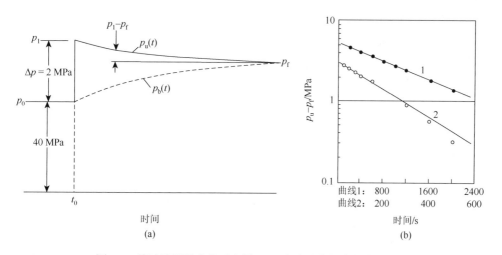

图 3-8　脉冲法测量曲线示意图（a）和渗透率拟合直线（b）

脉冲法测量渗透率在施加一个脉冲压力值之后测量即时的压力变化,不需要流体达到稳态,对于低渗透率的岩石样品同样测量时间较短,因此广泛应用于 1 mD 以下的渗透率测量中。

3.2.5.3 周期加载法

周期加载法是在样品的一端施加随时间正弦变化的流体压力,同时测量另一端流体压力的振幅和相位的变化(图 3-9),对比两端压力变化曲线,可以计算得到岩石的渗透率(Fischer and Paterson,1992;Kranz et al.,1990)。

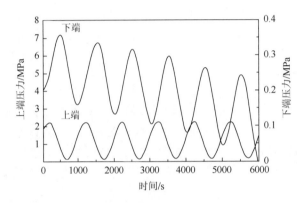

图 3-9 使用周期加载法样品两端孔隙压力振幅和相位变化曲线(Kranz et al.,1990)

3.3 孔隙度–渗透率关系

孔隙度和渗透率是两个最重要的岩石流体输运参数,数据显示二者呈正相关,但具体关系式目前并不完全确定。从统计数据看,指数拟合关系较好;由简化结构进行理论分析,只能得到线性关系;将二者结合的 Kozeny-Carman 关系使用效果较好。

3.3.1 实验结果与拟合

前人根据大量测量数据尝试拟合孔隙度和渗透率之间的关系,拟合方式包括线性拟合、多项式拟合、幂函数拟合、指数函数拟合等。总体而言,数据离散性很大、规律性不强,线性拟合和多项式拟合效果均不理想,指数、幂函数拟合较好。图 3-10 给出了同一组数据不同拟合的结果,可以看出两种拟合误差十分接近。

实际应用中,指数函数拟合最多。在大量数据基础上,Adler 等(1990)提出一个概括性的指数函数关系

$$\kappa \propto \phi^n,$$

(3-17)

并给定 $\phi < 0.05$ 时，$n \cong 7$，而 $0.08 \leqslant \phi \leqslant 0.25$ 时，$n \cong 3$，意味着渗透率与孔隙度至少是三次方的关系，且孔隙度越小，指数值越大。

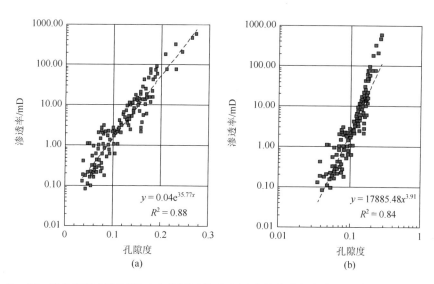

图 3-10　同一组数据以指数函数（a）和幂函数（b）拟合的孔隙度和渗透率关系（Schön，2015）

3.3.2　等效管道模型

等效管道模型着眼于孔隙结构中控制流体输运的孔喉，将流体在孔隙中的流动假想为在微小圆管中的流动。考虑这个问题时，首先需要了解流体力学中圆管流动的一个经典问题，即压力差驱动的泊肃叶流。

根据流体动力学原理，半径为 r、长度为 L 的圆管存在压力差 Δp，该压力差驱动的流体运动的特征为，管壁上流体速度为 0，圆管中心位置上速度最大，该最大速度值为

$$v_{\max} = -\frac{r^2 \Delta p}{4\eta L}，\qquad (3\text{-}18)$$

式中，η 为流体的黏滞系数。注意这里为了保证速度方向与坐标方向一致，在公式右端人为加入了一个负号。从管壁到圆管中心速度变化为以径向距离为自变量的二次函数，所以速度峰值曲线为一抛物线，如图 3-11a 所示。圆管内速度的平均值为

$$\bar{v} = \frac{1}{2} v_{\max} = -\frac{r^2 \Delta p}{8\eta L}。\qquad (3\text{-}19)$$

单位时间内流过某一截面的流量 Q 等于截面面积与流速的乘积，因此有

$$Q = \pi r^2 \bar{v} = -\frac{\pi r^4 \Delta p}{8\eta L}，\qquad (3\text{-}20)$$

式中，$\Delta p/L$ 为所分析的长度为 L 的微小体元内的压力梯度，也可记为 ∇p。

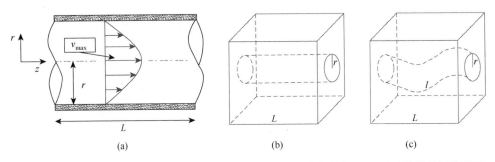

图 3-11 圆管中流速分布示意图（a）、等效管道模型微元结构直管（b）以及等效管道模型微元结构弯管（c）

对于仅包含一个圆直管的微元，如图 3-11b 所示，由达西定律计算的截面的流量 Q 为

$$Q = q \cdot A = \left(-\frac{\kappa}{\eta} \cdot \nabla p\right) \cdot A = -\frac{\kappa \Delta p}{\eta L} \cdot L^2, \quad (3-21)$$

式中，压力梯度为压力差 Δp 与长度 L 之比，同时达西定律考虑的是等效体，因此流体截面积为 L^2。联合式（3-20）和式（3-21），可得

$$\kappa = \frac{1}{8}\phi r^2, \quad (3-22)$$

表明渗透率与孔隙度呈一次（线性）关系，与孔径的平方成正比。

如果进一步考虑孔隙的弯曲度 $\tau = l/L$，如图 3-11c 所示，那么前文推导有两个变化：

（1）由于流体实际流经距离的改变，式（3-20）中的 $\Delta p/L$ 项需要替换为 $\Delta p/l$，依然有整体微元的压力梯度表示为 $\nabla p = \Delta p/L$，那么

$$Q = -\frac{\pi r^4}{8\eta} \cdot \frac{\Delta p}{l} = -\frac{\pi r^4}{8\eta} \cdot \frac{\Delta p}{\tau L} = -\frac{\pi r^4}{8\eta\tau} \cdot \nabla p。 \quad (3-23)$$

（2）达西定律考虑的是等效体，因此式（3-21）中的 $\Delta p/L$ 并不需要修改，但是其面积 A 的表达形式发生变化。根据此时孔隙度表达式

$$\phi = \frac{\pi r^2 l}{AL} = \frac{\pi r^2 \tau}{A}, \quad (3-24)$$

可得 $A = \frac{\pi r^2 \tau}{\phi}$，由此式（3-21）转换为

$$Q = q \cdot A = \left(-\frac{\kappa}{\eta} \cdot \nabla p\right) \cdot A = \left(-\frac{\kappa}{\eta} \cdot \nabla p\right) \cdot \frac{\pi r^2 \tau}{\phi}。 \quad (3-25)$$

联合式（3-23）和式（3-25），可得

$$\kappa = \frac{1}{8}\phi\frac{r^2}{\tau^2} \, . \tag{3-26}$$

依然显示渗透率和孔隙度成一次关系，与孔径的平方成正比，但同时还与弯曲度的平方成反比。

等效管道模型假设岩石中孔喉控制流体运动，以孔径不变的直管或弯管（图 3-11b 或 3-11c）分析其对流体运动的控制作用；假设岩石内部复杂流动通道由大量微小的管道模型构成，但实际推导过程仅考虑单个微元。分析具有理论基础但十分简化。所获结论中，渗透率与孔隙度呈线性关系与大量实验测量吻合度不高；但是渗透率与孔径的平方成正比与测量结果较符合；而三维复杂结构的孔隙弯曲度本身就难以准确测量，因此渗透率与弯曲度平方成反比的结论也不确定。

详细介绍该模型主要帮助我们理解分析渗透率-孔隙度关系的基本思路。在此基础上可以进一步分析推导条件更复杂的 κ-ϕ 关系。

3.3.3 Kozeny-Carman 关系

Kozeny-Carman 关系实际上就是在等效管道模型的基础上进一步推导获得的渗透率和孔隙度关系，由 Kozeny 在 1927 年提出，随后 Carman（1938）对其进行了修改。略去相对较复杂且一定程度上对标实验结果的推导过程，直接给出最早的 Kozeny-Carman 关系

$$\sqrt{\frac{\kappa}{\phi}} = \frac{1}{\sqrt{2}\tau s_s}\left(\frac{\phi}{1-\phi}\right), \tag{3-27}$$

式中除了考虑孔隙度 ϕ 和弯曲度 τ，还考虑了比表面积 s_s，该式显示渗透率是孔隙度的三次函数。随后 Amaefule 等（1993）考虑流体通道半径的变化，引入一个几何因子 F，将 Kozeny-Carman 关系修改为

$$\kappa = \frac{1}{F\tau s_s^2}\phi^3 \, . \tag{3-28}$$

这一表达形式与 $0.08 \leqslant \phi \leqslant 0.25$ 条件下式（3-17）的形式一致。如果考虑固体颗粒的大小，Kozeny-Carman 关系还可以表示为

$$\kappa = \frac{d^2}{\tau}B\phi^3, \tag{3-29}$$

式中，d 为岩石中颗粒的平均尺度；B 为几何因子。

显然，Kozeny-Carman 关系并不是一个固定的公式，而是可以包含不同因素的多个表达式，不同表达式中的几何因子的取值也并没有一个确定的规则，需要根据大量数据和经验取值。但同时，整体表达为 $\kappa \propto \phi^3$ 的 Kozeny-Carman 关系也是与测量结果最接近、使用最广泛的孔隙度-渗透率关系。

3.3.4 Pittman 经验公式

石油工业界有一个使用率较高的经验公式，称为 Pittman 公式，是在大量统计数据基础上的拟合结果，其原始形式为（Pittman，1992）

$$\lg r = -0.117 + 0.475\lg\kappa - 0.099\lg\phi ，\qquad(3\text{-}30)$$

式中，r 为孔喉大小。在确定孔隙度 ϕ 和孔喉参数 r 之后，渗透率的计算公式为

$$\lg\kappa = 0.208\lg\phi + 2.1\lg r + 0.246 。\qquad(3\text{-}31)$$

关于孔喉大小，很容易理解它并不是一个单值，而是一个分布函数，如图 2-20c 所示。压汞实验可以测量孔喉分布曲线（将在第 8 章介绍）；基于 CT 图像的孔隙-网络模型也可以获得孔喉分布曲线。由分布曲线计算特征（或平均）孔喉值，该值可作为参数 r 用于式（3-31）中。另一个更简单的经验方案是，根据孔隙度和比表面积估算颗粒堆积结构的平均圆管直径 $r=4\phi/s_\mathrm{s}$，这个圆管直径和孔喉尺度是等价的。因此用图像数据中的孔隙结构参数估算渗透率非常方便，之前根据砂岩样品 CT 图像估算的渗透率值与实测值相当接近（Liu and Regenauer-Lieb，2011）。

概括而言，孔隙度与渗透率正相关，渗透率大致与孔隙度的三次方成正比，但孔隙度相同的岩石样品渗透率可能差异很大，原因在于孔隙度仅仅是孔隙体积的度量，而不是孔隙结构特征的指标。加入比表面积、弯曲度和孔径等参数时，能更好地描述孔隙度和渗透率关系，但是，这几个参数仍然难以详尽描述岩石孔隙结构的差异。孔隙度影响渗透率，但渗透率更大程度受孔隙结构的控制。不同岩石结构千差万别，在实际工作中，人们依然需要针对具体储层岩石的孔隙结构特征分析测量渗透率。

3.4 渗透率影响因素

3.4.1 岩性差异

岩性反映岩石的形成过程和成分特征，这两方面因素可以最终体现在孔隙结构上，造成不同岩石的渗透率差异可以达 10^{10} 量级。一般而言，深成岩（plutonic rocks）中孔隙度低，对应的渗透率很低（$<10^{-18}$ m^2）；喷出火山岩多含有大量孔隙，渗透率一般较大，可以远大于 10^{-18} m^2；沉积岩的变化范围较大，与颗粒大小相关，如砂岩渗透率一般在 10^{-12} m^2 量级，而泥岩、页岩等可能低于 10^{-18} m^2。

图 3-12 展示了一些主要岩石类型的渗透率变化范围。图中显示：①不同岩石类型渗透率差异很大，如页岩和砂岩的平均渗透率差异可达 10^7 数量级以上，花岗岩和变质岩的渗透率相对较接近且均较低，火山岩和玄武岩的渗透率比花岗

和变质岩稍高。但是不同岩石类型的渗透率之间并没有一个明显的分界线,而是存在相互重叠。②同一类岩石,渗透率变化幅度依然很大,相对变化幅度较小的有花岗岩、变质岩和玄武岩等,有 $10^3 \sim 10^4$ 量级的变化,而砂岩、页岩和石灰岩的变化幅度依次在 10^5、10^6、10^8 量级。对于这一差异量级其实很好理解:由于砂岩颗粒大小和分选性的差异,其孔隙度变化幅度大,对应渗透率差异大;页岩的情况也类似;致密石灰岩本身孔隙度和渗透率低,而经过流水溶蚀作用的石灰岩可能存在大量的孔洞,渗透率大幅提高。

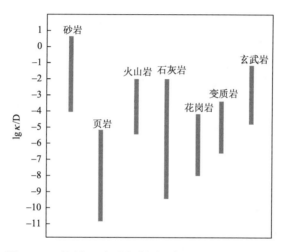

图 3-12　不同岩石渗透率范围示意图(Brace,1980)

3.4.2　压力

Bernabe(1987)测试了花岗岩样品在不同压力状态下的渗透率值;David 和 Darot(1989)测试了砂岩样品在不同压力下的渗透率,结果分别列于图 3-13 中。

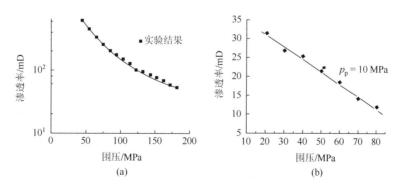

图 3-13　花岗岩(a)和砂岩(b)样品渗透率随压力变化曲线

图 3-13 显示花岗岩和砂岩的渗透率都随着压力的增大而降低，但是花岗岩降低幅度大，为非线性降低，而砂岩降低幅度小且显示为线性降低。注意砂样样品实验中，围压值远小于花岗岩样品实验值（最大 80 MPa），同时砂岩样品还施加了孔隙流体压力，其作用是同等幅度地抵消不同方向上的外部压力。不同曲线成因的解释如下。

（1）对于花岗岩，其中包含较多裂隙，压力作用下裂隙较容易闭合，造成孔隙度和渗透率明显减小；裂隙的闭合在受力的初始阶段变化明显，但随着压力增加，裂隙的闭合逐步减缓，因此渗透率降低，曲线逐步变平缓。

（2）对于砂岩，其中孔隙以孔洞为主，孔洞的闭合所需要的压力远大于裂缝闭合所需要的压力（这一点将在后面章节中进行详细解释），因此砂岩受压变形使孔隙变化较小，渗透率降低显示为线性。

这两个经典实验的结果表明岩石渗透率随着压力增大而降低，但不同结构的岩石的降低幅度不同。地球自然环境中，随着深度增加，岩石所承受的压力加大，实际上也使得岩石逐步压实、孔隙度减小并最终造成渗透率降低。不过由于渗透率本身量值的离散性（图 3-12），对岩石渗透率随压力变化的更详细的规律性认识较少。

3.4.3 温度

陈颙等（1999）尝试将样品加热后测量渗透率，所测试的为碳酸盐岩。其实验研究发现，在 100℃温度以下，岩石的渗透率几乎没有变化；当温度升高到 110~120℃之后，渗透率突然增加 8~10 倍，如图 3-14 所示。

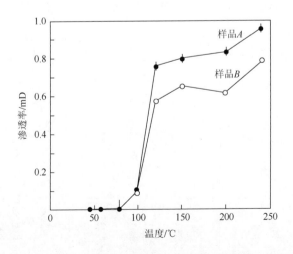

图 3-14 碳酸盐岩加热与渗透率变化关系（陈颙等，1999）

结合岩石加热与声发射记录，发现岩石样品在加热过程中声发射记录逐步增加，意味着热裂纹的形成。但是在 100℃ 之前，渗透率几乎没有变化，说明热裂纹上没有形成一个连通的流体传输网络；而 110～120℃ 这个阈值之后，热裂纹形成连通网络，使得渗透率大幅增加。该温度值为针对碳酸盐岩的热裂纹连通阈值。陈颙等（1999）同时也对花岗岩样品加热至 200℃ 进行了渗透率的测试，但没有发现渗透率的突然提高。这表明对于花岗岩来说，使得热裂纹连通的温度应该大于 200℃。关于热裂纹的连通性，Liu 和 Regenauer-Lieb（2021）展示了根据同步辐射原位加热和 CT 扫描的结果，分析显示花岗岩样品直到被加热到 395℃ 时，才形成了连通的裂缝网络。

上述实验室测量的渗透率随温度变化主要反映岩石在加热过程中的响应及引起的流体传输特性变化，并不代表在岩石随深度增加、对应温度升高的自然条件下，深部的岩石会具有更高的渗透率。这是因为，实验室实验为干燥、无围压条件的结果，而岩石在深部自然条件下是被围岩所限，经受上覆压力作用且一般包含孔隙流体，不会因为温度升高而形成热裂纹从而影响渗透率。

3.4.4 逾渗模型

3.4.3 小节所讨论的问题实际上涉及第 2 章所学的逾渗理论。热裂纹扩展、孔隙体积比增加，裂纹连通时的孔隙度对应结构的逾渗阈值。只有在孔隙结构连通时，渗流才成为可能。达到逾渗阈值之后，与结构对应的物理参数发生突变。这里讨论的物理参数为渗透率，在后文章节中将会了解到，岩石的电性参数也有类似特征。

Zhu 等（1995）利用简化的立方体网络模型（图 3-15a）并按照真实样品孔径分布比例对不同位置的圆管进行随机缩放，从非常小的孔隙度开始，逐步增加孔隙度，分析计算孔隙的连通状态并计算渗透率。结果显示，当模型中孔隙度很低时，孔隙不连通，渗透率无法计算，当孔隙度增加到 3% 左右时，孔隙连通形成流体可以穿越的网络，渗透率突然增大。该结果与前人实测结果具有很好的一致性，如图 3-15b 所示。

根据逾渗理论，渗透率在逾渗阈值附近呈指数函数变化，可以表示为

$$\kappa = (\phi - \phi_c)^\chi, \tag{3-32}$$

式中，ϕ_c 为连通的最小孔隙度（即逾渗阈值 p_c）；指数 χ 称为渗透率的临界指数。式（3-32）表明孔隙度低于连通阈值时渗透率为 0，大于连通阈值后孔隙度和渗透率为指数函数关系。前人研究表明临界指数与孔隙结构形态有关；另外，该表达形式有一个重要特点就是与尺度无关（Liu and Reganauer-Lieb，2021；Stauffer and Aharony，1994），意味着对于同一结构的微小样品或该岩石构成的储层，在不同

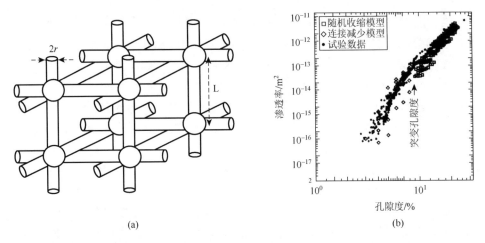

图 3-15 立方体网络模型（a）以及孔隙度与渗透率关系并与实测结果对比（b）

尺度上研究获得的孔隙度-渗透率关系具有通用性。在第 1 章曾经讨论了岩石物理学特征的尺度变化，而这一特征一定程度上使得复杂问题得以简化。

3.5 多相流概念

前面讨论的孔隙中的流体问题，均只考虑了孔隙中充满一种流体的情况，而自然条件下情况往往并非如此。例如，孔隙中可能部分为水充填，其余部分为空气充填，也可能被油和水充填，甚至可能油、气、水三种流体同时存在。对于只有一种流体充填的情形，称之为单相流问题；如果孔隙中包含两种或两种以上流体，则称为多相流问题。多相流中不同的流体相为不相溶的流体。多相流问题涉及油气开采，特别是增强开采技术的核心问题，具有十分重要的应用意义；同时问题的复杂程度也远高于单相流。鉴于多相流问题的难度，本节仅概略介绍一些基本概念。

3.5.1 饱和度与相对渗透率

饱和度指某一种流体所占孔隙空间的比例。第 i 种流体的饱和度表示为

$$S_i = \frac{V_i}{V_p}, \tag{3-33}$$

式中，V_p 为孔隙总体积；V_i 为第 i 种流体的总体积。i 也常用流体名称或其缩写替代，如水、油、气的饱和度可以分别表示为 S_{water}、S_{oil} 和 S_{gas} 或者 S_w、S_o 和 S_g。孔隙中所有流体相的饱和度之和总是等于 1，即对于两相流体，有

$$S_\mathrm{w} + S_\mathrm{o} = 1 \quad 或 \quad S_\mathrm{w} + S_\mathrm{g} = 1 \quad 或 \quad S_\mathrm{o} + S_\mathrm{g} = 1; \tag{3-34}$$

对于三相流体，有

$$S_\mathrm{w} + S_\mathrm{o} + S_\mathrm{g} = 1 。 \tag{3-35}$$

与饱和度相关的还有一个概念，即某一流体 i 的毛容比（bulk volume fraction of the fluid），是该流体体积与总体积之比，表示为

$$F_i = \frac{V_i}{V_\mathrm{b}} = S_i \cdot \phi 。 \tag{3-36}$$

由于孔隙度的值总是小于 1，饱和度小于等于 1，因此毛容比也必定小于 1，且其值同时小于孔隙度和饱和度的值。

前面已经学习过，渗透率是与流体本身性质无关的参数，因此对于确定的岩石孔隙结构，单相流体的渗透率不随流体性质而变化。这个渗透率也被称为绝对渗透率。在孔隙中存在多种流体的情况下，某一种流体的流动特征受其他流体的影响。这种情况下的渗透率称为相对渗透率，其定义可以表示为

$$\kappa_{\mathrm{r}-i} = \frac{\kappa_i}{\kappa}, \tag{3-37}$$

式中，$\kappa_{\mathrm{r}-i}$ 为第 i 种流体的相对渗透率；κ 为岩石的绝对渗透率；κ_i 为第 i 种流体在多相流条件下的有效渗透率值，可以用稳态法测量。对于具体的油、气、水相，式（3-37）可以分别写为

$$\kappa_{\mathrm{r-w}} = \frac{\kappa_\mathrm{w}}{\kappa}, \quad \kappa_{\mathrm{r-o}} = \frac{\kappa_\mathrm{o}}{\kappa}, \quad \kappa_{\mathrm{r-g}} = \frac{\kappa_\mathrm{g}}{\kappa} 。 \tag{3-38}$$

相对渗透率是孔隙结构、流体饱和度及流体在孔隙中分布的函数。相对渗透率与饱和度之间具有正相关的关系，即饱和度高对应相对渗透率高。对于两相流，一种流体的饱和度升高，对应另一种流体的饱和度降低，那么两种流体的相对渗透率也发生相应变化，此消彼长。两种流体的饱和度相加为 1，但是两种流体的相对渗透率之和却小于 1。这是因为，流体的吸附作用和孔隙结构使得两种流体相都有一部分难以流动。

以油和水两相情况为例。如果岩石介质是亲水的，那么岩石表面会存在一层难以流动的"束缚水"；另外，即使孔隙中冲入大量水，也总是会存在一些难以流出的"残余油"，如图 3-16a 所示。反之，如果岩石介质是亲油的，"束缚油"和"残余水"也可以同样存在。这时流体介质的饱和度变化只能介于束缚水饱和度和残余油饱和度之间；进而，束缚水和残余油也使得测量的油、水相对渗透率低于绝对渗透率，如图 3-16b 所示。

油-水两相流情况下饱和度与相对渗透率之间的关系可以用 Corey 方程表示：

$$\kappa_{\mathrm{r-w}} = \kappa_{\mathrm{rw,ro}} \cdot \left[\frac{S_{\mathrm{w}} - S_{\mathrm{w,irr}}}{1 - S_{\mathrm{o,res}} - S_{\mathrm{w,irr}}} \right]^{n_{\mathrm{w}}}, \qquad (3\text{-}39\mathrm{a})$$

$$\kappa_{\mathrm{r-o}} = \kappa_{\mathrm{ro,cw}} \cdot \left[\frac{1 - S_{\mathrm{o,res}} - S_{\mathrm{w}}}{1 - S_{\mathrm{o,res}} - S_{\mathrm{w,irr}}} \right]^{n_{\mathrm{o}}}, \qquad (3\text{-}39\mathrm{b})$$

式中，S_{w} 为水饱和度；$S_{\mathrm{w,irr}}$ 为束缚水饱和度；$S_{\mathrm{o,res}}$ 为残余油饱和度；$\kappa_{\mathrm{rw,ro}}$ 为对应残余油饱和度时水的相对渗透率；$\kappa_{\mathrm{ro,cw}}$ 为对应束缚水饱和度时油的相对渗透率；n_{w} 和 n_{o} 分别是水和油的 Corey 指数。

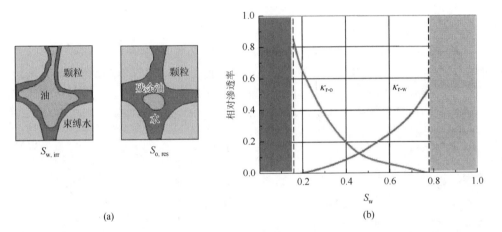

图 3-16 束缚水和残余油（a）及相对渗透率变化（b）示意图（Schön，2015）

3.5.2 润湿性

流体在孔隙中的分布与润湿性（wettability）有关。润湿性描述当存在两种不相溶的流体时，液体首先润湿固相表面的能力，即一种液体在一种固体表面铺展的能力或倾向性。一般可以将岩石或矿物的润湿性分为三种：①水润湿型，指岩石/矿物表面被水覆盖，油赋存于大孔隙的中间；②油润湿型，指岩石/矿物表面被油覆盖，水包含在大孔隙的中间；③中间润湿型为介于上述二者之间的岩石或矿物。水润湿型和油润湿型岩石在两相流条件下颗粒表面和孔隙中流体的分布示意图如图 3-17 所示。显然，润湿性控制岩石孔隙内流体的分布。

岩石和其他固体材料的润湿性受表面张力控制。由常识可知，如果滴一滴液体在固体表面上，液体可能迅速延展开，也可能形成一个近于圆形的液滴。液滴与固体的接触可以用液滴、固体、气体三相交界部位液体表面弧线的切线与固体表面的夹角来表示，这个角称为接触角（contact angle），如图 3-18a 所示，固体

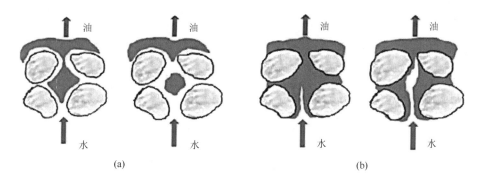

图 3-17 岩石颗粒润湿性与孔隙流体分布示意图（Schön，2015）
（a）水润湿型；（b）油润湿型

表面有液滴和空气，液滴边缘弧线的切线与固体表面所形成的夹角 Θ 即接触角。有些文献中，这个角也称为润湿角或浸润角（wetting angle）。

对于固体表面存在油和水两种液体的情形，如图 3-18b 所示，水滴的接触角 $\Theta<90°$，这时属于水润湿型；而如图 3-18c 所示，水滴的接触角 $\Theta>90°$，这时属于油润湿型。另有一种更详细的分类为，$\Theta<70°$ 为强水润湿型；$\Theta>110°$ 为强油润湿型，$70°\leq\Theta\leq110°$ 则称为中间润湿型。

接触角 Θ 的值与三种介质的表面张力相关，表示为

$$\cos\Theta = \frac{\sigma_{s1} - \sigma_{s2}}{\sigma_{21}}, \qquad (3\text{-}40)$$

式中，σ_{s1} 为固体与流体 1 之间的表面张力；σ_{s2} 为固体与流体 2 之间的表面张力；σ_{21} 为流体 1 和流体 2 之间的表面张力。

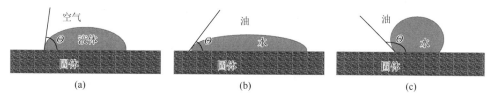

图 3-18 接触角与润湿型定义
（a）接触角定义；（b）水润湿型；（c）油润湿型

在油气开采过程中，需要用到各种技术方法，驱动开采（如水驱油）是常用方案之一，这时储层岩石的润湿性具有十分重要的影响，是必须深入分析的因素。

3.6 基于数字岩石的孔隙流体研究

3.6.1 基本方法

3.2 节介绍研究孔隙流体运动有两个方案。依据等效模型、通过实验测量归纳出来的达西定律是一个简化的方案，该方案虽然可以较好地描述流体在地下介质中的平均运动规律，但是无法详细描述流体与孔隙之间的相互作用。借助于 CT 技术，根据孔隙的详细结构分析流体在固体颗粒间不规则孔隙中的运动成为可能。所开展的孔隙尺度流体模拟，一方面可以分析计算不同条件下流体的运动特征并计算渗透率，另一方面可以更好地理解流体与固体，包括不同流体的多相流与固体之间相互作用的机理。孔隙尺度流体分析考虑的是如图 3-5a 所示的情形。

描述流体运动的控制方程称为纳维-斯托克斯方程（Navier-Stokes equation），表示为

$$-\frac{\partial p}{\partial x_i}+\frac{\partial \tau_{ij}}{\partial x_j}+\rho g_i = \rho\left(\frac{\partial v_i}{\partial t}+v_j\frac{\partial v_i}{\partial x_j}\right), \tag{3-41}$$

式中，p 为流体压力；τ_{ij} 为剪应力张量；ρ 为流体密度；g_i 为重力；v_i 和 v_j 为流体速度，t 为时间，x_i 和 x_j 为空间坐标，下标 $i,j = 1, 2, 3$ 表示具体坐标轴方向，且

$$\tau_{ij} = 2\eta\dot{\varepsilon}_{ij} = \eta\left(\frac{\partial v_i}{\partial x_j}+\frac{\partial v_j}{\partial x_i}\right)。 \tag{3-42}$$

式中，η 为黏滞系数，$\dot{\varepsilon}_{ij}$ 为应变率。纳维-斯托克斯方程描述流体中流体压力、剪切力和重力的共同作用力等价于流体密度与流体加速度的乘积，可以理解为以偏微分表示的 $F = ma$ 的扩展表达形式。对于缓慢流动问题，加速度近于 0，即式（3-41）右端项为 0，此时纳维-斯托克斯方程可以简化为斯托克斯（Stokes）方程，表示为

$$-\frac{\partial p}{\partial x_i}+\frac{\partial \tau_{ij}}{\partial x_j}+\rho g_i = 0。 \tag{3-43}$$

这两个方程的具体表达都不属于本书学习内容，但是讨论孔隙尺度流体计算时，需要提到这两个方程。无论是纳维-斯托克斯方程还是斯托克斯方程，其求解都是有相当难度的，特别是对于复杂的孔隙结构中的流体。

对于几乎所有的科学问题，数值求解均包含以下几个方面。

（1）描述具体问题的控制方程。数值求解技术已经应用于各个学科领域，不同领域、不同问题需要采用不同的控制方程。例如，流体运动问题采用式（3-41）或式（3-43），对于固体力学变形或温度场变化问题则需采用各自不同的控制方程。

（2）数值求解方法。较常用的数值方法包括有限单元法、有限差分法、格子-玻尔兹曼方法、光滑粒子水动力学方法等，这些方法都涉及研究对象的离散化，即将所研究的对象划分为若干小的区间，建立单元或节点上的相关方程。不同方法具有各自的特征和适用性。流体运动的求解以有限体积法、有限差分法和格子-玻尔兹曼等方法较适用，并且格子-玻尔兹曼方法特别适用于孔隙尺度流体分析。

（3）数值计算程序。根据控制方程和求解方法编制相应的计算机程序，往往需要考虑并行算法以实现大规模计算。对于大部分一般性的科学问题，已经有大量可用的程序，包括商业软件和开源程序；但对于具独特性或难度较大的问题，可能需要编制相关程序。大部分现有程序留有扩展接口，因此一般不需要编制一个完整程序，而只需要编制一个模块并将其接入。

（4）具体的结构模型和边界条件等。这些条件对应需要分析的具体问题。例如，可以采用相同的控制方程、求解技术和程序，以砂岩和碳酸盐岩样品的结构模型，分别计算不同样品的渗透率；而如果给定模型两侧不同的压力差（边界条件），则可以计算不同压力条件下流体运动状态的差异。

在微观 CT 技术发展以前，岩石内部真实的三维孔隙结构难以获得，有关渗透率的计算仅限于一些简单的、理想化的孔隙或裂隙结构模型。现在，由微观 CT 技术提供的完整孔隙、裂隙三维结构为分析不同孔隙结构岩石的渗透率提供了新途径（Andra et al.，2013a，2013b）。图 3-19 为孔隙尺度渗透率模拟计算示意图和一个砂岩样品孔隙结构及格子-玻尔兹曼方法计算的孔隙中流体速度分布图。图 3-19c 中红色表示流速大，蓝色表示流速低。显然孔隙不同部位流速差异较大。该结果有助于了解流体在孔隙中的具体运动特征。

孔隙尺度流体模拟给出孔隙不同部位的流体运动速度，由此可以计算孔隙中的平均流速。该平均流速与达西公式中单位时间、单位面积的流量 q 的关系见式（3-8）。继而，利用达西定律可以计算所分析样品的渗透率。

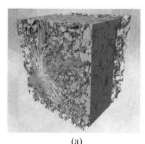
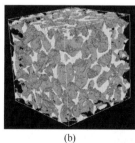
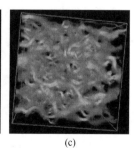

(a)   (b)   (c)

图 3-19　孔隙尺度流体模拟（后附彩图）

(a) 岩石微观结构及流体模拟示意图（引自 Avizo®主页）；(b) 一个砂岩样品的孔隙结构（固体骨架透明）；
(c) 孔隙中流体速度分布

根据岩石孔隙-裂隙结构模拟计算渗透率，较实验测量具有明显的优越性：其一在于不受渗透率大小的影响，特别是对于低渗透率的岩石样品，实验测量可能极其缓慢耗时，模拟计算所花费时间明显快于实验测量过程；其二是对于一些实验室难以达到的尺度和边界条件，模拟计算却可以轻易实现。当然，数值模拟计算本身也存在诸多挑战，包括一些影响流体运动的因素如何考虑、计算的收敛性等。另外，如同实验测量渗透率误差可能较大一样，渗透率的数值模拟计算也可能误差较大。因此重复的实验和计算，以及实验结果与计算结果的对比就更加重要。

3.6.2 应用实例

孔隙尺度流体模拟分析成果极多。以下分别从绝对渗透率、相对渗透率和流体运动与化学反应及沉淀三个方面举例说明其应用。

3.6.2.1 绝对渗透率计算

Fredrich 等（2006）对天然砂岩和由玻璃珠胶结而成的人造砂岩进行 CT 扫描，获得不同样品的三维微观结构，随后采用格子-玻尔兹曼方法计算不同孔隙度岩石的绝对渗透率。图 3-20 为其中 4 个人造砂岩的三维结构图。制作人造砂岩的过程中，通过控制胶结物的含量获得不同孔隙度岩石样品。图 3-20 从左向右，孔隙度明显减小。

他们首先对样品渗透率进行实验测量，所分析的 8 个样品的孔隙度和渗透率关系如图 3-21a 所示。显示所研究的样品的孔隙度和渗透率之间呈非线性关系，并且与前人测试的大量枫丹白露砂岩实验结果具有很好的一致性（枫丹白露砂岩因具有相当好的均质性和稳定性而常用于实验测量与分析）。相对而言，人造砂岩样品的渗透率较枫丹白露砂岩略高，天然砂岩的渗透率较枫丹白露砂岩略低。图 3-21b 则对比了实验测量和数值模拟计算的渗透率值，显示二者一致性相当好。

注意数字岩石分析的样品尺度在 0.8~1.6 mm，实验测量分析的样品尺度在 2.54~5.08 cm，二者存在约 30 倍的差异。这里实际上涉及一个非常重要的尺度问题：为了获得清晰的岩石内部结构图像且受限于 CT 扫描探测器的像素，数字岩石样品的尺度一般不超过毫米量级；如何将微观分析的数字岩石物理结果应用于较大尺度，需要进行尺度放大（upscaling）分析。尺度放大可以采用的理论方法包括随机均质化（stochastic homogenization）方法、有效介质理论（effective-medium theory）、逾渗理论等，这些都涉及较多理论知识。图 3-21 所示的毫米尺度样品模拟计算结果与厘米尺度实验测量结果一致性较好，说明计算分析的样品基本满足了均质化条件，换言之，所分析计算的样品大小具有宏观尺度代表性。

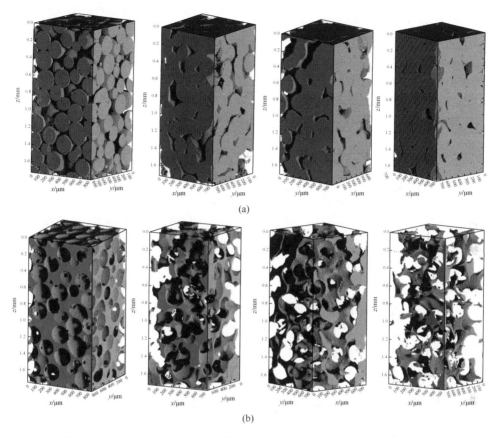

图 3-20 Fredrich 等（2006）分析的 4 个不同孔隙度人造砂岩三维结构图
(a) 固体结构；(b) 孔隙结构

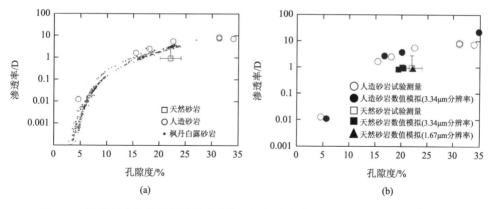

图 3-21 孔隙尺度流体模拟计算渗透率及与实验结果对比（Fredrich et al., 2006）
(a) 样品实验测量结果及与前人研究结果对比；(b) 数值模拟计算结果与实验测量结果对比

3.6.2.2 相对渗透率计算

相比于单相流,多相流问题的计算复杂得多。但多相流问题在自然界广泛存在,多种流体在岩石孔隙中相互影响的机理研究尚不够深入,这一方面研究还有待发展。

Raeini 等(2014)采用有限体积法分析计算了贝雷砂岩(另一种常用的实验砂岩)和压实砂体样品中油和水的两相流动问题。如图 3-22 所示,图 3-22a 和图 3-22c 为压实砂体样品、图 3-22b 和图 3-22d 为贝雷砂岩样品;图 3-22a 和图 3-22b 分别为不同毛管值(N_c,为黏滞力与表面张力之比)的情形,图 3-22c 和图 3-22d 毛管值更大。孔隙中原有饱和水,在注入 15%孔隙体积的油之后,孔隙中油的毛细管压力(P_c)以彩色表示。可以看到注入的油在图 3-22 存在明显不同的形态和毛细管压力分布,代表从低毛管值的"毛管指进位移模式"转化为高毛管值对应的"黏性指进模式"。不同的"指进"(fingering)是某一黏度的流体进入另一种不同黏度的流体中因为黏度差异而形成的流体形态及其发展特征。这些特征可能严重影响石油的开采效率。根据这些数值模拟结果获得两种样品的相对渗透率,如图 3-23 所示。它们都具有与图 3-16b 相似的形态,但两种样品的相对渗透率明显不同,显示样品微观结构的影响。

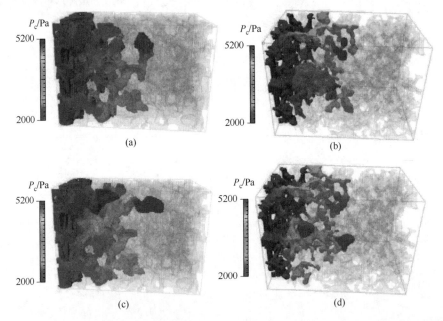

图 3-22 饱水岩石中注入油形成的油体形态和毛细管压力(Raeini et al., 2014)(后附彩图)

(a)压实砂体样品,毛管值 1.5×10^{-5};(b)贝雷砂岩样品,毛管值 1.5×10^{-5};(c)压实砂体样品,毛管值 6.0×10^{-5};(d)贝雷砂岩样品,毛管值 6.0×10^{-5}

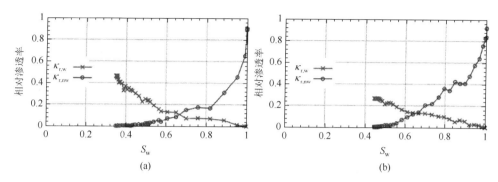

图 3-23 压实砂体(a)和贝雷砂岩(b)样品的相对渗透率与饱和度关系曲线(Raeini et al., 2014)
$\kappa_{r,w}$ 表示润湿相,对应水;$\kappa_{r,nw}$ 表示非润湿相,对应油

鉴于多相流数值模拟计算的难度,人们尝试了更简单的方案。20 世纪 50 年代即有人将流体在孔隙介质中的运动类比为随机电阻网络中的电流,根据网络的几何形态给出半解析解。该网络模拟(network modelling)方法便捷简单,因而发展迅速。技术上,从规则网络到不规则网络、从单相流到多相流、从二维到三维结构,并且可以考虑润湿层的流动性、非牛顿流体等;应用上,对多种孔隙岩石类型进行过大量应用分析。第 2 章提到的孔隙结构分析中的孔隙-网络模型可以与该网络模拟方法完美结合。Blunt 等(2013)对此给出过较为详细的综述,感兴趣的读者可以进一步追踪阅读。

3.6.2.3 流体运动与化学反应及沉淀

流体在岩石孔隙内部流动时,还会导致其他变化,特别是在高温条件下,如流体溶解岩石矿物、流体中的化学成分与岩石固体中的成分发生反应、两种不同的流体相遇时发生化学反应等。对于这些反应过程及反应发生后对岩石物理性质影响的研究还非常薄弱。相关研究一般需要在孔隙尺度上开展,即需要基于数字岩石结构。

Tartakovsky 等(2008)采用光滑粒子水动力学方法研究了孔隙中两种不同溶质发生反应并形成矿物沉淀的过程,如图 3-24 所示,这是一个二维模型。图 3-24 分别展示了三种不同条件下三个时间步的状态。三种不同条件分别以无量纲的佩克莱数(Pe)和达姆科勒数(Da)定义。佩克莱数描述对流与扩散速率之比,Pe 高表示对流占优,反之则扩散占优;达姆科勒数描述反应与扩散速率之比,Da 高表示反应占优,反之则扩散占优。图 3-24a 与图 3-24b 的 Da 相同,但图 3-24b 的 Pe 更大,表示其流动性更强;图 3-24c 的 Pe 与图 3-24b 相同,但图 3-24c 的 Da 比图 3-24b 小一个数量级,表示其反应速率慢。

蓝色和红色分别为原始分布于模型两侧的不同溶液 A 和 B;二者反应生成物

质 C 并产生沉淀，以绿色表示；黑色为岩石固体颗粒。由于图 3-24b 模型的流动性较图 3-24a 模型更强，对应所施加的边界条件，其反应的前锋更向右偏移。尽管 Da 数相同，但由于流动和扩散方式的差异，新生成物质的分布也略有不同。图 3-24c 与图 3-24b 相比，由于反应速度慢，在相同的无量纲时间 $t = 6000$ 时，几乎还是没有亮绿色的高浓度反应生成物，需要更长时间的反应才能生成高浓度的 C 物质。

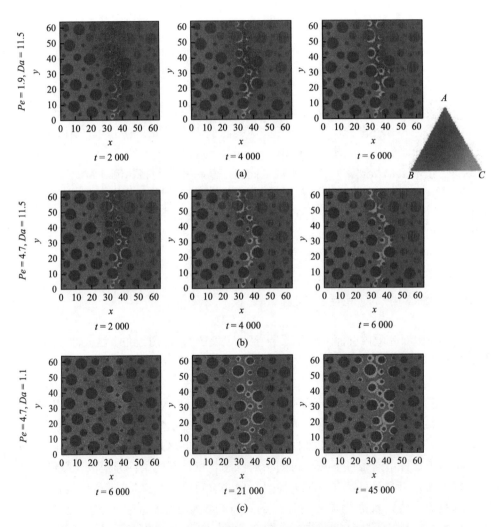

图 3-24　光滑粒子水动力学方法分析两相流混合及新生物质沉淀过程（Meakin and Tartakovsky，2009；Tartakovsky et al.，2008）（后附彩图）

(a) $Pe = 1.9$, $Da = 11.5$；(b) $Pe = 4.7$, $Da = 11.5$；(c) $Pe = 4.7$, $Da = 1.1$

该模拟计算并没有基于真实岩石 CT 结构,而是采用了假设的二维结构模型。在第 2 章讨论过,二维模型连通的阈值要明显高于三维模型,因此以二维模型分析三维结构的流动存在较大失真。由于光滑粒子水动力学方法相对耗时,计算代价太高,该研究重点从数值方法上尝试对流体运动过程中化学反应及其影响因素进行分析,实现了方法的验证,所获得的结论具有重要参考意义。在算力充足的条件下,以真实岩石 CT 三维结构进行分析可以依此实施。

3.7 孔隙流体的影响

本章前几节主要介绍岩石孔隙度和渗透率(包括绝对渗透率和相对渗透率),关注孔隙中流体赋存与运移。实际上,流体在孔隙中还从其他方面影响岩石的物理性质,包括:

(1)孔隙流体的压力抵消岩石所受的外界压力;
(2)孔隙流体的存在使岩石压缩性降低、地震波速度发生变化;
(3)流体使断层面上滑动摩擦系数减小;
(4)流体运移可以携带热量,以热对流方式加速热量的传递;
(5)由于岩石固体骨架的导电性远小于流体,流体使得电性特征发生明显变化。

以上内容将在后面章节中进行介绍。

思 考 题

1. 考虑具有不同大小孔隙的石灰岩,如果分别以 10 μm 分辨率和 1 μm 分辨率对样品进行 CT 扫描,得到的孔隙度和有效孔隙度是否相同?为什么?

2. 达西定律的最初表达形式 $q=-K\dfrac{\Delta h}{\Delta l}$ 中,K 是什么?单位是什么?转化为以渗透率 κ 表示的形式时,考虑了哪些因素进行转换?具体表达形式是什么?

3. 为什么多孔介质中,孔隙水的实际平均流速为 $\bar{v}=q/\phi$?

4. 根据达西单位的定义,具体写出达西与 m^2 的关系转换及结果。

5. 一个 50 μm 孔喉和一个 5 cm 裂隙,其中流速分别为 1 mm·s^{-1} 和 10 cm·s^{-1},试计算这两种情形的雷诺数,并确定它们是否属于层流。

6. 据以下数据对 ϕ-κ 关系进行拟合,分别考虑砂岩、碳酸盐岩、页岩、全部样品,拟合方式包括线性、指数函数、幂函数,分别列出拟合参数和误差。

岩性	孔隙度	渗透率/mD	岩性	孔隙度	渗透率/mD
砂岩 1	0.095	10.5	砂岩 12	0.05	0.1
砂岩 2	0.156	135.6	砂岩 13	0.246	200
砂岩 3	0.15	120	砂岩 14	0.07	2.5
砂岩 4	0.075	11	碳酸盐岩 1	0.19	617
砂岩 5	0.105	15.3	碳酸盐岩 2	0.12	16
砂岩 6	0.179	350	碳酸盐岩 3	0.15	100
砂岩 7	0.156	130	碳酸盐岩 4	0.01	0.03
砂岩 8	0.22	265	页岩 1	0.02	0.01
砂岩 9	0.23	64	页岩 2	0.03	0.07
砂岩 10	0.27	210	页岩 3	0.06	0.8
砂岩 11	0.18	300			

参 考 文 献

陈颙，黄庭芳，刘恩儒，2009. 岩石物理学[M].合肥：中国科学技术大学出版社.

陈颙，吴晓东，张福勤，1999. 岩石热开裂的实验研究[J]. 科学通报，44（8）：880-992.

薛禹群，1986. 地下水动力学原理[M]. 北京：地质出版社.

Adler P M，Jacquin C G，Quiblier J A，1990. Flow in simulated porous media[J]. International Journal of Multiphase Flow，16（4）：691-712.

Amaefule J O，Altunbay M，Tiab D，et al.，1993. Enhanced reservoir description：Using core and log data to identify hydraulic（flow）units and predict permeability in uncored intervals/wells[C]//SPE Annual Technical Conference and Exhibition. Houston.

Andra H，Combaret N，Dvorkin J，et al.，2013a. Digital rock physics benchmarks—part I：Imaging and segmentation[J]. Computers & Geosciences，50：25-32.

Andra H，Combaret N，Dvorkin J，et al.，2013b. Digital rock physics benchmarks—part II：Computing effective properties[J]. Computers & Geosciences，50：33-43.

Bernabe Y，1987. The effective pressure law for permeability during pore pressure and confining pressure cycling of several crystalline rocks[J]. Journal of Geophysical Research，92（B1）：649-657.

Blunt M J，Bijeljic B，Dong H，et al.，2013. Pore-scale imaging and modelling[J]. Advances in Water Resources，51：197-216.

Brace W F，1968. Current laboratory studies pertaining to earthquake prediction[J]. Tectonophysics，6（1）：75-87.

Brace W F，1980. Permeability of crystalline and argillaceous rocks[J]. International Journal of Rock Mechanics and Mining Sciences & Geomechanics Abstracts，17（5）：241-251.

Carman，P C，1937. Fluid flow through granular beds[J]. Chem. Eng. Res. Des. 15：S32-S48. https://doi.org/10.1016/ s0263-8762（97）80003-2.

David C，Darot M，1989. Permeability and conductivity of sandstones[C]//ISRM International Symposium. Pau.

Fischer G J，Paterson M S. 1992. Chapter 9 Measurement of permeability and storage capacity in rocks during deformation at high temperature and pressure[J]. International Geophysics, 51: 213-252.

Fredrich J T, DiGiovanni A A, Noble D R, 2006. Predicting macroscopic transport properties using microscopic image data. microscopic image data[J]. Journal of Geophysical Research: Solid Earth, 111: 1-14.

Kranz R L, Saltzman J S, Blacic J D, 1990. Hydraulic diffusivity measurements on laboratory rock samples using an oscillating pore pressure method[J]. International Journal of Rock Mechanics and Mining Sciences & Geomechanics Abstracts, 27 (5): 345-352.

Liu J, Pereira G G, Regenauer-Lieb K, 2014. From characterisation of pore-structures to simulations of pore-scale fluid flow and the upscaling of permeability using microtomography: A case study of heterogeneous carbonates[J]. Journal of Geochemical Exploration, 144: 84-96.

Liu J, Regenauer-Lieb K, 2021. Application of percolation theory to microtomography of structured media: Percolation threshold, critical exponents, and upscaling[J]. Physical Review E, 83: 1-13.

Meakin P, Tartakovsky A M, 2009. Modeling and simulation of pore-scale multiphase fluid flow and reactive transport in fractured and porous media[J]. Reviews of Geophysics, 47 (3): 1-47.

Morrow C A, Shi L Q, Byerlee J D, 1984. Permeability of fault gouge under confining pressure and shear stress[J]. Journal of Geophysical Research: Solid Earth, 89 (B5): 3193-3200.

Nakashima Y, Kamiya S, 2007. Mathematica programs for the analysis of three-dimensional pore connectivity and anisotropic tortuosity of porous rocks using X-ray computed tomography image data[J]. Journal of Nuclear Science and Technology, 44 (9): 1233-1247.

Pittman E D, 1992. Relationship of porosity and permeability to various parameters derived from mercury injection-capillary pressure curves for sandstone[J]. AAPG Bulletin, 76 (2): 191-198.

Raeini A Q, Blunt M J, Bijeljic B, 2014. Direct simulations of two-phase flow on micro-CT images of porous media and upscaling of pore-scale forces[J]. Advances in Water Resources, 74: 116-126.

Schön J H, 2015. Physical properties of rocks: Fundamentals and principles of petrophysics[M]. 2nd ed. Amsterdam: Elsevier.

Stauffer D, Aharony A, 1994. Introduction to percolation theory[M]. 2nd ed. London: Taylor &Francis.

Tartakovsky A M, Redden G, Lichtner P C, et al., 2008. Mixing-induced precipitation: Experimental study and multiscale numerical analysis[J]. Water Resources Research, 44 (6): 1-19.

Zhu W, David C, Wong T, 1995. Network modeling of permeability evolution during cementation and hot isostatic pressing[J]. Journal of Geophysical Research: Solid Earth, 100 (B5): 15451-15464.

第4章 岩石变形特征与本构

岩石的变形主要受外力和本构（应力-应变关系）的影响，本章首先介绍应变、应力基本概念，再简要介绍弹性、塑性和黏性本构，最后介绍岩石本构的平均模型和孔隙流体的影响。

4.1 应　　变

4.1.1 基本概念

可以将所研究的物体假想为由无穷多个质点构成。如果这些质点之间在所观测的尺度上没有明显的间断，这样的物体称为连续体（continuum），也称为连续介质。应力、应变和本构关系都是建立在连续体基础上的。

描述物体位置、运动和变形，首先需要确定空间坐标系。一般采用直角坐标系是简单且便捷的方案，特定情况下可以选用球坐标、柱坐标等。选定一个固定的空间坐标系之后，运动的物体中每一个质点的空间位置可用一组坐标表示。

对于一个指定的时刻t，关于组成物体的所有质点的位置和形态的完整描述，称为物体在t时刻的构形（configuration），也称为位形。于是物体运动和变形的过程也就是构形随时间连续变化的过程。

从研究对象来说，假设所分析的连续体内质点之间不发生位置的改变，则该物体称为刚体。从运动角度而言，如果物体运动时内部任意两点之间相对位置的变化可以忽略不计，则该物体在做刚体运动。刚体运动包括两种方式：平移和转动。与之相对，内部质点之间发生位置改变的称为变形体。连续体内任意两点的相对位置发生改变称为变形，用位移或应变进行描述。不同运动和变形方式示意图如图4-1所示。

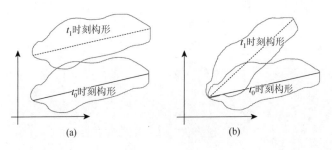

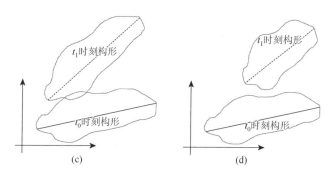

图 4-1 构型随时间变化及刚体运动与变形

(a) 平动；(b) 转动；(c) 平动+转动；(d) 刚体运动+变形

4.1.2 应变的基本分类及定义

4.1.2.1 正应变

考虑最简单的一维情况。一根均匀直杆长度为 L，受力后长度变化量为 ΔL（图 4-2a），那么这个杆的应变（strain）定义为

$$\varepsilon = \frac{\Delta L}{L}, \qquad (4\text{-}1)$$

亦即正（线）应变是直线方向上长度变化量与原长之比。应变是一个无量纲量。

假设杆的延伸方向为 x 方向，采用微分形式表示任意点位置上的线应变：

$$\varepsilon = \varepsilon_x = \frac{\mathrm{d}u}{\mathrm{d}x}, \qquad (4\text{-}2\mathrm{a})$$

式中，$\mathrm{d}u$ 为 x 方向的微小位移（图 4-2b）。如果从三维空间考虑，也可以同样定义沿另外两个坐标轴方向的线应变，表示为

$$\varepsilon_y = \frac{\mathrm{d}v}{\mathrm{d}y}, \quad \varepsilon_z = \frac{\mathrm{d}w}{\mathrm{d}z}, \qquad (4\text{-}2\mathrm{b})$$

式中，$\mathrm{d}v$ 和 $\mathrm{d}w$ 分别为 y 方向和 z 方向的微小位移。式（4-2）是不同方向位移分量对相同方向的方向导数，它们分别代表物体内部某一微元沿不同坐标轴方向的伸长或缩短，称为正应变。正应变描述微元长度、面积或体积的变化，没有包含形状变化信息。

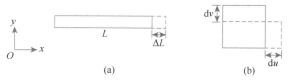

图 4-2 一维和二维空间的正应变

图中实线为变形前状态，虚线为变形后状态

4.1.2.2 剪应变

另一种变形情况为物体内任意两点之间不是距离的变化,而是角度的变化,如图 4-3 所示。图 4-3a 显示,矩形微元 ABCD 变形成为平行四边形 AB'C'D,AB 边发生旋转后变为 AB',转动角度标为 γ,记 $|BB'|=u$,$|AB|=d$,那么 $\tan\gamma = \dfrac{u}{d}$。当变化的角度很小时,$\tan\gamma \approx \gamma$,因此有

$$\gamma \approx \frac{u}{d}。 \tag{4-3}$$

若如图 4-3b 所示直角 BAD 沿两个方向都发生了变化,则总的角度变化量为

$$\gamma \approx \frac{u}{d} + \frac{v}{L}。 \tag{4-4}$$

对于无限小情形,式(4-4)可以写为

$$\gamma = \gamma_{xy} = \frac{\partial u}{\partial y} + \frac{\partial v}{\partial x}。 \tag{4-5a}$$

这种描述角度变化的量称为剪应变,也称为角应变,是不同方向位移分量在其他方向的方向导数。剪应变描述物体形状的变化。将正应变和剪应变联合起来,就可以完整描述物体的体积和形状的变化。式(4-5a)给出的是 xy 平面上的剪应变,其他两个面上的剪应变分别表示为

$$\gamma_{yz} = \frac{\partial v}{\partial z} + \frac{\partial w}{\partial y}, \tag{4-5b}$$

$$\gamma_{zx} = \frac{\partial u}{\partial z} + \frac{\partial w}{\partial x}。 \tag{4-5c}$$

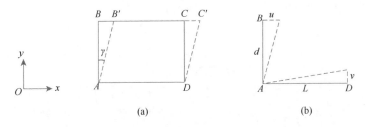

图 4-3 二维剪应变示意图

(a)一个方向发生偏转;(b)两个方向发生偏转

4.1.3 从位移矢量到应变张量

4.1.2 节给出了正应变和剪应变的基本定义,它们都是不同方向位移分量的方

向导数,如何将正应变和剪应变联合起来实现物体变形的完整描述,需要用到张量概念。

张量概念的数学定义较为抽象,在这里仅给出与应力和应变概念对应的(二阶)张量的解释。标量只有大小,没有方向,仅有一个值;矢量(或称向量)既有大小,也有方向,在三维空间中可以用三个正交分量表示,对应一个列矩阵,这三个分量分别对应矢量在不同方向的投影值。而张量则更复杂,在任意方向上都存在一个矢量,该矢量可以分解到三个正交方向;二阶张量一般用一个 3×3 矩阵表示,即具有 9 个分量。

位移是一个矢量;应变是一个典型的张量,更确切地说,是具有两个下标表达的二阶张量。两者的关系可以由图 4-4 所示的关系逐步推导。图 4-4 中,任意一点 P 的位置表示为 $P(x_1,x_2,x_3)$,$\overrightarrow{OP}$ 线也可以用矢量 r 表示,那么 P 点也可以表示为 $P(r)$。由于变形,P 点运动到 P' 点,其位移矢量为 $u(u_1,u_2,u_3)=u(r)$。P 点的邻域内一点 Q 与 P 构成的矢径为 $\overrightarrow{PQ}=dr(r_1,r_2,r_3)$,那么 $\overrightarrow{OQ}$ 可以表示为 $Q(r+dr)$。同样由于变形,Q 点运动到 Q' 点,其位移矢量为 $u(r+dr)$。

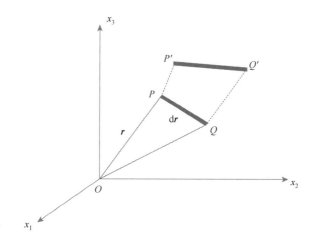

图 4-4 三维空间中质点及线元运动变形关系示意图

根据泰勒展开式,有

$$u(r+dr)=u(r)+du,\qquad(4\text{-}6)$$

其中

$$du=du_1 i+du_2 j+du_3 k,\qquad(4\text{-}7)$$

这里,i、j、k 为三个坐标方向的单位矢量,而 du 的三个分量又可以分别表示为

$$du_1 = \frac{\partial u_1}{\partial x_1}dx_1 + \frac{\partial u_1}{\partial x_2}dx_2 + \frac{\partial u_1}{\partial x_3}dx_3,$$

$$du_2 = \frac{\partial u_2}{\partial x_1}dx_1 + \frac{\partial u_2}{\partial x_2}dx_2 + \frac{\partial u_2}{\partial x_3}dx_3, \quad (4\text{-}8)$$

$$du_3 = \frac{\partial u_3}{\partial x_1}dx_1 + \frac{\partial u_3}{\partial x_2}dx_2 + \frac{\partial u_3}{\partial x_3}dx_3 。$$

式（4-8）的系数构成一个张量，称为位移梯度张量，用矩阵表示为

$$\frac{d\boldsymbol{u}}{d\boldsymbol{r}} = \begin{bmatrix} \frac{\partial u_1}{\partial x_1} & \frac{\partial u_1}{\partial x_2} & \frac{\partial u_1}{\partial x_3} \\ \frac{\partial u_2}{\partial x_1} & \frac{\partial u_2}{\partial x_2} & \frac{\partial u_2}{\partial x_3} \\ \frac{\partial u_3}{\partial x_1} & \frac{\partial u_3}{\partial x_2} & \frac{\partial u_3}{\partial x_3} \end{bmatrix} 。 \quad (4\text{-}9)$$

张量以矩阵表示时，其运算规则也与矩阵运算相同，各个分量可以分解并进行加减计算，据此将以上矩阵转化为

$$\begin{aligned}\frac{d\boldsymbol{u}}{d\boldsymbol{r}} =& \begin{bmatrix} \frac{\partial u_1}{\partial x_1} & \frac{1}{2}\left(\frac{\partial u_1}{\partial x_2}+\frac{\partial u_2}{\partial x_1}\right) & \frac{1}{2}\left(\frac{\partial u_1}{\partial x_3}+\frac{\partial u_3}{\partial x_1}\right) \\ \frac{1}{2}\left(\frac{\partial u_2}{\partial x_1}+\frac{\partial u_1}{\partial x_2}\right) & \frac{\partial u_2}{\partial x_2} & \frac{1}{2}\left(\frac{\partial u_2}{\partial x_3}+\frac{\partial u_3}{\partial x_2}\right) \\ \frac{1}{2}\left(\frac{\partial u_3}{\partial x_1}+\frac{\partial u_1}{\partial x_3}\right) & \frac{1}{2}\left(\frac{\partial u_3}{\partial x_2}+\frac{\partial u_2}{\partial x_3}\right) & \frac{\partial u_3}{\partial x_3} \end{bmatrix} \\ +& \begin{bmatrix} 0 & \frac{1}{2}\left(\frac{\partial u_1}{\partial x_2}-\frac{\partial u_2}{\partial x_1}\right) & \frac{1}{2}\left(\frac{\partial u_1}{\partial x_3}-\frac{\partial u_3}{\partial x_1}\right) \\ \frac{1}{2}\left(\frac{\partial u_2}{\partial x_1}-\frac{\partial u_1}{\partial x_2}\right) & 0 & \frac{1}{2}\left(\frac{\partial u_2}{\partial x_3}-\frac{\partial u_3}{\partial x_2}\right) \\ \frac{1}{2}\left(\frac{\partial u_3}{\partial x_1}-\frac{\partial u_1}{\partial x_3}\right) & \frac{1}{2}\left(\frac{\partial u_3}{\partial x_2}-\frac{\partial u_2}{\partial x_3}\right) & 0 \end{bmatrix} 。\end{aligned} \quad (4\text{-}10)$$

式（4-10）右端第一项记为 ε_{ij}，称为应变张量，是一个对称张量；第二项记为 ω_{ij}，称为旋转张量，表示微元体的整体转动，是一个反对称张量。第一项也就是我们需要的应变张量和位移矢量的关系：

$$\varepsilon_{ij} = \begin{bmatrix} \dfrac{\partial u_1}{\partial x_1} & \dfrac{1}{2}\left(\dfrac{\partial u_1}{\partial x_2}+\dfrac{\partial u_2}{\partial x_1}\right) & \dfrac{1}{2}\left(\dfrac{\partial u_1}{\partial x_3}+\dfrac{\partial u_3}{\partial x_1}\right) \\ \dfrac{1}{2}\left(\dfrac{\partial u_2}{\partial x_1}+\dfrac{\partial u_1}{\partial x_2}\right) & \dfrac{\partial u_2}{\partial x_2} & \dfrac{1}{2}\left(\dfrac{\partial u_2}{\partial x_3}+\dfrac{\partial u_3}{\partial x_2}\right) \\ \dfrac{1}{2}\left(\dfrac{\partial u_3}{\partial x_1}+\dfrac{\partial u_1}{\partial x_3}\right) & \dfrac{1}{2}\left(\dfrac{\partial u_3}{\partial x_2}+\dfrac{\partial u_2}{\partial x_3}\right) & \dfrac{\partial u_3}{\partial x_3} \end{bmatrix}, \quad (4\text{-}11)$$

即根据位移矢量求取不同的方向导数，构成应变张量。

4.1.4 三维应变分析

应变张量 ε_{ij}（$i,j = 1, 2, 3$，分别对应坐标轴方向）的一般表达形式为

$$\begin{bmatrix} \varepsilon_{11} & \varepsilon_{12} & \varepsilon_{13} \\ \varepsilon_{21} & \varepsilon_{22} & \varepsilon_{23} \\ \varepsilon_{31} & \varepsilon_{32} & \varepsilon_{33} \end{bmatrix} \text{完全等价于} \begin{bmatrix} \varepsilon_{xx} & \varepsilon_{xy} & \varepsilon_{xz} \\ \varepsilon_{yx} & \varepsilon_{yy} & \varepsilon_{yz} \\ \varepsilon_{zx} & \varepsilon_{zy} & \varepsilon_{zz} \end{bmatrix}, \quad (4\text{-}12)$$

其中三个对角线元素对应正（线）应变

$$\begin{cases} \varepsilon_{11} = \dfrac{\partial u_1}{\partial x_1} \\ \varepsilon_{22} = \dfrac{\partial u_2}{\partial x_2} \\ \varepsilon_{33} = \dfrac{\partial u_3}{\partial x_3} \end{cases}, \quad (4\text{-}13)$$

六个非对角线元素是关于对角线对称（相等）的，对应不同面上的剪应变

$$\varepsilon_{12} = \varepsilon_{21} = \dfrac{1}{2}\left(\dfrac{\partial u_1}{\partial x_2}+\dfrac{\partial u_2}{\partial x_1}\right), \quad (4\text{-}14a)$$

$$\varepsilon_{23} = \varepsilon_{32} = \dfrac{1}{2}\left(\dfrac{\partial u_2}{\partial x_3}+\dfrac{\partial u_3}{\partial x_2}\right), \quad (4\text{-}14b)$$

$$\varepsilon_{13} = \varepsilon_{31} = \dfrac{1}{2}\left(\dfrac{\partial u_1}{\partial x_3}+\dfrac{\partial u_3}{\partial x_1}\right), \quad (4\text{-}14c)$$

因此应变张量 9 个分量中，只有 6 个独立变量。对比式（4-13）和式（4-2），仅是位移分量 u、v、w 换成 u_1、u_2、u_3 表示，坐标轴 x、y、z 换成 x_1、x_2、x_3 表示的差别；而式（4-14）与式（4-3），除了符号，还存在一个系数 $\dfrac{1}{2}$ 的差异。这一系数确保应变张量数学上严格满足张量的定义。没有这个系数的表达式依然表示剪应

变,一般称为工程剪应变以示区别,以 γ 表示,即工程剪应变为

$$\gamma_{12} = \varepsilon_{12} + \varepsilon_{21} = 2\varepsilon_{12}, \tag{4-15a}$$

$$\gamma_{23} = \varepsilon_{23} + \varepsilon_{32} = 2\varepsilon_{23}, \tag{4-15b}$$

$$\gamma_{31} = \varepsilon_{31} + \varepsilon_{13} = 2\varepsilon_{31}. \tag{4-15c}$$

注意以式(4-15)定义的工程剪应变依然可以用应变矩阵 $\begin{bmatrix} \varepsilon_{11} & \gamma_{12} & \gamma_{13} \\ \gamma_{21} & \varepsilon_{22} & \gamma_{23} \\ \gamma_{31} & \gamma_{32} & \varepsilon_{33} \end{bmatrix}$ 的形式表示应变,并进行相应的矩阵运算;而以式(4-13)表示的应变张量 $\varepsilon_{ij} = \begin{bmatrix} \varepsilon_{11} & \varepsilon_{12} & \varepsilon_{13} \\ \varepsilon_{21} & \varepsilon_{22} & \varepsilon_{23} \\ \varepsilon_{31} & \varepsilon_{32} & \varepsilon_{33} \end{bmatrix}$,则既可以进行矩阵运算,也可以进行张量运算。

体应变 ε_v 表示微元体积的变化,在小变形情况下有

$$\varepsilon_v \approx \varepsilon_{11} + \varepsilon_{22} + \varepsilon_{33}, \tag{4-16}$$

即体应变约等于三个正交方向上的线应变值之和。其证明如下:

边长分别为 a_1、a_2、a_3 的长方体体积 $V_0 = a_1 \cdot a_2 \cdot a_3$,变形后的体积

$$V = (a_{11} + \varepsilon_{11} \cdot a_{11})(a_{22} + \varepsilon_{22} \cdot a_{22})(a_{33} + \varepsilon_{33} \cdot a_{33}), \tag{4-17}$$

那么体应变为

$$\varepsilon_v = \frac{V - V_0}{V_0} = \varepsilon_{11} + \varepsilon_{22} + \varepsilon_{33} + \varepsilon_{11} \cdot \varepsilon_{22} + \varepsilon_{22} \cdot \varepsilon_{33} + \varepsilon_{33} \cdot \varepsilon_{11} + \varepsilon_{11} \cdot \varepsilon_{22} \cdot \varepsilon_{33}, \tag{4-18}$$

由于所考虑的应变都非常小,后面 4 项均属于高阶无穷小,可忽略,故此得式(4-16)。

对于二维情况,应变张量 ε_{ij} 下标 i、j 对应的坐标取值只有 1 和 2 两个值,矩阵简化为 $\begin{bmatrix} \varepsilon_{11} & \varepsilon_{12} \\ \varepsilon_{21} & \varepsilon_{22} \end{bmatrix}$,只有 4 个分量,根据对称性,只有三个为独立变量。如果问题再进一步简化为一维(对应单轴问题,如图 4-2a 所示),则只有 ε_{11} 一个分量。

应变张量 ε_{ij} 存在多个分量,随着坐标系的旋转各分量值发生变化,人们认识到应变张量存在三个不变量,它们不随坐标系的旋转而改变。换言之,对于一点的应变状态,无论从哪一个局部坐标计算,这三个不变量都是相等的。

(1)应变张量第一不变量的定义为

$$I_1' = \varepsilon_{11} + \varepsilon_{22} + \varepsilon_{33}, \tag{4-19}$$

可以看出,第一不变量就是矩阵的迹,也等于体应变值。

(2)应变张量第二不变量的定义为

$$I_2' = \begin{vmatrix} \varepsilon_{22} & \varepsilon_{23} \\ \varepsilon_{32} & \varepsilon_{33} \end{vmatrix} + \begin{vmatrix} \varepsilon_{11} & \varepsilon_{13} \\ \varepsilon_{31} & \varepsilon_{33} \end{vmatrix} + \begin{vmatrix} \varepsilon_{11} & \varepsilon_{12} \\ \varepsilon_{21} & \varepsilon_{22} \end{vmatrix}, \tag{4-20}$$

是对角线元素的代数余子式行列式之和。

（3）应变张量第三不变量的定义为

$$I_3' = \begin{vmatrix} \varepsilon_{11} & \varepsilon_{12} & \varepsilon_{13} \\ \varepsilon_{21} & \varepsilon_{22} & \varepsilon_{23} \\ \varepsilon_{31} & \varepsilon_{32} & \varepsilon_{33} \end{vmatrix}, \tag{4-21}$$

是应变矩阵的行列式值。

4.1.5 应变率

应变率是单位时间内应变的变化，表示为

$$\dot{\varepsilon} = \frac{\mathrm{d}\varepsilon}{\mathrm{d}t}。 \tag{4-22}$$

该表达式对应变张量的任何分量都适用，即对应变张量的每一个分量对时间求导，获得应变率张量。

实际问题的求解，基本变量一般为位移或者速度。在以运动速度为基本变量的情况下，应变率-速度关系和前面介绍的应变-位移关系的表达式完全一致，有

$$\begin{cases} \dot{\varepsilon}_{11} = \dfrac{\partial v_1}{\partial x_1} \\ \dot{\varepsilon}_{22} = \dfrac{\partial v_2}{\partial x_2}, \\ \dot{\varepsilon}_{33} = \dfrac{\partial v_3}{\partial x_3} \end{cases} \tag{4-23}$$

和

$$\dot{\varepsilon}_{12} = \dot{\varepsilon}_{21} = \frac{1}{2}\left(\frac{\partial v_1}{\partial x_2} + \frac{\partial v_2}{\partial x_1}\right), \tag{4-24a}$$

$$\dot{\varepsilon}_{23} = \dot{\varepsilon}_{32} = \frac{1}{2}\left(\frac{\partial v_2}{\partial x_3} + \frac{\partial v_3}{\partial x_2}\right), \tag{4-24b}$$

$$\dot{\varepsilon}_{13} = \dot{\varepsilon}_{31} = \frac{1}{2}\left(\frac{\partial v_1}{\partial x_3} + \frac{\partial v_3}{\partial x_1}\right), \tag{4-24c}$$

这些分量构成应变率张量：

$$\dot{\varepsilon}_{ij} = \begin{bmatrix} \dot{\varepsilon}_{11} & \dot{\varepsilon}_{12} & \dot{\varepsilon}_{13} \\ \dot{\varepsilon}_{21} & \dot{\varepsilon}_{22} & \dot{\varepsilon}_{23} \\ \dot{\varepsilon}_{31} & \dot{\varepsilon}_{32} & \dot{\varepsilon}_{33} \end{bmatrix}。$$

4.1.6　自然界中的应变与应变率

前面几次提到过"变形很小"这一条件，亦即上述应变-位移、应变率-速度之间的关系都只适用于小变形情况；对于大变形（或称为有限变形）情况来说，它们之间的关系更复杂。本章只讨论小变形情况。

与地学相关的不同应变和应变率现象如图 4-5 所示。图 4-5a 显示，除了褶皱和塑性变形以外，地震波引起的变形和岩石破坏均归属于小应变问题。这一定程度上说明小变形假设在很多问题中是适用的。图 4-5b 则显示我们所关注的地学典型现象的应变率范围极大。但高应变率并非直接对应大应变。

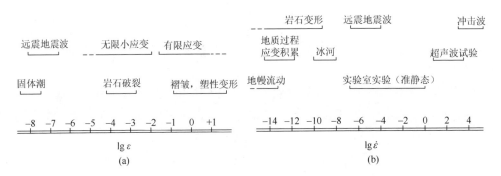

图 4-5　典型变形过程的应变（a）和应变率（b）（陈颙等，2009）

以下给出两个简单的地学问题中的应变和应变率计算实例。图 4-6a 为一个变形前的近于圆形的颗粒，变形后成为如图 4-6b 所示的近椭圆形。根据颗粒半径和椭圆长短轴可以计算颗粒的两个正应变分量

$$\varepsilon_A = \frac{A-R}{R}, \quad \varepsilon_C = \frac{C-R}{R}, \quad (4-25)$$

如果有条件获取颗粒变形发生的时间段，则可以进一步根据式（4-22）计算应变率。图 4-6c 显示一个宽度为 l 的断层发生错动距离 d，那么该断层的剪切变形为

$$\gamma = d/l, \quad (4-26)$$

同样也进一步根据式（4-19）计算应变率。若有 $d=5\text{ m}$，$l=1000\text{ m}$，如果该变形发生在 10 万年期间，那么该断层的剪应变率为 $5\times10^{-8}\text{ a}^{-1}=1.585\times10^{-15}\text{ s}^{-1}$；如果该变形发生在地震的瞬间，如 10 s，那么该断层在地震时的剪应变率为 $5\times10^{-4}\text{ s}^{-1}$。这也充分说明，地学现象中，可能的应变率差异极大。

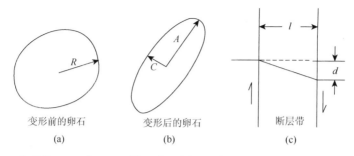

图 4-6 变形前（a）后（b）颗粒形态及断层错动（c）示意图（陈颙等，2009）

4.2 应　　力

4.2.1 力的定义

4.2.1.1 外力和内力

一个物体（或者所分析的系统）的外部边界所受到的、由其他物体（或系统以外）施加的力称为外力。中学时期所学习的力的知识一般考虑的是外力。在外力作用下，物体内部产生变形，对应地产生了附加内力，简称内力。应力（stress）属于内力。应力是和应变相互依存的概念，是研究物体变形后内部状态的概念。

4.2.1.2 体力

连续体内任一点 $x_i(x_1,x_2,x_3)$ 被一微小体积 ΔV 所围，若 ΔV 上与体积有关的合力为 R，则

$$\lim_{\Delta V \to 0} \frac{R}{\Delta V} = F , \tag{4-27}$$

式中，F 为单位体积上的力，即体力。体力与物体的体积和密度相关，如重力、惯性力。对于地球上的物体，重力方向总是垂直向下，水平方向重力分量为零；而惯性力则取决于物体的运动方向。

4.2.1.3 面力与应力矢量

假设平面域 ΔA 的法线方向为 n，根据作用力互等定律可知截面两侧物质相互作用力的大小相等、方向相反。如果存在一侧对另一侧的作用力 Q，那么，对于平面域 ΔA，若

$$\lim_{\Delta A \to 0} \frac{Q}{\Delta A} = q , \tag{4-28}$$

则 q 称为单位面积上的面力。若 n 方向面上的面力合力 q 指向 m 方向，q 在三维空间中可以分解为一个平行于 n 方向的分量和两个垂直于 n 方向（沿截面）的分量。

如果平面域 ΔA 在物体内部，上面表达形式同样成立，为以示区别，将其表示为

$$\lim_{\Delta A \to 0} \frac{P_n}{\Delta A} = T = \overset{n}{T}, \tag{4-29}$$

这时，T 或 $\overset{n}{T}$ 称为在 x_i 点与截面 n 相关的应力矢量。$\overset{n}{T}$ 可以分解为平行于 n 方向的分量——称为正应力，和垂直于 n 方向的分量——称为剪应力，剪应力可以进一步分解到与正应力垂直的任意两个正交方向，这两个方向与 n 方向构成一个局部的正交坐标系。当然，$\overset{n}{T}$ 也可以分解到 x_1, x_2, x_3 三个坐标方向上，那么，$\overset{1}{T}$（或 $\overset{x}{T}$）就表示与 x_1 轴垂直的面（法线方向为 x_1）上的应力矢量，对应地，$\overset{2}{T}$ 和 $\overset{3}{T}$（$\overset{y}{T}$ 和 $\overset{z}{T}$）分别表示与 x_2 和 x_3 轴垂直的面上的应力矢量。

4.2.2 一点的应力状态

物体中某一点的应力状态指该点上全部应力矢量 $\overset{n}{T}$ 的合集。

众所周知，过任意一点可以作无数个截面，如果不同截面上应力矢量不同，列举出无穷多个应力矢量肯定不是一个现实的方案。不过，4.2.3 节将证明，如果知道了三个相互垂直的面上的应力矢量 $\overset{1}{T}$、$\overset{2}{T}$ 和 $\overset{3}{T}$，那么任意 n 方向截面的应力矢量 $\overset{n}{T}$ 都可以由此确定。也就是说，一点的应力状态可以用三个正交截面上的应力矢量表示。

4.2.3 应力张量

考虑物体内部一个微元，如图 4-7a 所示。微元类似一个小正方体，其一个面 $ABCD$ 的法线方向与 x_1 轴平行，该面上的应力矢量 $\overset{1}{T}$ 可以分解为 x_1、x_2、x_3 方向的 $\overset{1}{T}_1$、$\overset{1}{T}_2$、$\overset{1}{T}_3$。如果 $ABCD$ 的面积 ΔA 趋于无穷小，则有

$$\sigma_{11} = \lim_{\Delta A \to 0} \frac{\overset{1}{T}_1}{\Delta S}, \quad \sigma_{12} = \lim_{\Delta A \to 0} \frac{\overset{1}{T}_2}{\Delta S}, \quad \sigma_{13} = \lim_{\Delta A \to 0} \frac{\overset{1}{T}_3}{\Delta S}, \tag{4-30}$$

式中，σ_{11}、σ_{12} 和 σ_{13} 的第一个下标表示截面的法线方向，第二个下标表示应力的方向（1、2、3 分别对应 x_1、x_2、x_3 方向）。同理可以有，法线方向为 x_2 的 $CDEF$ 面上有应力分量 $(\sigma_{21}, \sigma_{22}, \sigma_{23})$，法线方向为 x_3 的 $BCFG$ 面上有应力分量 $(\sigma_{31}, \sigma_{32}, \sigma_{33})$。微元体的力是平衡的，相对的平面上的应力分量大小相等、方向相反。因此，微元体上一共有 9 个力的分量，记为

$$\begin{bmatrix} \sigma_{11} & \sigma_{12} & \sigma_{13} \\ \sigma_{21} & \sigma_{22} & \sigma_{23} \\ \sigma_{31} & \sigma_{32} & \sigma_{33} \end{bmatrix} \text{或} \begin{bmatrix} \sigma_{xx} & \sigma_{xy} & \sigma_{xz} \\ \sigma_{yx} & \sigma_{yy} & \sigma_{yz} \\ \sigma_{zx} & \sigma_{zy} & \sigma_{zz} \end{bmatrix}, \qquad (4\text{-}31)$$

此即应力张量 σ_{ij} 的表达形式，其中三行分别代表三个坐标面上的应力矢量的分量。

再来看任意方向截面应力矢量情况。以介质中任意一点 M 分析，如图 4-7b 所示。M 点邻近的面 $\triangle ABC$ 的法线方向为 $\boldsymbol{n}$，用方向余弦表示为 (l, m, n)。$\triangle ABC$ 上的应力矢量 $\overset{n}{\boldsymbol{T}}$ 沿三个坐标轴方向的分量分别为 $\overset{n}{T}_1$、$\overset{n}{T}_2$ 和 $\overset{n}{T}_3$。$\triangle ABC$ 的面积为 S。根据投影定律，$\triangle MBC$ 的面积为

$$S_1 = S \cdot \cos(\boldsymbol{x}, \boldsymbol{n}) = lS,$$

同理，

$\triangle AMC$ 的面积为

$$S_2 = S \cdot \cos(\boldsymbol{y}, \boldsymbol{n}) = mS,$$

$\triangle ABM$ 的面积为

$$S_3 = S \cdot \cos(\boldsymbol{y}, \boldsymbol{n}) = nS。$$

那么，x_1 方向力的平衡为

$$\overset{n}{T}_1 \cdot S - \sigma_{11} \cdot S_1 - \sigma_{12} \cdot S_2 - \sigma_{13} \cdot S_3 = 0, \qquad (4\text{-}32)$$

因此有

$$\overset{n}{T}_1 = \sigma_{11} l + \sigma_{12} m + \sigma_{13} n, \qquad (4\text{-}33a)$$

同理，有

$$\overset{n}{T}_2 = \sigma_{21} l + \sigma_{22} m + \sigma_{23} n, \qquad (4\text{-}33b)$$

$$\overset{n}{T}_3 = \sigma_{31} l + \sigma_{32} m + \sigma_{33} n。 \qquad (4\text{-}33c)$$

式（4-33）合并记为

$$\overset{n}{\boldsymbol{T}} = \begin{bmatrix} \sigma_{11} l + \sigma_{12} m + \sigma_{13} n \\ \sigma_{21} l + \sigma_{22} m + \sigma_{23} n \\ \sigma_{31} l + \sigma_{32} m + \sigma_{33} n \end{bmatrix} = \begin{bmatrix} \sigma_{11} & \sigma_{12} & \sigma_{13} \\ \sigma_{21} & \sigma_{22} & \sigma_{23} \\ \sigma_{31} & \sigma_{32} & \sigma_{33} \end{bmatrix} \begin{bmatrix} l \\ m \\ n \end{bmatrix}, \qquad (4\text{-}34)$$

该式也称为柯西应力方程。它表示已知三个正交面上的应力矢量（对应 9 个应力分量），可以确定过这一点的任意平面上的应力矢量。也就是说，九个应力分量 $\begin{bmatrix} \sigma_{11} & \sigma_{12} & \sigma_{13} \\ \sigma_{21} & \sigma_{22} & \sigma_{23} \\ \sigma_{31} & \sigma_{32} & \sigma_{33} \end{bmatrix}$ 可以表示任意一点的应力状态。柯西应力方程可以更简洁地表示为

$$\overset{n}{T} = \sigma_{ij} n_j, \qquad (4\text{-}35)$$

其中，$\sigma_{ij} = \begin{bmatrix} \sigma_{11} & \sigma_{12} & \sigma_{13} \\ \sigma_{21} & \sigma_{22} & \sigma_{23} \\ \sigma_{31} & \sigma_{32} & \sigma_{33} \end{bmatrix}$，$n_j = \begin{bmatrix} l \\ m \\ n \end{bmatrix}$。

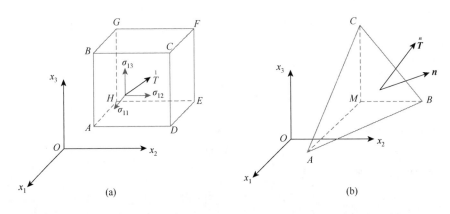

图 4-7　微元体面上应力矢量的分解（a）及任意截面应力矢量（b）示意图

应力分量满足剪应力互等，即

$$\begin{cases} \sigma_{12} = \sigma_{21} = \tau_{12} \\ \sigma_{23} = \sigma_{32} = \tau_{23} \\ \sigma_{13} = \sigma_{31} = \tau_{31} \end{cases}, \qquad (4\text{-}36)$$

因此应力张量 σ_{ij} 是一个对称张量。

对于二维情况，应力张量 σ_{ij} 下标 i、j 对应的坐标取值只有 1 和 2 两个值，矩阵简化为 $\begin{bmatrix} \sigma_{11} & \sigma_{12} \\ \sigma_{21} & \sigma_{22} \end{bmatrix}$，只有三个为独立变量。如果再进一步简化为一维问题，则只有 σ_{11} 一个分量。

如图 4-7b 所示，n 面上的应力矢量可以分解为沿 n 方向的正应力 σ_n 和 $\triangle ABC$ 面上的剪应力 τ_n，它们的计算公式分别为

$$\sigma_n = \overset{n}{T}_1 l + \overset{n}{T}_2 m + \overset{n}{T}_3 n, \qquad (4\text{-}37\text{a})$$

$$\tau_n = \left(|\overset{n}{T}|^2 - \sigma_n^2 \right)^{1/2}。 \qquad (4\text{-}37\text{b})$$

式（4-37a）是将 $\overset{n}{T}$ 在 x_1、x_2、x_3 方向的分量分别通过方向余弦 (l, m, n) 投影到 n 方向，并叠加计算该方向总的分量值；式（4-37b）则是根据勾股定理计算另一个直角边的长度。

4.2.4 应力单位与符号

应力的国际单位为帕斯卡，简称帕，$1\text{ Pa} = 1\text{ N·m}^{-2}$。一般地学问题中涉及的应力值的量级较大，所以常用 MPa 和 GPa 两个单位：$1\text{ MPa} = 1\times 10^6\text{ Pa}$，$1\text{ GPa} = 1\times 10^9\text{ Pa}$。早期文献中常用的应力单位是巴（bar），$1\text{ bar}\approx 0.1\text{ MPa}$。

应力的正负号没有固定的定义，采用约定的方式。一般力学分析及其扩展应用中（弹塑性力学、连续介质力学及数值模拟），多用压为负、张为正的约定；而构造地质学、岩石力学中，多用压为正、张为负的约定。由于存在这两种截然相反的符号定义，很多书籍或论文中涉及应力正负符号时，都会写明采用哪一种约定。

本书约定压为正，张为负。

4.2.5 主应力与应力不变量

前文强调了一点的应力状态是该点上全部不同方向应力矢量 $\overset{n}{T}$ 的合集，可以由三个正交方向上应力矢量构成的应力张量计算任意方向的应力矢量，这一关系用柯西应力方程表达。由柯西应力方程也可以看出，在应力张量确定的情况下，不同方向应力矢量的结果是不同的。人们发现总能找到某一个方向剪应力分量为0，这样的截面方向称为主平面，主平面上的应力称为主应力（principal stress），对应的方向称为主方向。

主方向上满足 $\overset{n}{T} = \sigma \boldsymbol{n}$，此时式中 σ 是正应力，分量形式为

$$\begin{cases} \overset{n}{T_1} = \sigma l \\ \overset{n}{T_2} = \sigma m \\ \overset{n}{T_3} = \sigma n \end{cases}, \tag{4-38a}$$

即有

$$\begin{cases} (\sigma_{11} - \sigma)l + \sigma_{12}m + \sigma_{13}n = 0 \\ \sigma_{21}l + (\sigma_{22} - \sigma)m + \sigma_{23}n = 0 \\ \sigma_{31}l + \sigma_{32}m + (\sigma_{33} - \sigma)n = 0 \end{cases}。 \tag{4-38b}$$

这是一个齐次线性方程组。齐次线性方程组有非零解的充分必要条件是方程组的系数行列式等于0，即

$$\begin{vmatrix} \sigma_{xx} - \sigma & \sigma_{xy} & \sigma_{xz} \\ \sigma_{yx} & \sigma_{yy} - \sigma & \sigma_{yz} \\ \sigma_{zx} & \sigma_{zy} & \sigma_{zz} - \sigma \end{vmatrix} = 0 。 \tag{4-39}$$

将行列式展开并合并同类项，得到一个关于主应力 σ 的三次方程组：
$$\sigma^3 - I_1\sigma^2 + I_2\sigma - I_3 = 0 , \tag{4-40}$$
其中，
$$I_1 = \sigma_{11} + \sigma_{22} + \sigma_{33} \tag{4-41}$$
为应力张量的第一不变量；
$$I_2 = \begin{vmatrix} \sigma_{11} & \sigma_{12} \\ \sigma_{21} & \sigma_{22} \end{vmatrix} + \begin{vmatrix} \sigma_{22} & \sigma_{23} \\ \sigma_{32} & \sigma_{33} \end{vmatrix} + \begin{vmatrix} \sigma_{11} & \sigma_{13} \\ \sigma_{31} & \sigma_{33} \end{vmatrix} \tag{4-42}$$
为应力张量的第二不变量；
$$I_3 = \begin{vmatrix} \sigma_{11} & \sigma_{12} & \sigma_{13} \\ \sigma_{21} & \sigma_{22} & \sigma_{23} \\ \sigma_{31} & \sigma_{32} & \sigma_{33} \end{vmatrix} \tag{4-43}$$
为应力张量的第三不变量。

式（4-40）具有三个实根 σ_1、σ_2、σ_3。一般按照由大到小方式排列，即 $\sigma_1 \geqslant \sigma_2 \geqslant \sigma_3$，分别为最大、中间和最小主应力。注意应力符号约定影响最大和最小主应力的定义。三个主应力意味着在三个方向存在上剪应力分量为 0 的情况。

根据行列式求取主应力后，将三个主应力 σ_1、σ_2、σ_3 分别代入齐次线性方程组（4-39）中，并利用补充条件
$$l^2 + m^2 + n^2 = 1 , \tag{4-44}$$
可以依次求得对应主应力的方向。另外，可以证明（略），三个主应力方向是相互垂直的。

在主应力已知的情况下，应力张量可以表示为
$$\sigma_{ij} = \begin{bmatrix} \sigma_1 & 0 & 0 \\ 0 & \sigma_2 & 0 \\ 0 & 0 & \sigma_3 \end{bmatrix} (\sigma_1 \geqslant \sigma_2 \geqslant \sigma_3) , \tag{4-45}$$
三个应力张量不变量也可以用主应力表示为
$$\begin{cases} I_1 = \sigma_1 + \sigma_2 + \sigma_3 \\ I_2 = \sigma_1\sigma_2 + \sigma_2\sigma_3 + \sigma_3\sigma_1 \\ I_3 = \sigma_1\sigma_2\sigma_3 \end{cases} \tag{4-46}$$

4.1 节应变相关基础知识中，没有介绍主应变（principal strain）的定义。在理解了本小节主应力概念后，可以直接将这一概念推广：剪应变分量为 0 的截面方向上的应变称为主应变。本小节有关主应力的定义和求解完全适用于主应变。应变张量也可以用类似式（4-45）的主应变表示；同样，应变张量的不变量也可以由类似式（4-46）的主应变量表示。对于各向同性介质，应力和应变的主方向是重合的。

4.2.6 偏应力

对应力张量进行操作，首先计算平均应力（压力）：

$$p = \sigma_m = \frac{I_1}{3} = \frac{\sigma_1 + \sigma_2 + \sigma_3}{3} = \frac{\sigma_{11} + \sigma_{22} + \sigma_{33}}{3}, \quad (4\text{-}47)$$

随后将应力分量分解为球应力部分和偏应力（deviatoric stress）部分：

$$\sigma_{ij} = \begin{bmatrix} \sigma_{11} & \sigma_{12} & \sigma_{13} \\ \sigma_{21} & \sigma_{22} & \sigma_{23} \\ \sigma_{31} & \sigma_{32} & \sigma_{33} \end{bmatrix} = \begin{bmatrix} p & 0 & 0 \\ 0 & p & 0 \\ 0 & 0 & p \end{bmatrix} + \begin{bmatrix} \sigma_{11}-p & \sigma_{12} & \sigma_{13} \\ \sigma_{21} & \sigma_{22}-p & \sigma_{23} \\ \sigma_{31} & \sigma_{32} & \sigma_{33}-p \end{bmatrix}. \quad (4\text{-}48)$$

换一种表示方式，偏应力张量 s_{ij} 可以简单写成

$$s_{ij} = \sigma_{ij} - p\delta_{ij}, \quad (4\text{-}49)$$

其中，$\delta_{ij} = \begin{bmatrix} 1 & 0 & 0 \\ 0 & 1 & 0 \\ 0 & 0 & 1 \end{bmatrix}$，称为克罗内克符号。

将应力张量分解为两部分，原因在于球应力造成物体体积变化，偏应力造成物体形状变化，这可以降低变形分析时的复杂度。例如，对于地球介质，重点考虑压力变化造成的压缩和膨胀时，主要分析球应力；重点考虑结构破坏时，主要分析偏应力。偏应力张量也存在三个不变量：

$$\begin{cases} J_1 = s_1 + s_2 + s_3 \\ J_2 = s_1 s_2 + s_2 s_3 + s_3 s_1 \\ J_3 = s_1 s_2 s_3 \end{cases} \quad (4\text{-}50)$$

和偏应力张量对应，将应变张量的对角线元素减去平均应变值，就定义了偏应变张量 ϵ_{ij}'。偏应变张量也存在三个不变量，即 J_1'、J_2' 和 J_3'，表达形式与式（4-50）类似。

4.2.7 应力莫尔圆

莫尔圆以主应力为横轴、剪应力为纵轴，通过在横轴上绘制圆圈的方式，实现快速方便地确定不同方位角方向的正应力和剪应力，在工程领域应用十分广泛。

图 4-8a 和图 4-8b 分别为三维状态莫尔圆和二维状态莫尔圆示意图，以及二维状态下应力分量与正应力、剪应力关系。

三维应力状态对应三个莫尔圆：最小圆以 $\dfrac{\sigma_2+\sigma_3}{2}$ 为圆心，$\dfrac{\sigma_2-\sigma_3}{2}$ 为半径；中等大小圆以 $\dfrac{\sigma_1+\sigma_2}{2}$ 为圆心，$\dfrac{\sigma_1-\sigma_2}{2}$ 为半径；最大圆以 $\dfrac{\sigma_1+\sigma_3}{2}$ 为圆心，$\dfrac{\sigma_1-\sigma_3}{2}$ 为半径。圆弧上每一点的正应力和剪应力坐标值对应某一截面上的正应力和剪应力。可以看到，三维状态剪应力最大值为 $\dfrac{\sigma_1+\sigma_3}{2}$，二维状态剪应力最大值为 $\dfrac{\sigma_1+\sigma_2}{2}$；并且可以知道，剪应力最大值出现在两个主应力方向的平分线上，即与主应力成45°角的方向。

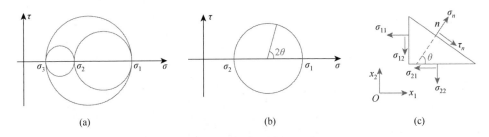

图 4-8　莫尔圆和应力关系示意图
（a）三维状态莫尔圆；（b）二维状态莫尔圆；（c）应力分量与正应力、剪应力的关系

二维情况下应力张量表示为

$$\sigma_{ij}=\begin{bmatrix}\sigma_{xx}&\sigma_{xy}\\\sigma_{yx}&\sigma_{yy}\end{bmatrix}=\begin{bmatrix}\sigma_1&0\\0&\sigma_2\end{bmatrix}(\sigma_1\geqslant\sigma_2), \tag{4-51}$$

如图 4-8b 所示，仅含一个莫尔圆，以 $\dfrac{\sigma_1+\sigma_2}{2}$ 为圆心，$\dfrac{\sigma_1-\sigma_2}{2}$ 为半径，与横轴正方向夹角为 2θ 的圆弧上的点所对应的 σ 和 τ 坐标值，正是如图 4-8c 所示法线方向与 x_1 轴夹角为 θ 的截面上的正应力和剪应力。证明如下。

根据柯西应力方程计算法线方向 n 与 x_1 轴夹角为 θ 的面上的应力矢量，见式（4-34）和式（4-35），二维情况下具体表示为

$$\begin{bmatrix}\overset{n}{T}_1\\\overset{n}{T}_2\end{bmatrix}=\begin{bmatrix}\sigma_{11}l+\sigma_{12}m\\\sigma_{21}l+\sigma_{22}m\end{bmatrix}, \tag{4-52}$$

式中，$\overset{n}{T}_1$ 和 $\overset{n}{T}_2$ 分别为该截面上应力矢量在 x_1 和 x_2 轴方向的分量，而不是截面法向和切向分量；$l=\cos\theta$ 和 $m=\cos(90°-\theta)=\sin\theta$ 是截面法向的方向余弦。参考式（4-37a），截面 $\boldsymbol{n}$ 的正应力为

$$\begin{aligned}\sigma_n &= (\sigma_{11}l + \sigma_{12}m) \cdot l + (\sigma_{21}l + \sigma_{22}m) \cdot m \\ &= \sigma_{11}\cos^2\theta + 2\sigma_{12}\sin\theta\cos\theta + \sigma_{22}\sin^2\theta \\ &= \frac{1}{2}(\sigma_{11}+\sigma_{22}) + \frac{1}{2}(\sigma_{11}-\sigma_{22})\cos 2\theta + \sigma_{12}\sin 2\theta\end{aligned}$$

如果图 4-8c 中 σ_{11} 和 σ_{22} 正好为主应力，$\sigma_{12}=\sigma_{21}=0$，那么有

$$\sigma_n = \frac{1}{2}(\sigma_1+\sigma_2) + \frac{1}{2}(\sigma_1-\sigma_2)\cos 2\theta ，\tag{4-53}$$

同理可以推导得

$$\tau_n = -\frac{1}{2}(\sigma_1-\sigma_2)\sin 2\theta 。\tag{4-54}$$

这两个表达式给出的正应力和剪应力值正好对应图 4-8b 莫尔圆 2θ 位置的值。

应力的莫尔圆表示在第 5 章分析岩石的破裂时将用到。

4.3 岩石本构的基本概念

4.3.1 本构概念

本构（constitution）指应力与应变（或应变率）之间所呈现的特征或关系。对于理论分析，一般需要将这种关系用数学公式表达出来，形成本构方程（constitutive equation）。需要特别指出的是，本构方程仅是真实材料特性的理想化、简单化表示，只能描述真实材料所具有的实际物理现象的一部分。例如，弹塑性本构包含两个基本假设：其一是材料特性与时间无关；其二是力学和热学的相互作用被忽略。实际上，真实材料发生变形的过程大多与时间有关，且变形过程的热耗散也广泛存在，但在影响很小的情况下可以忽略这两方面影响。另外，假定或简化一种材料为某特定理想化模型的环境条件也必须确定。例如，将某种材料的本构关系假设为弹性时，一般也对应着小变形的假设；对于岩石材料，弹性假设一般仅适用于低温、低压环境。

本构关系总体分为三类：弹性（elasticity）、塑性（plasticity）和黏性（viscosity）。我们把对物体施加力的过程称为加载；取消作用力的过程称为卸载。

（1）弹性本构指的是加载过程物体发生变形，但是卸载后物体完全恢复到没有受力的原始状态。弹性本构在应力-应变关系曲线上，加载时应力和应变值同时增加，卸载后应力和应变都恢复为 0。该关系可以是线性的，也可以是非线性的，但是以线性弹性为主。弹性本构不考虑时间因素。

（2）塑性本构指的是卸载后物体保留了一部分变形（应力为 0 时应变不为 0），

即物体发生了不可恢复的永久变形。在应力-应变关系曲线上,塑性变形超越了线性弹性段,属于非线性应力-应变关系。塑性本构同样也不考虑时间因素。

(3)黏性本构描述应力和应变率之间的关系,因此与时间相关,应力-应变率之间可以是线性,也可以是非线性关系。黏性变形也是不可恢复的。

材料本构的建立一般依据实验数据,在曲线拟合的基础上进行概括。弹性、塑性和黏性本构都可以划分出不同的次级类型,主要表现在不同的应力-应变(率)曲线及其对应的数学方程中,对应这些曲线和方程,需要用到一些参数,称为材料参数。本构关系可以用应变(率)表示应力,也可以用应力表示应变(率)。

4.3.2 岩石变形特征

地球上的岩石主要受挤压作用。岩石在压缩状态下的典型应力-应变曲线如图 4-9 所示。图 4-9 中的曲线大致可以划分为 5 段。

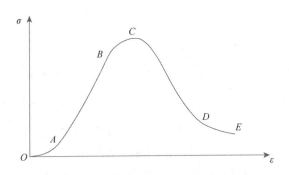

图 4-9 压缩作用下典型岩石应力-应变曲线

(1)OA 段:非线性段,曲线向上弯曲,斜率递增;对应的应力和应变均较小;解释为因岩石中的裂隙闭合、孔隙缩小造成。金属类均质材料不存在这一段。

(2)AB 段:线性段,应力和应变线性同步增加,即线性弹性段,一般对应的应变值不超过 1%。

(3)BC 段:非线性段,曲线向下弯,应力增加速率小于应变增加速率,并达到应力峰值点 C;对应岩石中出现膨胀(dilatancy)现象。

(4)CD 段:岩石达到应力峰值点之后的应力下降阶段。一种极端情况是曲线急速下降,对应岩石的脆性破坏;另一种极端情况是应变持续增加、应力小幅下降,对应韧性(或称延性)变形。

(5)DE 段:对应岩石破坏之后形成断裂面,断裂面两侧发生摩擦滑动,这一段应力降低幅度小,应变增加幅度大。

不同岩石类型具有不同的本构特征；同时，地球内部温压环境也使得岩石本构特征具有明显差异，可以归纳为以下几个方面。

第一，地壳浅部岩石所处的低温低压状态使得岩石在小变形情况下显示为弹性性质。但地壳浅部岩石种类多，岩石物性差异大；具体某一种岩石可能由于结构特征引起在不同方向上具有不同性质（称为各向异性），本构关系更为复杂。

第二，地壳浅部岩石中含有大量孔隙和裂隙，其中往往充满流体。它们所表现出来的本构特征实际上是固体骨架和孔隙流体的综合特征。

第三，随着深度增加，对应的温度和压力增加，岩石的脆性特征变弱、韧性（或延性）特征增强，在 10～20 km 发生脆性和韧性的转换。这种转换在实验室实验中也可以观察到，图 4-10 列举了实验室条件岩石脆性和延性变形的特征。

第四，更大深度上岩石的变形主要呈现流动特性，这时应变量的时间相关性极大，用考虑时间因素的黏性本构描述更为合适。

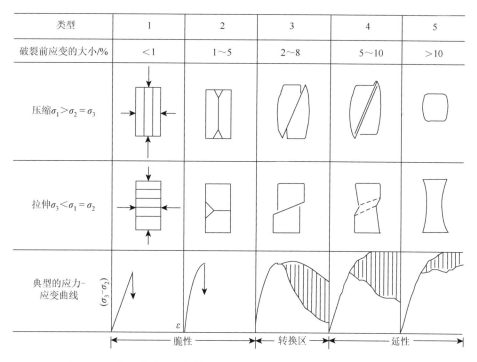

图 4-10　岩石的脆性、韧性变形及过渡（Griggs and Handin，1960）

4.4　一般弹性本构

本节仅介绍最基本的各向同性线弹性本构。

4.4.1 广义胡克定律

中学时学习的胡克定律描述弹簧受力与变形关系，表示为 $F = kx$，是用力和位移表示的一维线弹性本构关系。

对于三维情况，用应力和应变表示的弹性本构关系称为广义胡克定律，写作

$$\sigma_{ij} = C_{ijkl}\varepsilon_{kl}, \tag{4-55}$$

式中，C_{ijkl} 为弹性系数张量，$i, j, k, l = 1, 2, 3$，故共有 $3^4 = 81$ 个分量。由于应力和应变的对称性，$\sigma_{ij} = \sigma_{ji}$，$\varepsilon_{ij} = \varepsilon_{ji}$，可以确定 $C_{ijkl} = C_{jikl} = C_{ijlk} = C_{jilk}$，因此 C_{ijkl} 实际上只有 36 个独立分量。如果将应力和应变张量的独立变量写成列矩阵形式，即

$$\boldsymbol{\sigma} = [\sigma_{11} \quad \sigma_{22} \quad \sigma_{33} \quad \sigma_{12} \quad \sigma_{23} \quad \sigma_{31}]^T, \tag{4-56}$$

$$\boldsymbol{\varepsilon} = [\varepsilon_{11} \quad \varepsilon_{22} \quad \varepsilon_{33} \quad \varepsilon_{12} \quad \varepsilon_{23} \quad \varepsilon_{31}]^T, \tag{4-57}$$

式中，上标 T 表示矩阵的转置，那么，本构关系式（4-55）可以表示为

$$\begin{bmatrix} \sigma_{11} \\ \sigma_{22} \\ \sigma_{33} \\ \sigma_{12} \\ \sigma_{23} \\ \sigma_{31} \end{bmatrix}_{6\times 1} = \begin{bmatrix} C_{1111} & \cdots & C_{1133} \\ \vdots & & \vdots \\ C_{3311} & \cdots & C_{3333} \end{bmatrix}_{6\times 6} \begin{bmatrix} \varepsilon_{11} \\ \varepsilon_{22} \\ \varepsilon_{33} \\ \varepsilon_{12} \\ \varepsilon_{23} \\ \varepsilon_{31} \end{bmatrix}_{6\times 1}, \tag{4-58}$$

又由于 $C_{(ij)(kl)} = C_{(kl)(ij)}$，$C_{ijkl}$ 的独立分量进一步减少。弹性材料的对称性可以再次减少独立参数数量。对于各向同性材料，独立的弹性参数只有两个。这时，弹性本构可以用矩阵形式表示为

$$\begin{bmatrix} \sigma_{11} \\ \sigma_{22} \\ \sigma_{33} \\ \sigma_{12} \\ \sigma_{23} \\ \sigma_{31} \end{bmatrix} = \frac{E}{(1+\nu)(1-2\nu)} \begin{bmatrix} 1-\nu & \nu & \nu & & & \\ \nu & 1-\nu & \nu & & & \\ \nu & \nu & 1-\nu & & & \\ & & & 1-2\nu & & \\ & & & & 1-2\nu & \\ & & & & & 1-2\nu \end{bmatrix} \begin{bmatrix} \varepsilon_{11} \\ \varepsilon_{22} \\ \varepsilon_{33} \\ \varepsilon_{12} \\ \varepsilon_{23} \\ \varepsilon_{31} \end{bmatrix},$$

$$\tag{4-59}$$

式中，E 和 ν 分别为弹性模量（又称杨氏模量）和泊松比。矩阵中没有写具体符号的位置均为 0。弹性本构也可以用应力分量、应变分量以方程组形式表示为

$$\begin{cases} \sigma_{11} = \lambda\varepsilon_v + 2G\varepsilon_{11} \\ \sigma_{22} = \lambda\varepsilon_v + 2G\varepsilon_{22} \\ \sigma_{33} = \lambda\varepsilon_v + 2G\varepsilon_{33} \\ \quad\sigma_{12} = 2G\varepsilon_{12} \\ \quad\sigma_{23} = 2G\varepsilon_{23} \\ \quad\sigma_{31} = 2G\varepsilon_{31} \end{cases}, \quad (4\text{-}60)$$

式中，$\varepsilon_v = \varepsilon_1 + \varepsilon_2 + \varepsilon_3$，为体应变；$\lambda$ 和 G 为拉梅常数，G 也称为剪切模量。

式（4-59）和式（4-60）均以应变表示应力，以应力表示应变的本构方程可以通过对矩阵求逆获得。总之，对于线性各向同性弹性介质，其本构方程是确定的，变化仅在于用不同参数、不同形式表示。详细的表达形式可以查阅弹性力学经典教材。

4.4.2 主要弹性参数

前面提到各向同性线性弹性本构关系只有两个参数，但是式（4-59）和式（4-60）中已经出现了 4 个参数。实际上还有另外的一些弹性参数。这些弹性参数可以互相转化求解，但是独立的弹性参数只有两个。以下分别介绍几个常用弹性参数的定义。

4.4.2.1 弹性模量和泊松比

考虑无围压的单轴拉伸/压缩状态，这时应力仅一个方向的分量（σ_{11}）非 0，其余 $\sigma_{ij}=0$。这一状态下的样品受力和应力-应变曲线如图 4-11a 所示，该实验得到应力和应变之间的线性关系，直线的斜率对应弹性模量：

$$E = \frac{\sigma_{11}}{\varepsilon_{11}}。 \quad (4\text{-}61)$$

能够很自然地想象到这种受力状态下，样品受力方向伸长，对应另外两个方向缩短；反之，受力方向缩短，对应另外两个方向伸长。不同方向应变量之比定义另一个重要的弹性参数泊松比：

$$\nu = -\frac{\varepsilon_{22}}{\varepsilon_{11}} = -\frac{\varepsilon_{33}}{\varepsilon_{11}}, \quad (4\text{-}62)$$

即泊松比表示横向变形与纵向变形之比，一般 $0 \leqslant \nu \leqslant 0.5$。

4.4.2.2 剪切模量

考虑样品只受剪切作用的情形，如图 4-11b 所示。这时应力各分量仅剪应力分量非0，$\sigma_{12}=\sigma_{21}=\tau_{12}=\tau_{21}=\tau$，其余$\sigma_{ij}=0$。对于二维问题，有$\sigma_{ij}=\begin{bmatrix} 0 & \tau \\ \tau & 0 \end{bmatrix}$。

实验测量剪应力和工程剪应变值呈线性关系，根据式（4-60）第4个方程，其斜率对应剪切模量

$$G=\frac{\sigma_{12}}{\gamma_{12}}=\frac{\tau}{2\varepsilon_{12}}=\mu, \tag{4-63}$$

剪切模量有时也用符号μ表示。

4.4.2.3 体积模量

考虑样品受静水压力，即各个方向正应力相等，$\sigma_{11}=\sigma_{22}=\sigma_{33}=p$；其余$\sigma_{ij}=0$。该实验条件下测量的静水压力和体应变之间呈线性关系，其斜率对应体积模量K：

$$K=\frac{p}{\varepsilon_v}, \tag{4-64}$$

体积模量描述材料的可压缩性。

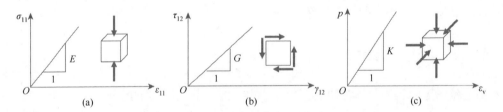

图4-11 三种典型实验条件、应力-应变关系及弹性参数定义

（a）简单压缩实验及弹性模量定义；（b）纯剪切实验及剪切模量定义；（c）静水压缩实验及体积模量定义

4.4.2.4 不同参数之间的关系

由于只有两个独立的弹性参数，不同弹性参数之间具有对应关系，可以相互转化。表4-1给出了主要弹性参数的转换关系。

表4-1 主要弹性参数的转换关系

参数	剪切模量G	弹性模量E	体积模量K	拉梅常数λ	泊松比ν
G, E	G	E	$\dfrac{GE}{9G-3E}$	$\dfrac{G(E-2G)}{3G-E}$	$\dfrac{E-2G}{2G}$
G, K	G	$\dfrac{9GK}{3K+G}$	K	$K-\dfrac{2G}{3}$	$\dfrac{3K-2G}{2(3K+G)}$

续表

参数	剪切模量 G	杨氏模量 E	体积模量 K	拉梅常数 λ	泊松比 ν
G, λ	G	$\dfrac{G(3\lambda+2G)}{\lambda+G}$	$\lambda+\dfrac{2G}{3}$	λ	$\dfrac{\lambda}{2(\lambda+G)}$
G, ν	G	$2G(1+\nu)$	$\dfrac{2G(1+\nu)}{3(1-2\nu)}$	$\dfrac{2G\nu}{1-2\nu}$	ν
E, K	$\dfrac{3KE}{9K-E}$	E	K	$\dfrac{K(9K-3E)}{9K-E}$	$\dfrac{3K-E}{6K}$
E, ν	$\dfrac{E}{2(1+\nu)}$	E	$\dfrac{E}{3(1-2\nu)}$	$\dfrac{E\nu}{(1+\nu)(1-2\nu)}$	ν
K, λ	$\dfrac{3(K-\lambda)}{2}$	$\dfrac{9K(K-\lambda)}{3K-\lambda}$	K	λ	$\dfrac{\lambda}{3K-\lambda}$
K, ν	$\dfrac{3K(1-2\nu)}{2(1+\nu)}$	$3K(1-2\nu)$	K	$\dfrac{3K\nu}{1+\nu}$	ν

根据定义可知，E、K、G、λ 均大于 0；泊松比 ν 理论上可以小于 0，但自然界中并没有发现泊松比为负值的材料。根据上述关系，若两个拉梅常数相等，即 $\lambda=G$，那么

$$K=\frac{5}{3}G, \quad E=\frac{5}{2}G, \quad \nu=0.25,$$

若材料不可压缩，则有

$$\lambda=K=\infty, \quad \nu=0.5, \quad G=\frac{1}{3}E 。$$

说明非不可压缩条件下，岩石的弹性模量、体积模量、剪切模量和拉梅常数 λ 大致在同一数量级范围。

对于岩石材料，弹性模量在 $1\sim100$ GPa；浅层岩石的泊松比较小，一般为 $0.2\sim0.3$，深部岩石的泊松比较大。

4.4.3 应力-应变关系的简化

很多地球科学问题可以简化为二维问题，使得问题的复杂程度大为降低。

4.4.3.1 平面应变状态

对于如地质构造的褶皱、断裂，工程设施的隧道、大坝，工程结构问题的杆和梁等，这类结构的一个方向延伸尺度远大于另外两个尺度，延伸方向上横截面大小不变，当延伸方向（如 x_3 轴，即 z 轴）受均匀载荷时，与该方向相关的应变分量均为零，即

$$\varepsilon_{33} = \varepsilon_{31} = \varepsilon_{23} = 0,$$

由式（4-59）可以直接得到

$$\begin{bmatrix} \sigma_{11} \\ \sigma_{22} \\ \sigma_{12} \end{bmatrix} = \frac{E}{(1+v)(1-2v)} \begin{bmatrix} 1-v & v & 0 \\ v & 1-v & 0 \\ 0 & 0 & 1-2v \end{bmatrix} \begin{bmatrix} \varepsilon_{11} \\ \varepsilon_{22} \\ \varepsilon_{12} \end{bmatrix}, \quad (4\text{-}65)$$

平面应变问题在 z 方向的应力值不为 0，而是

$$\sigma_{33} = v(\sigma_{11} + \sigma_{22}) \neq 0 \, 。 \quad (4\text{-}66)$$

4.4.3.2 平面应力状态

和平面应变对应的另一种二维简化是平面应力，即与第三个方向相关的应力值均为 0，$\sigma_{zz} = \sigma_{yz} = \sigma_{zx} = 0$。这种情形对应薄板结构，即一个方向尺度远小于另外两个方向尺度，如 $x \approx y \gg z$，并且受 x-y 平面内的载荷。在不考虑垂向上类似地幔上涌的作用力时，地球板块构造很好地契合了平面应力状态。这时，本构关系简化为

$$\begin{bmatrix} \sigma_{xx} \\ \sigma_{yy} \\ \sigma_{xy} \end{bmatrix} = \frac{E}{1-v^2} \begin{bmatrix} 1 & v & 0 \\ v & 1 & 0 \\ 0 & 0 & 1-v \end{bmatrix} \begin{bmatrix} \varepsilon_{xx} \\ \varepsilon_{yy} \\ \varepsilon_{xy} \end{bmatrix} \, 。 \quad (4\text{-}67)$$

需要注意两点：其一，上式并不是式（4-59）的直接简化；其二，第三个方向上的应变值不为 0，而是

$$\varepsilon_z = -\frac{v}{E}(\sigma_{xx} + \sigma_{yy}) = -\frac{v}{1-v}(\varepsilon_{xx} + \varepsilon_{yy}) \neq 0 \, 。 \quad (4\text{-}68)$$

某些情况下，二维问题还可以进一步简化为一维问题。例如，图 4-11a 对应的单轴应力（单轴受力无侧向约束），本构方程为

$$\sigma = E\varepsilon \, 。 \quad (4\text{-}69)$$

如果样品单轴受压且侧向变形约束为 0，则对应单轴应变，本构方程为

$$\sigma_{11} = \lambda \varepsilon_{11} + 2G\varepsilon_{11} = (\lambda + 2G)\varepsilon_{11}, \quad (4\text{-}70)$$

式中，$\lambda + 2G = M$，也称约束模量。一维问题可以很好地帮助我们理解一些基本变量之间的关系，也是应力-应变关系的典型代表。

4.4.4 弹性本构在地球科学中的应用

4.4.4.1 不同尺度应用

首先，弹性本构中不包含时间变量，因此不适用于分析地球科学中漫长地质历史时期的演化问题。其次，弹性本构应用于岩石材料适用于地球浅部低温低压

环境条件。但"低温低压"属于定性描述,且是一个相对的概念,与所分析的问题的尺度有关系。

（1）考虑地球整体,地壳或者岩石圈的深度仅占地球径向的一小部分,相对于岩石圈以下,其压力较小、温度较低。因此将地壳或者岩石圈的变形按弹性本构处理具有合理性。例如,分析全球应力场时,我们关注与人类活动密切相关的固体圈层中不同区域应力场的非均匀性,通过板块构造分区模型（Richardson et al., 1979）,以弹性本构关系模拟计算板块间相互运动造成的岩石圈整体应力场,获得了与不同观测数据一致的结果。

（2）大陆岩石圈大约厚 200 km,其底界温度达到了 1300℃,压力可达 6 GPa,相对地壳浅部几公里深度范围的温度和压力显然属于高温高压了。所以从区域尺度考虑时,中上地壳介质处理为弹性本构相对较合理,下地壳和上地幔顶部则需要根据问题具体讨论。

（3）在工程尺度上,对于地基工程、隧道开挖等问题,岩石用弹性本构也是可接受的简化方案。

总体而言,由于弹性变形是固体变形的第一阶段,仅适用于变形很小的条件;对于地球岩石只适用于相对低温低压的环境;不适用于需要考虑时间演化的问题。

4.4.4.2 不同领域应用

应力场是地球科学中经常涉及的问题。了解全球或区域尺度应力场,是了解地球或某地区稳定性的基础;而工程尺度（如大坝、隧道、钻井等）的应力场更是结构稳定性最重要的因素。弹性本构是应力场分析的基础,扩展的本构可以是弹塑性、黏弹性或者更复杂的黏弹塑性。

地震过程是一个应力积累,并通过破裂和相对运动释放能量的过程。一个简单的理论模式认为,这是一个弹性变形与滑动破坏的过程,即著名的"弹性回跳"理论。地震是弹性变形之后大断裂破裂或再次滑动的过程,小尺度破裂问题实际上也往往是在弹性变形的基础上发生。换言之,研究破裂和地震问题,弹性变形过程都是不可避免的过程,因此弹性本构广泛地应用于这些研究领域。

地震波的传播是由岩石材料质点的微小运动造成的。地震波的传播问题采用动力学理论进行描述。岩石中质点的微小振动基本满足弹性变形,地震波对应的变形过程一般认为是弹性的,尽管地震波传播不采用本节弹性本构方程描述,但是会用到若干弹性参数,在后面章节中将学习。

其他应用包括分析岩石圈挠曲、褶皱弯曲所对应的应力状态等问题。弹性本构是固体力学的最基础部分,也是塑性本构和其他联合形式本构的基础。

4.5 塑性与屈服

塑性力学是在对金属材料研究的基础上建立起来的。岩石实验表明，大部分岩石的应力-应变曲线和金属材料十分接近。因此，塑性理论适用于岩石材料，学者们还在金属塑形理论基础上发展了专门的岩土体塑性本构，但这些不在本书覆盖的范围内。本节仅简要介绍塑性理论中最基本的屈服概念和单轴塑性应力-应变关系。

4.5.1 典型单轴应力-应变曲线

图 4-12 给出了典型金属材料的单轴应力-应变曲线。该曲线显示，从最初加载到 P 点之前，应力与应变呈线性同步增加，这一阶段的变形是可以完全恢复的。OP 段称为线弹性段。P 点对应的应力称为比例极限。超过 P 点以后，应力和应变关系呈非线性关系；但是直到 Q 点，卸载后变形都可以完全恢复，即仍属于弹性变形区。PQ 段称为非线性弹性段。Q 点称为弹性极限，也称为屈服点，其对应的应力称为屈服应力，以 σ_y 表示。一般 P 点和 Q 点的差异很小，P 点难以准确界定，所以多数情况下将二者合二为一，只定义和使用弹性极限。对于金属材料，弹性极限对应的应变一般在 0.1%～0.2%。

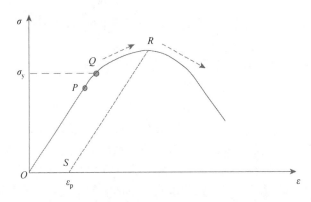

图 4-12 典型金属材料单轴应力-应变曲线

超过 Q 点之后，曲线不仅呈非线性，而且卸载后应变不能恢复为 0，说明材料发生了永久变形。这时称发生了**塑性变形**或**塑性流动**，由于塑性变形总是发生在弹性变形之后，塑性变形也称为弹塑性变形。Q 点之后任意位置卸载，总变形量中的弹性变形都是可以恢复的，因此卸载时应力-应变关系呈直线（如 RS 段），恢复到应力为 0 时剩余的应变称为残余应变，也就是塑性应变 ε_p。另外，Q 点之后的曲线分为上升段和下降段，上升段称为塑性强化，下降段称为塑性弱化。

图 4-12 与前文图 4-9 中的 D 点之前相比（不考虑图 4-9 中 DE 段），二者差异仅存在于初始加载阶段岩石因裂隙闭锁而出现的较小非线性段。对于完整岩石，其应力-应变曲线与金属材料一致，完全可以使用基于金属材料建立起来的塑性本构关系。

4.5.2 单轴塑性本构

三维塑性本构的完整表达式远比公式（4-59）和（4-60）所表示的弹性本构复杂，超出本书计划的讨论范围，我们仅给出单轴应力情况下几种常用的塑性应力-应变关系，这些关系是将式（4-69）推广到塑性区间的结果。

4.5.2.1 理想弹塑性模型

理想弹塑性模型是材料在单轴加载作用下，首先发生线性弹性变形；超过屈服应力 σ_y 之后，应力不再增加，但是应变可以持续增加，如图 4-13a 所示。本构关系可以表示为

$$\begin{cases} \varepsilon = \dfrac{\sigma}{E} & \sigma < \sigma_y \\ \varepsilon = \dfrac{\sigma_y}{E} + \lambda & \sigma = \sigma_y \end{cases}, \quad (4\text{-}71)$$

式中，E 为弹性模量；λ 为一个正的标量，对应塑性应变量，即图 4-13a 中水平线的长度。有些材料，如结构用钢，具有这种用两条直线表达的应力-应变曲线，这是钢材的一种重要且独特的性能，称为延性。纯橄榄岩在一定的温压环境下也表现出了类似延性特征。

4.5.2.2 弹性-线性强化模型

由于大部分材料在屈服之后存在强化阶段，弹性-线性强化模型较理想弹塑性模型更接近真实材料应力-应变曲线。弹性-线性强化模型也由两段直线组成，但塑性变形阶段的斜率不为 0，如图 4-13b 所示。其本构方程表示为

$$\begin{cases} \varepsilon = \dfrac{\sigma}{E} & \sigma \leqslant \sigma_y \\ \varepsilon = \dfrac{\sigma_y}{E} + \dfrac{1}{E_p}(\sigma - \sigma_y) & \sigma > \sigma_y \end{cases}, \quad (4\text{-}72)$$

式中，E_p 为塑性段的斜率，斜率值明显小于弹性段斜率 E。该方案的优势是，对于弯曲的应力-应变曲线，可以构造多段线性函数进行拟合。

4.5.2.3 弹性-幂次模型

弹性-幂次模型采用幂函数拟合屈服后应力-应变曲线，如图 4-13c 所示。本构方程表示为

$$\begin{cases} \sigma = E\varepsilon & \sigma \leqslant \sigma_y \\ \sigma = k\varepsilon^n & \sigma > \sigma_y \end{cases}, \tag{4-73}$$

式中，k 和 n 都为拟合的材料参数。

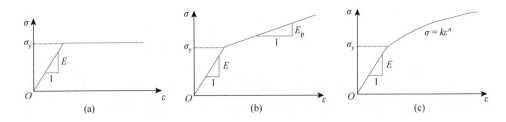

图 4-13 塑性应力-应变模型

（a）理想弹塑性模型；（b）弹性-线性强化模型；（c）弹性-幂次模型

上述三个模型均没有考虑塑性弱化阶段。塑性弱化的表达是一项难度相当大的工作，大部分塑性力学教材都没有讨论，本书也不涉及这一问题。

4.5.3 塑性本构在地球科学中的应用

塑性本构是弹性本构的扩展，在地球科学中一般应用于变形超出弹性范畴的问题。包括 4.4.4 小节介绍的应力场应用、地震过程以及超过弹性极限的挠曲和褶皱弯曲等问题。

4.6 黏性与流变

深部岩石在高温高压环境条件下，受力时呈现流动性质。流动性意味着随着时间推移，变形不断增加，这时用应力-应变关系难以准确描述变形，而采用应力-应变率关系可以解决这一问题。岩石的缓慢流动变形也称为流变（rheology），对应的本构称为黏性本构，或称为流变律。这类变形本质上归属流体变形范畴。

4.6.1 黏性定义与特征

流体受力产生流动变形，同时流体也具有阻止流体变形的性质。假设如图 4-14a 所示的无限平板之间存在流体，如果底部边界固定、推动上覆平板以速度 v_0 运动，那么平板之间的流体运动速度分布将是从上到下由 v_0 线性降低到 0。由此可以理解，板间任意一点的剪应力与速度的梯度成正比，即 $\tau \propto \dfrac{\mathrm{d}v}{\mathrm{d}y}$，等式表示为

$$\tau = \eta \frac{\mathrm{d}v}{\mathrm{d}y}, \tag{4-74}$$

式中，比例系数 η 称为黏滞系数（viscosity），或称为黏度，单位为 Pa·s。速度的梯度等价于位移梯度的时间导数，就是应变的时间导数，即应变率。因此上式转化为

$$\tau = \eta \frac{\mathrm{d}v}{\mathrm{d}y} = \eta \frac{\mathrm{d}}{\mathrm{d}t}\left(\frac{\mathrm{d}u}{\mathrm{d}y}\right) = \eta \frac{\mathrm{d}\varepsilon}{\mathrm{d}t} = \eta \dot{\varepsilon}, \tag{4-75}$$

式中，u 为位移。这一关系式可用图 4-14b 表示。剪应力与速度梯度（应变率）成正比，说明速度差越大，剪应力越大；黏滞系数越大，剪应力越大。这个剪应力可以理解为驱动流体所需施加的力，也是流体流动时的阻力。

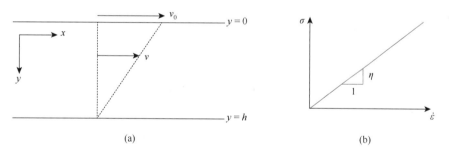

图 4-14　上覆平板运动驱动的两个平板间流体速度分布（a）和牛顿流体应力-应变率关系（b）

注意上面的用词是"剪应力"，而不是用更概括的"应力"。原因在于，流体流动产生的变形主要是造成形状的变化，即剪应变，而不是体应变。换言之，正应力不会引起流体流动，只有剪切力才能引起流动。理解这一点之后，阅读相关文献时就知道，即使用 σ 表示，也是其中的剪切力在起效。类似图 4-14b 所示的应力和应变率成线性关系的流体称为牛顿流体，对应的黏滞系数为常数；而如果二者之间呈非线性关系，则称为非牛顿流体，对应的黏滞系数随应力大小发生变化。

黏性流体具有两个典型的与时间相关的变形特性：蠕变和松弛。

蠕变（creep）现象是指在长时间的稳定应力作用下，材料永久变形不断增长的现象。蠕变现象可以用图 4-15a 描述。当一个固定应力施加于物体上时，物体首先发生弹性变形；随后应变随时间增加但增速逐步放缓，这一阶段称为瞬态蠕变；时间再延长时，应变以稳定速率增加，应变-时间关系呈线性，这一阶段称为稳态蠕变；如果应力足够高，加载时间更长，可能发生蠕变加速，产生材料破裂，这一阶段称为第三期（tertiary）蠕变。大多数情况下，我们以稳态蠕变为研究对象。

松弛（relaxation）效应是指物体保持某一变形状态时，其内部应力随时间而降低，如图 4-15b 所示。温度越高，松弛越快。

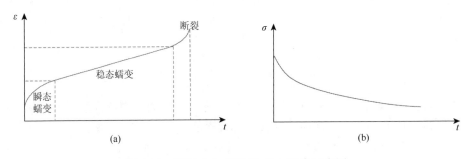

图 4-15　蠕变（a）和松弛（b）现象示意图

地球深部岩石蠕变的研究对理解地球深部运动和演化具有非常重要的意义，但同时难度极大。这一领域的研究一般需要采用高温高压设备，对岩石样品进行测试，获得应力-应变率曲线，拟合得到本构方程的关键参数，再将方程推广应用于自然界岩石的蠕变。研究的难度在于几个方面：设备的稀少和昂贵，实验室测试时间尺度和地质历史时间尺度的差异，多参数的共同影响——因为岩石的蠕变与岩石类型、颗粒大小、温度、压力、含水量、加载条件等诸多因素相关。岩石蠕变研究是岩石物理学研究的重要内容。

4.6.2　岩石的黏性

影响岩石黏滞系数的因素包括：①岩石组分的材料特性；②变形机制；③温度和压力条件（Kirby，1983；Stocker and Ashby，1973）。

从岩石组分看，众多地质和地球物理研究表明，上地壳的主要成分为安山质岩，下地壳富含铁镁质，地幔的主要成分为橄榄岩；近地表组分差异极大的不同沉积岩一般不考虑。从变形机制看，岩石的变形机制受制于材料分子结构、应力作用、温度状态等，最主要的两种变形机制为扩散（diffusion）蠕变和位错（dislocation）蠕变。这两种变形机制的本构方程可用同一公式表达（Stocker and Ashby，1973；Weertman，1970）：

$$\dot{\varepsilon}_{ij} = A\sigma_{ij}^n \exp(-Q/RT), \quad (4-76)$$

式中，A 为与岩石组分相关的比例系数；n 为偏应力指数；Q 为活化能；R 为气体常数；T 为绝对温度。扩散流动的应变率与应力成线性关系，$n=1$；而位错蠕变（也称幂次流变）的应变率与应力成非线性关系，对应 $n>1$。

应变率与应力成线性关系（$n=1$）时，式（4-76）对应为牛顿流体的本构方程，右端合并的系数项的倒数就是物质的黏滞系数，即

$$\sigma_{ij} = \frac{1}{A\exp(-Q/RT)}\dot{\varepsilon}_{ij} = \eta\dot{\varepsilon}_{ij}。 \quad (4-77)$$

当应变率与应力成非线性关系（$n>1$）时，构成所谓的非牛顿流体，应变率与应力之间可以定义一个有效黏滞系数，建立如下简化对应关系：

$$\dot{\varepsilon}_{ij} = \frac{1}{\eta_{\text{eff}}}\sigma_{ij} \text{ 或 } \sigma_{ij} = \eta_{\text{eff}}\dot{\varepsilon}_{ij}, \quad (4-78)$$

其中有效黏滞系数：

$$\eta_{\text{eff}} = \frac{1}{A\sigma_{ij}^{n-1}\exp(-Q/RT)} = \frac{\eta}{\sigma_{ij}^{n-1}} \quad (4-79)$$

其不仅与绝对温度 T 有关，还与当前应力状态 σ_{ij} 有关。

4.6.3 非完全黏性本构

式（4-75）和式（4-76）表示的是纯黏性本构方程，也称为完全黏性本构方程。单独采用一种本构方程描述岩石的变形存在明显不足。岩石受力时首先发生弹性变形，变形较大时进入塑性变形阶段，而地质演化的时间足够长，黏性变形是不可忽略的部分。将弹性、塑性和黏性本构方程结合起来共同描述岩石的变形已经成为共识。

联合本构方程的构建需要先介绍三个本构元件。本构元件就是用一个独特的符号表示弹性、塑性或黏性材料，如图 4-16 所示。通过这三个简单的代表单一本构的元件的组合，构建联合本构关系。以下介绍几种常用的非完全黏性本构，分别为两种黏弹性、两种黏塑性和两种黏弹塑性，列于表 4-2。完整的三维组合本构方程表达较复杂，仅给出一维单轴应力形式的公式，主要帮助大家理解非完全黏性本构方程建立的思路。

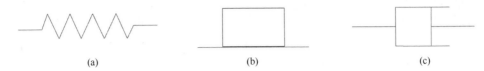

图 4-16 弹性元件（a）、塑性元件（b）和黏性元件（c）

表 4-2 常见非完全黏性本构的组合方式及方程

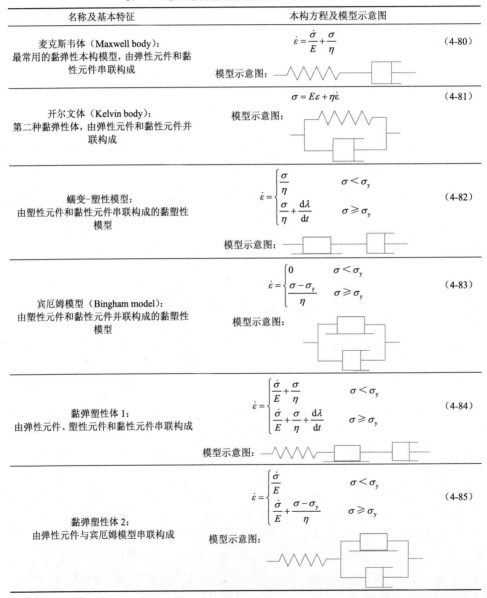

名称及基本特征	本构方程及模型示意图	
麦克斯韦体（Maxwell body）：最常用的黏弹性本构模型，由弹性元件和黏性元件串联构成	$\dot{\varepsilon} = \dfrac{\dot{\sigma}}{E} + \dfrac{\sigma}{\eta}$ 模型示意图：	(4-80)
开尔文体（Kelvin body）：第二种黏弹性体，由弹性元件和黏性元件并联构成	$\sigma = E\varepsilon + \eta\dot{\varepsilon}$ 模型示意图：	(4-81)
蠕变-塑性模型：由塑性元件和黏性元件串联构成的黏塑性模型	$\dot{\varepsilon} = \begin{cases} \dfrac{\sigma}{\eta} & \sigma < \sigma_y \\ \dfrac{\sigma}{\eta} + \dfrac{d\lambda}{dt} & \sigma \geqslant \sigma_y \end{cases}$ 模型示意图：	(4-82)
宾厄姆模型（Bingham model）：由塑性元件和黏性元件并联构成的黏塑性模型	$\dot{\varepsilon} = \begin{cases} 0 & \sigma < \sigma_y \\ \dfrac{\sigma - \sigma_y}{\eta} & \sigma \geqslant \sigma_y \end{cases}$ 模型示意图：	(4-83)
黏弹塑性体 1：由弹性元件、塑性元件和黏性元件串联构成	$\dot{\varepsilon} = \begin{cases} \dfrac{\dot{\sigma}}{E} + \dfrac{\sigma}{\eta} & \sigma < \sigma_y \\ \dfrac{\dot{\sigma}}{E} + \dfrac{\sigma}{\eta} + \dfrac{d\lambda}{dt} & \sigma \geqslant \sigma_y \end{cases}$ 模型示意图：	(4-84)
黏弹塑性体 2：由弹性元件与宾厄姆模型串联构成	$\dot{\varepsilon} = \begin{cases} \dfrac{\dot{\sigma}}{E} & \sigma < \sigma_y \\ \dfrac{\dot{\sigma}}{E} + \dfrac{\sigma - \sigma_y}{\eta} & \sigma \geqslant \sigma_y \end{cases}$ 模型示意图：	(4-85)

4.6.4 黏性本构在地球科学中的应用

黏性本构在地球科学中的应用极其广泛。最具有代表性的是地幔对流问题。地幔的主要岩石类型为橄榄岩，在高温高压下表现出流动性质。地幔对流被认为是地球动力过程的驱动机制之一。根据黏性本构关系和流体动力学控制方程对地幔对流进行数值模拟研究，可以解释板块俯冲、洋中脊扩张等重要科学问题。岩石圈的缓慢变形也可以用黏性流变解释和模拟，典型代表是造山带的形成和大陆伸展与裂解过程；常见的褶皱构造一般也是黏性流动变形的结果；一些浅表工程问题，如软土变形，也可以归于此类。但黏性流变应用不是本书讨论的内容。

4.7　空间平均模型

矿物具有确定的成分和晶体结构，因此矿物的物理参数一般是确定的。表 1-1 为一些典型矿物的弹性参数，可以发现这些不同造岩矿物的弹性参数具有较大差异，如体积模量 K 从 1.5（高岭石）到 176.3（铁铝榴石），相差 100 多倍。但是，对于某一具体化学成分确定的矿物，其弹性参数是确定的单值，严格而言，各方向上弹性参数是确定的。

岩石由不同的矿物颗粒以及不同大小的孔隙、裂隙构成，造成不同岩石的物理参数差异极大。换言之，岩石的本构（和其他参数）是孔隙以及多种矿物的成分、含量和分布的综合结果。具有相同名称的岩石，其物理参数的相对差异甚至大于不同矿物物理参数之间的差异，见表 4-3。

表 4-3　一些常见岩石的弹性参数（Jumikis，1983）

岩石		弹性模量 E/GPa	泊松比 ν
火成岩	玄武岩	20~98	0.14~0.25
	辉绿岩	29~88	0.13~0.25
	辉长岩	59~108	0.13~0.25
	花岗岩	26~69	0.13~0.25
沉积岩	页岩	7.8~29	0.11~0.54
	砂岩	5.0~80	0.17~0.30
	石灰岩	10~79	0.14~0.30

续表

岩石		弹性模量 E/GPa	泊松比 ν
变质岩	大理岩	59～88	0.25～0.38
	石英岩	26～87	0.11～0.23
	板岩	—	0.06～0.44
	片麻岩	20～59	0.11～0.25

在第 3 章中定义了孔隙流体等效体的概念，是将流体在真实的孔隙中流动的体积假想为被流体充满、但是具有相同平均速度和流体阻力的体积。对于孔隙流体以外的问题，同样可以定义等效体，它所代表的是一个统计意义上的平均体，即由不同矿物颗粒和孔隙分布造成的岩石物理参数平均的结果。

估算岩石的有效物理参数，需要获得：①各种矿物成分的物理参数；②各种矿物成分的体积比；③各种矿物的几何分布特征。但是矿物和孔隙几何结构在没有 CT 技术支持的情况下难以获得。在无法获得岩石中矿物和孔隙的分布状态的条件下，前人采用平均方案估算岩石等效体的物理参数。方案实际上只考虑了不同成分的比例，而没有考虑其分布特征。这一方案称为空间平均模型，适用于弹性参数（如弹性模量、体积模量、剪切模量、泊松比等）、地震波速度，以及热传导参数等。

4.7.1 沃伊特平均和罗伊斯平均

沃伊特（Voigt）平均是以岩石组分为权重的加权平均方案，表示为

$$\bar{M}_V = M_1 f_1 + M_2 f_2 + \cdots + M_n f_n = \sum_{i=1}^{n} M_i f_i, \tag{4-86}$$

式中，M 为一个具体的物理参数；$\bar{M}_V$ 为该参数的沃伊特平均；M_i 为第 i 种成分的该参数值；f_i 为第 i 种成分的体积占比；n 为岩石中包含的成分总数。所有成分的 f_i 之和等于 1，即 100%。对于弹性模量 E、体积模量 K 和剪切模量 G，沃伊特平均的具体形式为

$$\bar{E}_V = E_1 f_1 + E_2 f_2 + \cdots + E_n f_n,$$
$$\bar{K}_V = K_1 f_1 + K_2 f_2 + \cdots + K_n f_n,$$
$$\bar{G}_V = G_1 f_1 + G_2 f_2 + \cdots + G_n f_n,$$

罗伊斯（Reuss）平均则是以材料参数的倒数计算的加权平均，表示为

$$\frac{1}{\bar{M}_R} = \frac{1}{M_1} f_1 + \frac{1}{M_2} f_2 + \cdots + \frac{1}{M_n} f_n = \sum_{i=1}^{n} \frac{f_i}{M_i}, \tag{4-87}$$

式中，$\bar{M}_R$ 为参数 M 的罗伊斯平均。对于弹性模量 E、体积模量 K 和剪切模量 G，

罗伊斯平均的具体形式分别为

$$\frac{1}{\overline{E}_R} = \frac{1}{E_1}f_1 + \frac{1}{E_2}f_2 + \cdots + \frac{1}{E_n}f_n,$$

$$\frac{1}{\overline{K}_R} = \frac{1}{K_1}f_1 + \frac{1}{K_2}f_2 + \cdots + \frac{1}{K_n}f_n,$$

$$\frac{1}{\overline{G}_R} = \frac{1}{G_1}f_1 + \frac{1}{G_2}f_2 + \cdots + \frac{1}{G_n}f_n,$$

这两种平均方案可以采用一个统一的方程表示为

$$\overline{M}^\alpha = \sum_{i=1}^{n} M_i^\alpha f_i = M_1^\alpha f_1 + M_2^\alpha f_2 + \cdots + M_n^\alpha f_n, \qquad (4\text{-}88)$$

当 $\alpha=1$ 时，式（4-88）转化为式（4-86）；当 $\alpha=-1$ 时，式（4-88）转化为式（4-87）。

沃伊特平均和罗伊斯平均是两种最常用且最基本的空间平均方案。Hill（1952）证明，由沃伊特平均方案估算的等效弹性参数一般较实际测量值高，构成估算值的上限；而利用罗伊斯平均方案估算的等效弹性参数构成估算值的下限。

沃伊特和罗伊斯平均可以分别解释为复合材料中的平均应力和平均应变结果，如图4-17所示。沃伊特平均（上限）对应图4-17a，这种情形下各条带的应变值相等，弹性模量的计算关系可写为

$$\overline{E} = \frac{\overline{\sigma}}{\overline{\varepsilon}} = \frac{\sum f_i \sigma_i}{\overline{\varepsilon}} = \frac{\sum f_i (\overline{\varepsilon} E_i)}{\overline{\varepsilon}}, \quad \overline{E} = \sum f_i E_i; \qquad (4\text{-}89)$$

而罗伊斯平均（下限）对应图4-17b，这种情形下各水平条带的应力值相等，弹性模量的计算关系可以表示为

$$\overline{E} = \frac{\overline{\sigma}}{\overline{\varepsilon}} = \frac{\overline{\sigma}}{\sum f_i \varepsilon_i} = \frac{\overline{\sigma}}{\sum f_i \left(\dfrac{\overline{\sigma}}{E_i}\right)}, \quad \frac{1}{\overline{E}} = \sum \left(\frac{f_i}{E_i}\right); \qquad (4\text{-}90)$$

式（4-89）和式（4-90）分别与式（4-86）和式（4-87）等效。

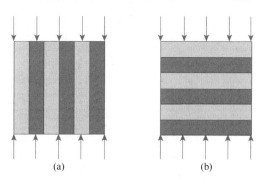

图4-17 沃伊特平均和罗伊斯平均分别对应应变均匀分布（a）和应力均匀分布（b）情况

4.7.2 其他平均

将沃伊特和罗伊斯平均的结果再求平均，是由 Hill（1952）提出的方案，因此也称为 VRH 平均（VRH 为三人名字首字母组合），表示为

$$\bar{M}_{\mathrm{VRH}} = \frac{1}{2}(\bar{M}_{\mathrm{V}} + \bar{M}_{\mathrm{R}}), \tag{4-91}$$

该平均方案为算术平均。Kumazawa（1969）提出采用几何平均方案计算，表示为

$$\bar{M}_{\mathrm{geom}} = \sqrt{\bar{M}_{\mathrm{V}} \cdot \bar{M}_{\mathrm{R}}} \, \text{。} \tag{4-92}$$

在两种组分参数差异大的情况下，沃伊特平均估算的上限和罗伊斯平均估算的下限差异可能相当大。但是，大量实验结果表明，根据矿物的弹性参数和体积比估算的岩石有效弹性综合平均值与实验测量吻合较好。

哈辛和斯崔克曼给出了另一种空间平均的计算方式（Hashin and Shtrikman, 1963）。其所针对的材料结构特征为如图 4-18 所示的球状双层结构，类似于碎屑颗粒被胶结的沉积岩石结构。将外壳层标为 1，内部颗粒标为 2。Hashin-Shtrikman 平均的体积模量和剪切模量分别为

$$\begin{aligned}
K_{\mathrm{HS}} &= K_1 + \frac{f_2}{(K_2 - K_1)^{-1} + f_1\left(K_1 + \frac{4}{3}\mu_1\right)^{-1}}, \\
\mu_{\mathrm{HS}} &= \mu_1 + \frac{f_2}{(\mu_2 - \mu_1)^{-1} + 2f_1(K_1 + 2\mu_1)\left[5\mu_1\left(K_1 + \frac{4}{3}\mu_1\right)\right]^{-1}} \text{。}
\end{aligned} \tag{4-93}$$

当外壳（1 号材料）的刚度更大时，计算的平均值为上限；反之则为下限。

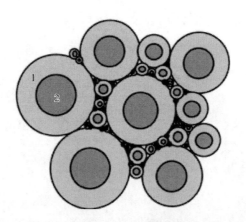

图 4-18 哈辛-斯崔克曼平均模型适用的材料结构

哈辛-斯崔克曼空间平均的上限和下限差异较小。如图 4-19a 对比了方解石和孔隙水两种组分时，沃伊特平均、罗伊斯平均、VRH 平均和哈辛-斯崔克曼平均上下限在不同体积比的值。其中 V 表示沃伊特平均，R 表示罗伊斯平均，HS+和HS−分别表示哈辛-斯崔克曼平均的上限和下限，VRH 即式（4-91）的 VRH 平均。由于方解石和水的参数差异较大，V 和 R 曲线差异相当大；HS−和 R 曲线重合，即两种下限平均相同；VRH 平均和 HS+曲线比较接近。图 4-19b 所示为方解石和白云石组合的五种平均曲线。由于方解石和白云石本身弹性参数接近，五条平均曲线几乎完全重合。

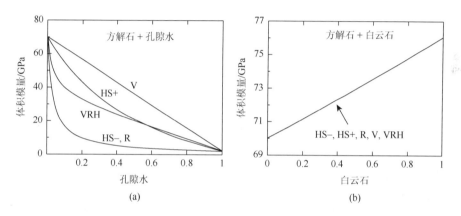

图 4-19　不同空间平均对比（Mavko et al., 2009）
（a）方解石和孔隙水组合；（b）方解石和白云石组合

4.8　孔 隙 弹 性

4.4 节所介绍的内容为均质固体材料的弹性特征。对于岩石，其中的孔隙使变形具有特殊性。本节对相关问题进行简单介绍。

4.8.1　孔隙介质压缩性

考虑孔隙介质的压缩性，首先需要了解孔隙压缩的机制。孔隙压缩的机制可以归纳为三种：①颗粒堆积方式的改变；②固体骨架的压缩变形及导致的孔隙、裂隙缩小；③颗粒受其他作用力影响（动力变质或化学溶蚀）造成颗粒减小（本书不讨论）。

4.8.1.1　颗粒堆积方式

碎屑岩，如砂岩，是良好的油气储层，孔隙度及其变化十分重要。颗粒堆积方式极大地影响孔隙度。假设颗粒大小相同，近于球形，图 4-20 为三种理想堆积方式。典型的堆积方式包括：

（1）四方堆积：如图 4-20a 所示，颗粒位于立方体的 8 个顶点，每一个颗粒的上、下、左、右、前、后各有一个颗粒与之接触，即配位数为 6。这种堆积方式的孔隙度很大，结构不稳定。

（2）简单六方堆积：如图 4-20b 所示，相当于在四方堆积的基础上，在立方体的中心加入一个颗粒，每一个颗粒的四周有 8 个颗粒相接触，即配位数为 8。这种堆积方式孔隙度较四方堆积小，也更稳定。

（3）紧密六方堆积：如图 4-20c 所示，这是球体最紧密的堆积方式，配位数为 12，孔隙度最小，且最稳定。

（4）紧密随机堆积：一般情况下，球状颗粒自然压实形成的堆积较简单六方堆积紧密，但达不到紧密六方堆积那么规则，配位数介于 8～10，孔隙度和稳定性也低于紧密六方堆积。

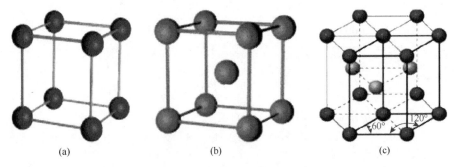

图 4-20　三种理想堆积方式

表 4-4 列出了上述四种堆积方式更详细的信息。颗粒堆积方式对孔隙度的影响巨大，意味着岩石在受力时，可以通过颗粒间滑动和重新堆积改变孔隙度。由第 3 章可知，自然界中沉积岩石的孔隙度一般小于 25%，即大部分情况下岩石的孔隙度小于理想球体紧密六方堆积的孔隙度。孔隙度小于最小理论值的最主要原因在于岩石中颗粒的分选性，许多空间被小颗粒充填。

表 4-4　球状颗粒不同堆积方式孔隙度等参数

堆积方式	孔隙度 Φ	固体部分（球）比例	比面积 S^*	每个球和其他球接触点数 C
四方堆积	$1-\dfrac{\pi}{6}=0.48$	$\dfrac{\pi}{6}=0.52$	$\dfrac{\pi}{2R}$	6
简单六方堆积	0.40	$\dfrac{4\pi\cos\left(\dfrac{\pi}{6}\right)}{18}\approx 0.60$	$\dfrac{2\pi\cos\left(\dfrac{\pi}{6}\right)}{3R}$	8

续表

堆积方式	孔隙度 Φ	固体部分（球）比例	比面积 S^*	每个球和其他球接触点数 C
紧密六方堆积	0.26	0.74	$2.22/R$	12
紧密随机堆积	~0.36	~0.64	~$1.92/R$	~9

4.8.1.2 颗粒间压缩变形

以理想球状颗粒结构分析岩石中颗粒之间的压缩性。如图 4-21 所示，假设在压力 F 作用下，两个半径为 R 的球体之间发生弹性变形，变形后接触面的半径记为 a，接触方向上半径缩短量为 δ，可以分别表示为

$$a = \sqrt[3]{\frac{3FR(1-\nu)}{8G}}, \quad \delta = \frac{a^2}{R}。 \tag{4-94}$$

式中，G 和 ν 分别为剪切模量和泊松比。当颗粒受到流体静压力 P 的作用时，作用力 F 的具体表达式为 $F = \dfrac{4\pi R^2 P}{C(1-\phi)}$。经推导，此时颗粒间压缩的等效体积模量为

$$K_{\text{eff}} = \sqrt[3]{\frac{C^2(1-\phi)^2 G^2 P}{18\pi^2(1-\nu)^2}}, \tag{4-95}$$

式中，C 为配位数。等效剪切模量为

$$G_{\text{eff}} = \frac{5-4\nu}{5(2-\nu)} \sqrt[3]{\frac{3C^2(1-\phi)^2 G^2 P}{2\pi^2(1-\nu)^2}}。 \tag{4-96}$$

该模型最初只考虑体积模量，称为赫兹（Hertz）接触模型；后来 Mindlin（1949）加入了剪切模量，称为 Hertz-Mindlin 模型。根据由该模型估算的体积模量和剪切模量可以计算地震波速度（有关弹性参数与地震波速关系将在第 6 章介绍）。前人研究结果表明，对于颗粒状结构岩石，Hertz-Mindlin 模型提供了很好的弹性参数和对应的地震波速度的描述。

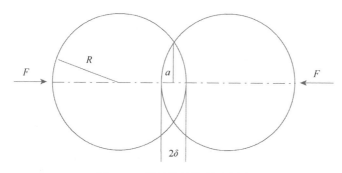

图 4-21　赫兹接触模型示意图

4.8.1.3 一般孔隙结构岩石压缩性

下面讨论岩石受压缩时的整体响应特征。弹性力学中定义材料的压缩系数 β 为体应变对压力的导数，即

$$\beta = \frac{\mathrm{d}\varepsilon_\mathrm{v}}{\mathrm{d}p} = \frac{1}{V}\frac{\mathrm{d}V}{\mathrm{d}p}, \tag{4-97}$$

式中，体应变 $\varepsilon_\mathrm{v} = \Delta V / V$，见式（4-18）。对比式（4-64）可知，压缩系数是体积模量的倒数，结合表 4-1 所列弹性参数关系可知

$$\beta = \frac{1}{K} = \frac{3(1-2\nu)}{E}。 \tag{4-98}$$

体积模量的单位为 MPa，那么压缩系数的单位为 MPa^{-1}。空气的 β 趋于无穷大；岩石的 β 一般在 $1\ \mathrm{MPa}^{-1}$ 左右。

对于存在孔隙的岩石，仍然要用到等效体的概念。假设一个均匀无孔隙的固体，其弹性性质与骨架和孔隙组成的两相体的岩石一致，这个均匀体就是等效体，其有效压缩系数 β_eff 就是岩石的有效压缩系数。Walsh（1965）给出了干燥岩石的有效压缩系数与固体骨架压缩系数 β_s 的关系：

$$\beta_\mathrm{eff} = \beta_\mathrm{s} - \frac{\mathrm{d}\phi}{\mathrm{d}p}, \tag{4-99}$$

注意有效压缩系数与孔隙度对压力的微分有关，而不是直接和孔隙度相关。另外，压力增加时孔隙度减小，式（4-99）的导数项为负值，因此有效压缩系数总是大于固体骨架压缩系数。式（4-99）称为沃尔什（Walsh）公式，是分析岩石孔隙变化的重要依据。

沃尔什公式的证明如下。考虑岩石总体积 V，其中孔隙体积为 V_c，如图 4-22 所示。假设存在第一组作用力：流体静压力 Δp 作用在岩石外表面，使得岩石体积变化为 ΔV，孔隙体积变化为 ΔV_c；第二组作用力：静压力 $\Delta p'$ 作用在岩石外表面和孔隙内表面，使得岩石体积变化为 $\Delta V'$，孔隙体积变化为 $\Delta V'_\mathrm{c}$，由于内部和外部压力相等，实际孔隙体积变化 $\Delta V'_\mathrm{c}=0$。根据功的互等原理——在弹性体上作用两个外力系，它们分别产生两组位移，则第一组力系在第二组力系位移上做的功等于第二组力系在第一组力系位移上做的功，即

$$W_{12} = \Delta p \cdot \Delta V',$$
$$W_{21} = \Delta p' \cdot \Delta V - \Delta p' \cdot \Delta V_\mathrm{c},$$

由 $W_{12} = W_{21}$，且有

$$\beta_\mathrm{eff} = \frac{1}{V}\frac{\Delta V}{\Delta p},\ \beta_\mathrm{s} = \frac{1}{V}\frac{\Delta V'}{\Delta p'}, -\frac{\mathrm{d}\varphi}{\mathrm{d}p} \approx \frac{1}{V}\frac{\Delta V_\mathrm{c}}{\Delta p},$$

沃尔什公式得证。

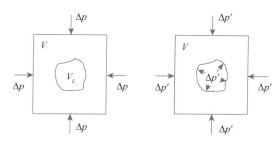

图 4-22 根据功的互等原理证明沃尔什公式的两组作用力

4.8.1.4 孔洞和裂隙的压缩性

岩石中的孔隙可以划分为孔洞型和裂隙型两种。可以想象不同形态孔隙对压力的响应存在差异。下面依然通过一个理想结构来对此展开分析。假设将岩石分成 N 个小单元,每个单元内都存在一条硬币形(penny shape)的孔隙。这时岩石的有效压缩系数可以表示为

$$\beta_{\text{eff}} = \beta_s \left(1 + \frac{16(1-v_s^2)}{9(1-2v_s)} \frac{N\bar{a}^3}{V} \right), \qquad (4\text{-}100)$$

式中,β_s 为固体骨架压缩系数;v_s 为固体骨架的泊松比;V 为总体积;$\bar{a}$ 为平均孔隙半长度;$N\bar{a}^3 = \sum_{i=1}^{N} a_i^3$,表示孔隙总体积。式(4-100)表示岩石的有效压缩系数与固体骨架压缩系数和孔隙度相关,且大于固体骨架压缩系数。

为进一步简化问题,假设每一个小单元内的孔隙大小一致,三个尺度的半长度分别为 a、a 和 ca,这里 c 是孔隙短轴与长轴之比。那么,孔隙总体积为

$$V_c = N \cdot \frac{4\pi a^3}{3} c, \qquad (4\text{-}101)$$

孔隙度则为

$$\phi = \frac{4\pi N a^3}{3V} c, \qquad (4\text{-}102)$$

因此有

$$\frac{\mathrm{d}\phi}{\mathrm{d}p} = \frac{4\pi N a^3}{3V} \frac{\mathrm{d}c}{\mathrm{d}p}。 \qquad (4\text{-}103)$$

再根据式(4-99)和式(4-100),有

$$\frac{\mathrm{d}\phi}{\mathrm{d}p} = -\beta_s \frac{16(1-v_s^2)}{9(1-2v_s)} \frac{N\bar{a}^3}{V}。 \qquad (4\text{-}104)$$

式(4-103)和式(4-104)右端相等、将式(4-98)关系代入,并用差分代替微分,

可得

$$p = \frac{\pi E_s}{4(1-\nu_s^2)}(c_0 - c), \quad (4\text{-}105)$$

式中，c_0 为压力 $p=0$ 时孔隙的初始纵横比，纵横比 $c=0$ 意味着孔隙完全闭合，这时的压力称为孔隙闭合压力，表示为

$$p_{\text{close}} = \frac{\pi E_s}{4(1-\nu_s^2)}c_0 \approx E_s c_0, \quad (4\text{-}106)$$

说明孔隙闭合压力取决于弹性模量和孔隙纵横比。以砂岩为例，其弹性模量约为 100 GPa。如果孔隙为近圆形的孔洞，纵横比为 1，那么将孔洞压至闭合需要 100 GPa 的压力，这个压力值大约在地球的核幔边界处才能达到。如果孔隙纵横比为 0.001，那么只需要 100 MPa 就可以使得裂缝闭合，3~4 km 深度上就可以达到这一压力值。

上面推导前的假设较为严格，获得的结论对不相交的单裂缝具有普适意义。对于更复杂的相交裂缝也具有参考意义。利用裂缝受压容易闭合的特点，还可以测量岩石中裂缝孔隙度，本书不具体介绍，感兴趣的读者可以深入思考并查阅相关资料。

4.8.2 含水孔隙介质压缩性

4.8.2.1 太沙基实验

绝大多数岩石中含有孔隙，且天然岩石孔隙中几乎总是充满流体。孔隙流体具有一定的压力，称为孔隙压力。孔隙压力最早于土力学中提出，由太沙基（Terzaghi）通过实验证实。太沙基实验如图 4-23 所示。首先将多孔样品浸泡于水中，如图 4-23a 所示；如果增加水柱高度，样品体积几乎没有变化，如图 4-23b 所示；

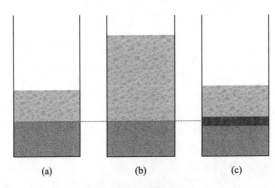

图 4-23 太沙基实验

(a) 含孔隙样品浸没于水中；(b) 增加流体压力，样品体积几乎没有减小；(c) 以铅砂替代增加的流体，样品体积缩小

如果在样品上放置一层与增加的水柱重量相同的铅砂，则可以观测到样品体积缩小，如图 4-23c 所示。这一现象可解释为，增加水柱高度时，样品上覆压力增加，但由于孔隙内的流体与水柱连通，孔隙内部压力也同时升高，抵消了固体骨架所承受的压力，因而样品体积几乎无变化；而以铅砂代替增加的流体时，仅外部压力增大，但样品孔隙内的压力没有变化，因此造成样品体积减小。

孔隙中含水时，孔隙流体对岩石的弹性有巨大的影响。如果岩石中孔隙连通性好，流体可以自由地流入或流出，这种情况称为排水（drained）情况。这种情况下孔隙压力不会很高，且变化不大，岩石的弹性特征与干燥岩石一样。如果岩石中孔隙不连通，则流体无法流入或流出，称为不排水（undrained）情况，孔隙压力可以达到很高的值。以下讨论流体饱和状态下，排水和不排水时等效体的压缩特性。

4.8.2.2　饱和岩石排水条件下的压缩

参照式（4-97）的通用压缩系数定义，排水情况下压缩系数 β_d 可定义为

$$\beta_d = \frac{1}{V}\frac{dV}{dp}\bigg|_{p_f}, \tag{4-107}$$

该式强调岩石内部存在孔隙流体压力 p_f，在由于排水而孔隙压力保持不变的条件下，外部平均压力 p 的增量 dp 造成的岩石体应变就是排水情况下岩石的压缩系数。这其中关系可以通过拆分为两部分来理解：

（1）第一步：假设岩石外部和孔隙内部都受到压力 p_f 的作用，这一作用不会造成岩石体积发生变化，对应图 4-24a。

（2）第二步：假设岩石外部受流体静压力 $p - p_f$ 作用，但孔隙内部没有作用力（等效于干燥情况）。如果外部作用力增加到 $p - p_f + \Delta p$，对应岩石的体积变化 ΔV 可以由沃尔什公式给出，为 $\beta_{eff} \Delta p$，这时 β_{eff} 相当于干燥条件下围压为 $(p - p_f)$ 时的有效压缩系数，对应图 4-24b。

（3）这两种情况的叠加就是排水情况下的压缩系数 β_d，如图 4-24c 所示，所以有

$$\beta_d\big|_{p,p_f} = \beta_{eff}\big|_{p-p_f}。 \tag{4-108}$$

另外，相对于固体骨架的剪切模量而言，孔隙流体的剪切模量极小，因此排水情况下的剪切模量等于干燥条件下等效体的剪切模量：

$$\mu_d = \mu_{eff}。 \tag{4-109}$$

在获得压缩系数和剪切模量这两个弹性参数的条件下，还可以导出其他弹性参数。

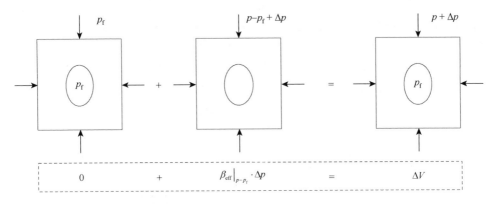

图 4-24 排水条件下岩石的压缩系数分析

4.8.2.3 饱和岩石不排水条件下的压缩

饱和岩石不排水条件（undrained）情况的压缩系数记为 β_u。Gassmann（1951）给出了 β_u 与固体骨架压缩系数 β_s、孔隙流体压缩系数 β_f、排水情况下压缩系数 β_d 和孔隙度 ϕ 之间的关系：

$$\frac{1}{\beta_u - \beta_s} = \frac{1}{\beta_d - \beta_s} + \frac{1}{(\beta_f - \beta_s)\phi}, \tag{4-110}$$

称为高斯曼（Gassmann）方程，是石油工程领域一个重要方程。

饱和岩石不排水条件下的剪切模量依然与干燥岩石的相同，即

$$\mu_u = \mu_d = \mu_{\text{eff}}。 \tag{4-111}$$

4.8.3 有效应力定律

孔隙中含有流体时，流体具有孔隙压力 p_f，可以抵消一部分外部压力。如果在外部应力 σ_{ij} 和孔隙压力共同作用下，含水岩石的性质与在 σ'_{ij} 单独作用下干燥岩石的性质相同，则称 σ'_{ij} 为有效应力。一般情况下有效应力简单地表示为

$$\sigma'_{ij} = \sigma_{ij} - p_f \delta_{ij}, \tag{4-112}$$

式中，δ_{ij} 为克罗内克符号。该公式没有考虑岩石压缩性的影响。

分析压缩特性的影响可以从排水情况下的应变分析着手。排水情况下的应变特征也可以通过两个步骤的叠加来分析（参考图 4-24）。第一步：施加流体静压力和孔隙压力且保持二者相等，由此导致的体应变为

$$\varepsilon_{v1} = \beta_s p_f, \tag{4-113}$$

第二步：固定孔隙压力不变，围压由 p_f 增加至 p（这相当于排水过程），由此造成的体应变为

$$\varepsilon_{v2} = \beta_d(p - p_f) \text{。} \tag{4-114}$$

总体应变为

$$\varepsilon_v = \varepsilon_{v1} + \varepsilon_{v2} = \beta_d p - p_f(\beta_d - \beta_s) = \beta_d p - \beta_d p_f\left(1 - \frac{\beta_s}{\beta_d}\right)$$

$$\varepsilon_v = \beta_d(p - \alpha p_f), \tag{4-115}$$

其中

$$\alpha = 1 - \frac{\beta_s}{\beta_d} = 1 - \frac{K}{K_s} \tag{4-116}$$

称为比奥特-威利斯（Biot-Willis）系数。式（4-115）是排水情况下体应变的有效应力定律，注意到孔隙压力项的作用需要乘以一个系数。

依此对式（4-112）进行修正，得到有效应力定律的严格表达式：

$$\sigma'_{ij} = \sigma_{ij} - \alpha p_f \delta_{ij}, \tag{4-117}$$

显然，在不考虑固体骨架压缩系数 β_s 和排水情况下压缩系数 β_d 的差异时，比奥特-威利斯系数 $\alpha = 1$，式（4-117）等同于式（4-112）。有效应力定律表示围压和孔隙压力对饱和岩石的效应，与有效应力 σ'_{ij} 对干燥岩石所起的效应相同。

若已知岩石性质 Q（密度、强度、波速等）与 σ_{ij} 的关系，可以根据有效应力定律得到 σ_{ij} 和 p_f 共同作用下的岩石性质 Q'。

4.9 基于数字岩石的本构分析

4.9.1 基本方法

前面4.7节所介绍的空间平均模型是在难以获得矿物空间分布信息的情况下，仅考虑矿物组分和体积比估算岩石物理参数的简化方案。数字岩石提供的三维微观结构使得分析不同结构对岩石物性的影响成为可能。

这一类研究的基本思路是（Andra et al., 2013a, 2013b），采用数值计算方法分析不同孔隙结构和矿物成分构成的结构模型，获得一定大小模型在适当边界条件作用下的变形特征，通过计算模型的平均力学响应确定具体岩石结构的有效弹性参数。原则上可以采用任何适用的数值方法进行模拟分析，但针对弹塑性力学问题，采用有限单元方法居多。数值求解所依据的控制方程有三个，分别为平衡方程、几何方程和本构方程。其中几何方程由式（4-11）所给出；本构方程可以有不同形式，由式（4-55）、式（4-60）、式（4-71）~（4-85）等所给出；平衡方程表示为

$$\frac{\partial \sigma_{ij}}{\partial x_i} + b_i = 0, \tag{4-118}$$

式中，b_i 为体力。平衡方程表示外部作用力与内部应力的平衡。

主要实施步骤包括：

（1）岩石样品的 CT 扫描和图像处理，识别岩石中主要组分，包括孔隙和不同矿物颗粒，确定各组分的三维空间分布状态。

（2）根据图像结构进行离散化。这是无论采用哪种数值方法都需要实施的步骤，对于有限单元方法，就是划分单元网格。

（3）矿物参数赋值及施加边界条件。矿物成分的参数需要作为已知参数输入；同时设定适当的边界条件模拟样品所受约束和加载状态，构建与实验室实验具有可比性的数值实验条件。

（4）模型计算。在以上步骤就绪后，这一步骤完全由计算机实施。

（5）参数提取。有限单元数值模拟提供各节点的位移和单元上应变、应力计算结果，根据这些数据计算得到样品综合的弹性参数值。例如，根据计算模型外边界的平均位移计算微观结构模型的应变，由所有单元的应力平均值求结构模型的应力，根据平均的应力-应变曲线确定弹性模量和屈服应力；根据不同边界的位移和应变结果计算泊松比。

图 4-25 为石灰岩样品的有效弹性参数处理过程的几个环节。

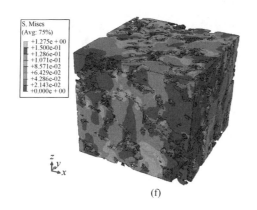

(f)

图 4-25　石灰岩样品弹性参数计算时主要环节图示

（a）原始灰度图中一个 1000 像素×1000 像素的切面；（b）1000 像素×1000 像素切面孔隙和固体分割后二值图；（c）一个 250^3 体积的四面体有限单元网格；（d）在 z 方向加载后的垂向位移分布图；（e）加载后的最大主应变分布图；（f）加载后的米泽斯应力分布图

这其中涉及几个关键问题。

第一，代表性体元大小的问题。利用数字岩石从微观尺度上分析岩石的物理特性，可能因为计算体积太小没有代表性，或者不具备平均意义造成偏差，也可能因为体积太大而带来过多冗余计算。因此一般需要确定一个具有平均意义的体积大小，称为代表性体元（representative volume element，RVE）。确定代表性体元可以有多种不同方案。例如，随机选取不同位置、不同大小体积进行分析，直至获得相接近的计算结果；也可以用力边界条件和位移边界条件分别计算不同大小样品（图 4-26），根据曲线收敛性确定 RVE。

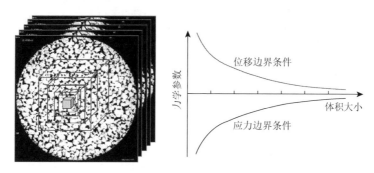

图 4-26　采用不同边界条件计算不同体积模型以确定 RVE 的方案（Liu and Regenauer-Lieb，2021）

第二，网格简化方案。一般岩石微观结构需要体积足够大（如 300^3 体像素以上）才能达到 RVE。如果以每一个体像素对应一个六面体单元，则网格化过程简单快捷，但是往往造成计算数据量过大，如 100^3 体像素的较小体积，单元数量就

达到 10^6 数量级，是极其庞大的计算模型。因此粗化网格以降低计算量是基本需求。单元粗化涉及网格划分方案与实施技术，网格粗化后可能影响模型精度，以及由网格形状不好导致的计算问题。

第三，计算收敛性问题。总体而言，弹性本构的计算只考虑弹性变形范围，计算的收敛性容易满足；但塑性变形阶段的收敛性极易受到复杂结构形态和网格形状的影响。刘洁等（Liu et al.，2016）对相关问题进行过细致的讨论并给出了解决方案或建议。

4.9.2 应用实例

仅讨论与弹塑性本构相关的应用研究。利用微观 CT 提供的数字岩石结构分析岩石弹性和塑性有效参数大致可以分为三大类，具体为单矿物岩石孔隙结构弹性、多矿物岩石弹性和单矿物岩石孔隙结构塑性。

4.9.2.1 单矿物岩石孔隙结构弹性

岩石微观结构与弹性力学参数的研究最早由 Arns 等（2002）完成。他们选取了不同孔隙度的枫丹白露砂岩进行分析，从图像文件中不同部位截取了不同大小体积，并考虑孔隙中为干燥、饱和水和饱和油等条件，分别计算数字岩石结构的有限弹性参数。其中四个 120^3 的典型样品的孔隙结构如图 4-27a 所示；计算获得的一系列不同孔隙度模型的体积模量如图 4-27b 所示，可见体积模量随孔隙度增大几乎线性降低。将他们的计算结果与相关实验测量结果进行了对比，二者具有很好的一致性。也将计算结果与空间平均模型的估算结果进行了比较，计算结果总是处于空间平均的上下界之间。

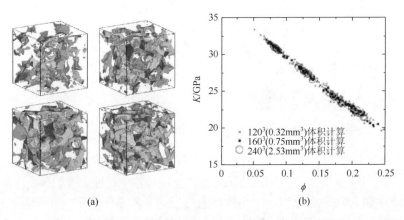

图 4-27 Arns 等（2002）分析的部分样品的孔隙结构（a）和结果统计的孔隙度-体积模量关系（b）

4.9.2.2 多矿物岩石弹性

对于单矿物岩石，如果仅考虑孔隙为干燥的状态，可以只对固体部分进行网格剖分；如果考虑孔隙中包含流体，则需要同时对固体部分和孔隙部分进行网格剖分。多矿物岩石的固体部分包含两种或更多矿物，需要对不同矿物成分进行图像分割后再进行网格剖分操作，不同矿物成分的单元需要采用不同的材料参数。有效弹性参数计算仅需多考虑若干种材料，其他均与单矿物岩石分析相同。

空间平均的上下界估算很好地限制了不同成分的影响，因此根据精细结构计算的有效弹性参数一般不会超出空间平均的上下界范围。对于弹性参数差异不是很大的矿物组成的岩石，不同矿物成分引起的弹性参数差异可能并不大，如图 4-19b 所示的白云石和大理石组成的岩石的空间平均模型几乎完全一致。由于可以预见多矿物岩石弹性参数与单矿物岩石十分接近，相关研究成果并不多。Garboczi 和 Kushch（2015）对如何更好地实施多相结构的有限单元计算进行了分析。

4.9.2.3 单矿物岩石孔隙结构塑性

刘洁等（Liu et al., 2018）对岩石有效塑性变形参数进行了研究，但是仅考虑岩石中孔隙为干燥的状态，因此在网格剖分时只对固体部分划分网格。本构模型选取了与压力相关的 Drucker-Prager 屈服准则（简称 DP 准则）。与压力相关的屈服应力可以用一个屈服应力随压力线性变化的公式描述。

图 4-28 给出了一个砂岩样品微观结构模型在单轴应力和单轴应变两种不同载荷作用（对应不同压力）下等效塑性应变的分布。从图 4-28 中可见孔隙附近弱的连接区塑性变形最强。根据两种载荷作用方式下，模型变形过程中的平均应力和米泽斯应力关系，可以拟合得到该孔隙结构石灰岩的有效屈服应力随压力变化的关系，如图 4-28c 所示。图 4-28c 中拟合直线与纵轴的截距为岩石的内聚力，直线斜率为内摩擦角的正切值。

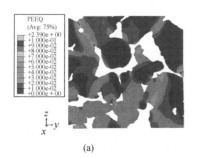

(a)

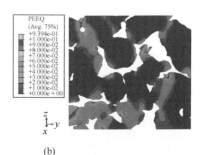

(b)

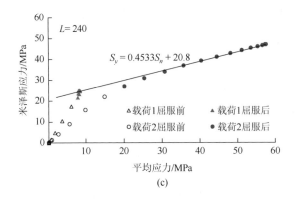

图 4-28　一个砂岩样品塑性变形分析结果（Liu et al.，2018）

（a）单轴应力载荷条件下某一切面的等效塑性应变分布；（b）单轴应变载荷条件下的等效塑性应变分布；（c）由两种载荷条件拟合得到屈服应力与压力关系

进而，通过对岩石结构图像进行操作，即将孔隙与固体之间的边界向孔隙方向移动以减小孔隙度，或者向固体方向移动以增加孔隙度，生成了一系列具有不同孔隙度，但孔隙结构接近的结构模型，如图 4-29a～图 4-29f 所示。对一系列衍生的结构模型进行 DP 塑性变形分析，并拟合其内聚力和内摩擦角，得到内聚力、屈服应力和内摩擦角随孔隙变化的关系，如图 4-29g 所示。

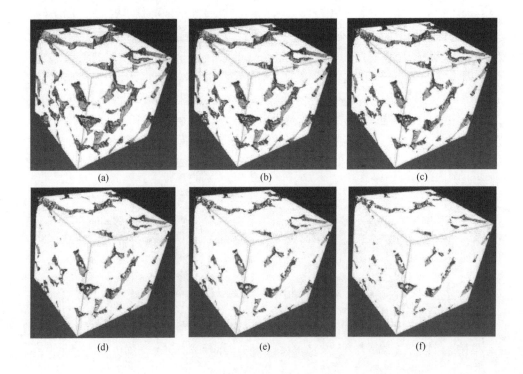

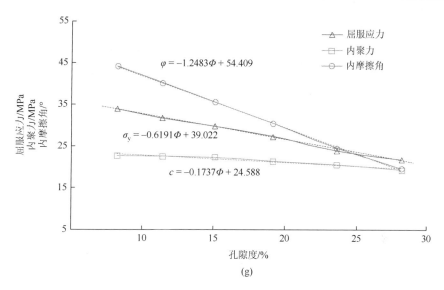

图 4-29　结构相似、孔隙度不同的系列孔隙结构模型 [(a)～(f)] 及据此计算的塑性参数随孔隙度变化关系 (g)（Liu et al.，2018）

思　考　题

1. 给定一点上的位移梯度张量为 $\begin{bmatrix} 0.1 & 0.2 & -0.4 \\ -0.2 & 0.25 & -0.15 \\ -0.4 & 0.3 & 0.3 \end{bmatrix}$，试计算：①应变张量 ε_{ij}；②旋转张量 ω_{ij}；③应变张量的 3 个不变量。

2. 某一点应力张量为 $\sigma_{ij} = \begin{bmatrix} 0 & 0 & 0 \\ 0 & 150 & 50\sqrt{3} \\ 0 & 50\sqrt{3} & 50 \end{bmatrix}$ MPa。求：① $\boldsymbol{n} = \left(\dfrac{1}{2} \quad \dfrac{1}{2} \quad \dfrac{1}{\sqrt{2}} \right)$ 面上的应力分量；②该 $\boldsymbol{n}$ 面上的正应力和剪应力；③应力主轴方向；④主应力大小；⑤三个主偏应力。

3. 以主应力和主应变表示的线弹性各向同性本构关系可以表示为

$$\begin{cases} \sigma_1 = (\lambda + 2G)\varepsilon_1 + \lambda\varepsilon_2 + \lambda\varepsilon_3 \\ \sigma_2 = \lambda\varepsilon_1 + (\lambda + 2G)\varepsilon_2 + \lambda\varepsilon_3 \\ \sigma_3 = \lambda\varepsilon_1 + \lambda\varepsilon_2 + (\lambda + 2G)\varepsilon_3 \end{cases} \text{或} \begin{cases} \varepsilon_1 = \dfrac{1}{E}\sigma_1 - \dfrac{\nu}{E}\sigma_2 - \dfrac{\nu}{E}\sigma_3 \\ \varepsilon_2 = -\dfrac{\nu}{E}\sigma_1 + \dfrac{1}{E}\sigma_2 - \dfrac{\nu}{E}\sigma_3 \\ \varepsilon_3 = -\dfrac{\nu}{E}\sigma_1 - \dfrac{\nu}{E}\sigma_2 + \dfrac{1}{E}\sigma_3 \end{cases}$$，据此推导单轴应力

（$\sigma_1 \neq 0$，$\sigma_2 = \sigma_3 = 0$）时以 λ 和 G 表示的应力-应变关系；并推导以弹性模型 E 和

泊松比 ν 表示的剪切模量 G。

4. 一种花岗岩成分（以体积计算）如下：石英：27.5%；微斜长石：35.4%；黑云母：4.9%；斜长石：31.4%。根据高压实验结果，以上矿物的线压缩系数 β 与围压 p 的关系为：$\beta = a - bp$，其中 a、b 为矿物常数（见下表）。

矿物	$a/\times 10^{-11}\,\mathrm{Pa}^{-1}$	$b/\times 10^{-22}\,\mathrm{Pa}^{-2}$	$p/\times 10^5\,\mathrm{Pa}$	$\beta/\times 10^{-11}\,\mathrm{Pa}^{-1}$
石英	2.68	24	1	8.3
黑云母	2.32	18	500	2.89
微斜长石	1.90	13	5000	1.99
斜长石	1.81	12	9000	1.87

（1）计算在下列围压下该花岗岩压缩系数 β 的罗伊斯平均值和沃伊特平均值：常压、50 MPa、500 MPa、900 MPa（不考虑孔隙作用）。

（2）若该岩石中含有 0.8% 的气体，其热力学性质近似理想气体，那么在常压、50 MPa、500 MPa、900 MPa 高压下，压缩系数的上界与下界分别为多少？

（3）由实验得到该花岗岩的压缩系数 β 的实测值见上面右侧表。试将计算结果与表中数据比较并讨论之。

参 考 文 献

陈惠发，萨里普 A F，2003. 弹性与塑性力学[M]//余天庆，王勋文，刘再华，北京：中国建筑工业出版社.

陈颙，黄庭芳，刘恩儒，2009. 岩石物理学[M]. 合肥：中国科学技术大学出版社.

尹祥础，2011. 固体力学[M]. 北京：地震出版社.

Andra H, Combaret N, Dvorkin J, et al., 2013a. Digital rock physics benchmarks—part I：Imaging and segmentation[J]. Computers & Geosciences，50：25-32.

Andra H, Combaret N, Dvorkin J, et al., 2013b. Digital rock physics benchmarks—part II：Computing effective properties[J]. Computers & Geosciences，50：33-43.

Arns C H, Knackstedt M, Pinczewski V, et al., 2002. Computation of linear elastic properties from microtomographic images：Methodology and agreement between theory and experiment[J]. Geophysics，67（5）：1396-1405.

Garboczi E J, Kushch V I, 2015. Computing elastic moduli on 3-D X-ray computed tomography image stacks[J]. Journal of the Mechanics and Physics of Solids，76：84-97.

Gassmann F，1951. Über die Elastizität poröser Medien[J]. Viertel-jahrsschrift der Naturforschenden Gesellschaft，96：1-23.

Griggs，D，Handin，J，1960. Chapter 13：Observations on fracture and a hypothesis of earthquakes[C]//Griggs，D.，Handin, J. GSA Memoirs：Rock Deformation（A Symposium）. New York：Geological Society of America：347-364. https://doi.org/10.1130/MEM79-p347

Hashin Z，Shtrikman S，1963. A variational approach to the elastic behavior of multiphase minerals[J]. Journal of the Mechanics and Physics of Solids，11（2）：127-140.

Hill R, 1952. The elastic behaviour of a crystalline aggregate[J]. Proceedings of the Physical Society. Section A, 65 (5): 349-354.

Jumikis A R, 1983. Rock mechanics[M]. 2nd ed. Stafa-Zurich: Tran Tech Publications.

Kirby S H, 1983. Rheology of the lithopshere[J]. Reviews of Geophysics, 21 (6): 1458-1487.

Kumazawa M, 1969. The elastic constant of polycrystalline rocks and nonelastic behavior inherent to them[J]. Journal of Geophysical Research, 74 (22): 5311-5320.

Liu J, Pereira G G, Liu Q B, et al., 2016. Computational challenges in the analyses of petrophysics using microtomography and upscaling: A review[J]. Computers & Geosciences, 89: 107-117.

Liu J, Regenauer-Lieb K, 2021. Application of percolation theory to microtomography of rocks[J]. Earth-Science Reviews, 214: 103519.

Liu J, Sarout J, Zhang M, et al., 2018. Computational upscaling of Drucker-Prager plasticity from micro-CT images of synthetic porous rock[J]. Geophysical Journal International, 212 (1): 151-163.

Mavko G, Mukerji T, Dvorkin J, 2009. The rock physics handbook[M]. 2nd ed. Cambridge: Cambridge University Press.

Mindlin R D, 1949. Compliance of elastic bodies in contact[J]. The Journal of Applied Mechanics, 16 (3): 259-268.

Richardson R M, Solomon S, Sleep N H, 1979. Tectonic stress in the plates[J]. Reviews of Geophysics and Space Physics, 17 (5): 981-1019.

Stocker R L, Ashby M F, 1973. On the rheology of the upper mantle[J]. Reviews of Geophysics, 11 (2): 391-426.

Walsh J B, 1965. The effect of cracks on the compressibility of rocks[J]. Geophysical Research, 70 (2): 381-389.

Weertman J, 1970. The creep strength of the Earth's mantle[J]. Reviews of Geophysics, 8 (1): 145-168.

第 5 章 岩石的破裂和摩擦

第 4 章介绍了不同状态下岩石表现出来的应力-应变（率）关系，没有涉及岩石的失稳和破坏。本章介绍岩石发生破裂的条件和破裂之后裂缝两侧的摩擦滑动问题。岩石的破裂指岩石内部或表面发生裂解或断开，形成裂隙空间。破裂既是一个过程，也是一种状态。当破裂表示状态时，与之相近的有裂缝、裂纹以及断裂、断层等，虽然前两个名词多用于小尺度破裂，而后两个多用于大尺度情形，但是大和小是相对的概念，因此某些情况下可以互换使用。

岩石中总是存在大量不同尺度的破裂（或裂缝）。大尺度的裂缝对应不同尺度的断层，与地壳演化和地震有关；断裂性质的研究是地震动力学研究的主要内容；滑坡等地质灾害也是由于断裂面的滑动。中等尺度裂纹对应岩石中的各种节理、劈理等，它们影响甚至决定岩体的强度，与地质工程稳定性分析密切相关。微小裂纹可以单独或和孔洞共同影响岩石的输运特性，对资源开采具有重要意义。同时，小尺度的裂缝可以逐步扩展、连通并发展成为大尺度裂缝。岩石中的裂缝生成及其造成的影响在地球科学研究中占据重要地位。

5.1 破裂类型及过程

5.1.1 岩石破坏的类型

岩石的破坏可以在不同条件下以不同形式发生。

首先，破裂根据永久变形的大小分为脆性破裂（brittle fracture）和蠕变损伤（creep damage）。脆性破裂，就是岩石受力发生变形，当应力达到其强度极限时，岩石发生破裂且破裂前没有或者很少发生永久变形，这个破裂过程往往很快。永久变形"很小"的阈值一般定义为小于 1%，某些情况下也可以放宽到 3%。当破裂前发生的永久变形超过这个限度时，就不应归属脆性破裂，而应划归蠕变损伤。蠕变损伤指岩石在应力持续作用下先发生非破裂型永久变形，随后因颗粒滑动而在颗粒边缘形成极微小的孔隙和裂隙，随着变形增强，微小孔隙-裂隙扩展、增大并逐步连通，最后形成宏观裂缝。蠕变损伤一般发展较为缓慢。本书主要讨论脆性破裂。

其次，从实验观测的破裂与作用力关系看，岩石破裂主要分为张性破裂和剪切破裂。张性破裂（简称张破裂）的破裂运动与破裂面延伸方向垂直，且破裂面走向与最小主压应力（压性最小或张性最强的主应力）轴基本垂直；剪切破裂（简称剪破裂）的破裂运动与破裂面平行，且破裂面延伸方向与最大主压应力轴呈锐角。常见于单轴和三轴压缩实验中，如图 5-1 所示。

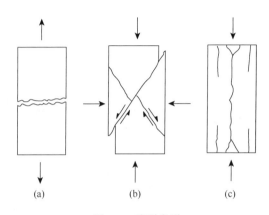

图 5-1 破裂类型

（a）单轴拉伸引起的张破裂；（b）三轴压缩条件下的剪破裂；（c）单轴压缩条件下的张破裂

在自然界和实验室中可以观测到的张破裂和剪破裂有很多。例如，①背斜褶皱的外层由于地层弯曲而出现被动拉张，形成张裂缝（图 5-2a），张裂缝的发育在后期剥蚀作用下，容易形成低洼地形，在地貌中称为"背斜谷"，而地下未被剥蚀成谷地的背斜往往形成良好的油气储集空间；②无围压条件下压缩实验形成的张裂缝（图 5-2b）；③岩石中大量可见的剪切裂缝常呈共轭状（图 5-2c）；④有围压条件下单条或共轭状的剪切裂缝（图 5-2d）。一般张裂缝的裂缝面不平直，甚至呈之字形或锯口状；而剪切裂缝较平直，并且由于破裂面发生相对滑动而具有擦痕。

图 5-2 野外和实验室常见的张破裂和剪破裂形态

以上介绍的破坏方式为初始完整的岩石受力后形成的新的断面，即以破裂方式发生的破坏。岩石中还存在另一种脆性破坏形式，称为压实带（compaction band），一般发生于孔隙度较大的岩石中，在野外和实验室样品中均可观察到典型的压实带（图5-3）。与破裂的形成过程不同，压实带是原有孔隙的闭合；压实带也形成面状构造，且压实带的形成常有助于剪切带的发育。无论是自然界还是实验室，压缩破坏现象出现的概率总体较拉张破坏和剪切破坏小。下文仅分析张破裂和剪破裂。

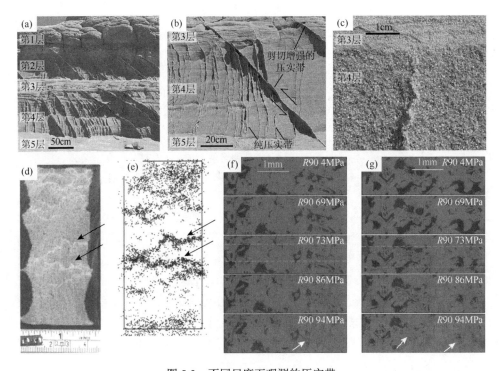

图5-3 不同尺度下观测的压实带

（a）~（c）美国犹他州野外观测的呈面状凸起的不同尺度压实带（Chaboche，1988a；Schultz et al.，2010）；（d）~（e）常规实验样品呈现的压实带外观照片及声发射记录（Fortin et al.，2006）；（f）~（g）动态微观CT观测的压实带形成过程（Huang et al.，2019）

5.1.2 岩石破裂过程及观测

尽管热的因素也可以引起裂缝发育，但从完整岩石到裂缝型岩石，外力的作用影响更常见且更具有多样性。第4章已经介绍，应力球张量只能使材料发生体积变化，而偏应力张量造成材料形状变化。因此，如果岩石受到各个方向相同力的作用，只会发生体积的膨胀或者压缩；只有当三个方向应力值不同，即存在差应力时，岩石才发生形态的改变。当形态改变足够大时，破裂就可能逐步形成。

5.1.2.1 扩容现象

每一个岩石力学实验均记录应力-应变曲线。如图 4-10 所示，曲线在不同条件下具有不同形态。实际上，选取不同应力、应变量值进行分析，曲线形态也有差异。研究人员发现与体应变相关的曲线中存在一个普遍的现象：圆柱状岩石样品在受到三轴压缩，且轴压明显大于围压作用时，样品会出现体积增加的现象，如图 5-4 所示。图 5-4a 上图为差应力-轴应变关系曲线，其特征与典型应力-应变关系（图 4-9）基本一致；图 5-4a 下图为体应变-轴应变关系，显示实验的初始阶段，随着轴向压缩变形增大，显示压缩过程中体积减小，但随后出现了体应变降低（对应样品体积相对膨胀）的情形，并进一步发展至体应变为负值（样品体积的绝对增加）。图 5-4b 为差应力-体应变关系曲线，显示初始阶段差应力和体应变呈线性同步增加，但增加一定程度后直线发生弯曲，偏离原有线性趋势，表示继续压缩时体积的缩小幅度小于原有趋势，也可以理解为体积的相对增加。这种现象在岩石中极普遍，而且混凝土材料也存在类似现象。这一现象用第 4 章所学的本构关系是难以解释的。

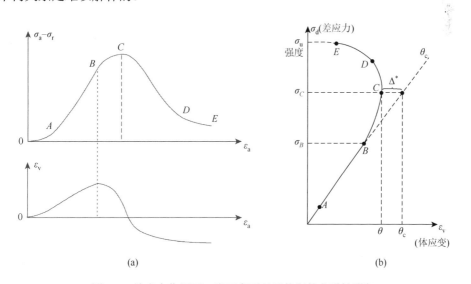

图 5-4 差应力作用下，岩石变形显示体积的非弹性增加

这种在差应力作用下岩石变形时体积的非弹性增加称为岩石的膨胀（dilatancy），为了和均匀的（热）膨胀效应区别，中文也称为扩容。扩容定义为

扣除弹性体应变之后的体应变量，对应图 5-4b 为

$$\Delta^* = \theta_c - \theta 。 \tag{5-1}$$

扩容开始出现的差应力通常是岩石强度（即岩石所能承受的最大应力）的 1/3～2/3。

　　扩容现象解释为由岩石内部的微破裂所引起。图 5-5 显示了岩石变形过程及扩容机制。图 5-5a 为岩石原始结构，其中包含天然孔隙，呈张开状态；图 5-5b 为岩石受力的初始阶段，裂缝发生闭合，这一阶段对应岩石体积缩小；图 5-5c 显示随着样品中应力增加，在原有裂缝基础上扩展形成新的裂缝；图 5-5d 有效应力持续增加，裂缝进一步增加、扩展；图 5-5e 中裂缝贯通，形成一个可以相对滑动的剪切面，即岩石发生整体破裂，此时对应的有效应力明显降低。从图 5-5c 起，裂缝的形成和扩展对应体积的增加，即引起扩容。

　　如图 5-5 所示，岩石在发生宏观破裂之前，扩容在岩石内部不是均匀发生的，而是集中在微裂缝部位。这个特点和扩容现象本身一样，是几乎所有脆性材料的共同特征，称为扩容的局部化现象。扩容是破裂发生前的一个可观测的物理过程，通过研究岩石的扩容现象，可以理解破裂发生的条件和各种相关现象，寻找破裂前兆。这对工程稳定性问题和地震预报等具有重要意义。因此，观测岩石中微裂纹的形成和发展过程以获得规律性的认识，一直是学术界和工程界致力研究的内容。

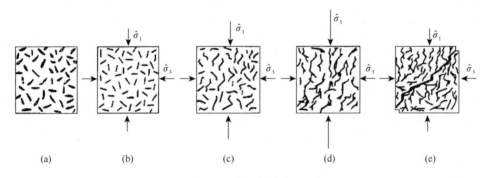

图 5-5　岩石扩容与微裂缝形成发展

5.1.2.2　白光反射与电子显微镜观测

　　早期对于岩石破裂的观测条件有限，学者们对实验室压裂后的样品进行切割后再进行二维观测。在电子显微镜大规模应用之前，白光反射测量被用于观测一些岩石的破裂过程。其依据在于，某些岩石，如辉长岩，受差应力作用后的光片反射率逐渐升高，观测效果为颜色变白，而未经受差应力作用的辉长岩则发黑；同时通过显微镜观测发现，裂纹密度与反射率正相关。因此，可以建立反射率和裂纹密度的关系，通过反射率测量估算裂缝的发育程度，如图 5-6 所示。

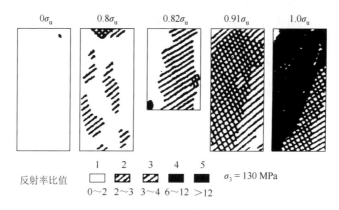

图 5-6　裂缝密度随差应力的变化及对应的反射率（陈颙等，2009）

电子显微镜技术使得变形后岩石的二维观测变得准确、清晰。图 5-7 为黄庭芳等对花岗岩受力变形不同阶段样品切片的观测，显示微裂缝经历了初始（initiation）、扩展（propagation）和合并（coalescence）三个阶段。裂缝密度逐步升高和前文白光反射测量结论一致。

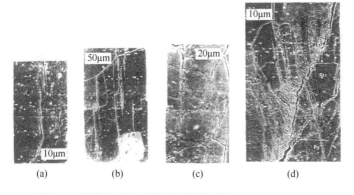

图 5-7　花岗岩不同受力阶段的截面图（Wong，1982）

尽管从图 5-6 和图 5-7 中可以看到裂缝发育形成的不同阶段特征，但是这两种观测方法都需要在不同阶段中断实验、对不同破坏阶段的样品进行观测。虽然可以选用原始状态可能很接近的样品分别进行不同程度外力作用的对比。但是显然裂缝在同一样品中的逐步发育过程是完全无法观测的。

5.1.2.3　声发射技术的应用

岩石受力后内部产生的微破裂可以引发弹性波，称为声发射（acoustic

emission，AE）。利用声发射设备接收这些弹性波，根据反演理论计算出弹性波的源点，意味着可以根据声发射信号确定微破裂在样品中的具体位置，从而用于探测岩石内部微裂纹的形成与扩展（方法详见 8.6.3 小节）。

岩石实验过程中声发射显示的总体规律为，初始阶段差应力很小时，声发射较多，对应裂纹的闭合；随后弹性变形阶段声发射较少；逐步增大轴向压力，当差应力达到岩石强度的 1/3~2/3 时，声发射急剧增多，对应新裂纹的产生和裂纹扩展。

图 5-8 显示 Lockner 等（1992）对韦斯特利花岗岩（Westerly granite，一种分布广泛、结构稳定、常用于科学实验的石材）样品进行三轴实验时的应力-应变曲线和不同时间段三个正交视角的声发射投影图像。图 5-8b 中 Ⅰ～Ⅶ 分别对应应力-应变曲线上不同阶段。声发射分布显示，在应力-应变曲线从加载开始到应力峰值之间（标为Ⅰ），声发射均匀地分布于样品中段，无定向性；到达强度峰值后瞬间（标为Ⅱ），声发射源在样品中部边缘形成一条高角度裂缝；应力明显下降的第一阶段（标为Ⅲ），声发射较前一阶段向样品内部和上部扩展；随后的三个应力下降阶段（标为Ⅳ、Ⅴ、Ⅵ），声发射进一步向裂缝两端发展并向样品内部发展；最后阶段（标为Ⅶ）显示声发射不再为线性，而是大范围出现在样品中，对应岩石的整体破坏和垮塌。

图 5-8 清晰地显示声发射记录对应岩石内部破裂发展，声发射帮助人们间接地"观测"岩石内部的破裂变形过程。不过，对于一般实验室厘米尺度的样品，声发射的定位精度大约在毫米尺度。在没有配合岩石内部原始结构观测的前提下，仅凭声发射记录无法分析岩石原始结构与破坏发生及扩展的关系。即使在实验前对样品进行 CT 扫描，声发射的精度也难以匹配岩石内部矿物颗粒和孔隙识别所需的精度。因此，声发射技术难以应用于分析岩石内部结构对其破坏特征的影响。

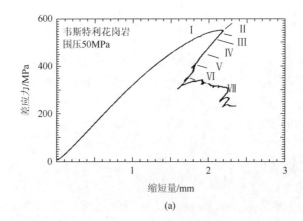

(a)

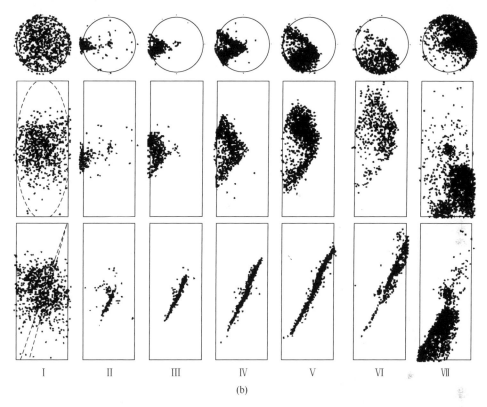

图 5-8　花岗岩岩石力学实验的声发射记录（Lockner et al.，1992）
（a）应力-应变曲线；（b）不同阶段声发射分布图

5.1.2.4　动态微观 CT

分析岩石破裂与内部微观结构关系，可能的途径就是在进行岩石实验的同时进行 CT 扫描，但这并不容易实现。前面章节已介绍，CT 技术的基础是需要 X 射线穿透样品后探测器上获得图像。岩石物理实验，特别是三轴实验中，样品的周围具有围限设备和介质，这势必造成 X 射线难以穿透样品（需要异常高的 X 射线能量，且图像重建困难）。另一个显而易见的问题是三轴设备高大、笨重，很难与 CT 扫描设备联合使用。不过，这一实验设备的瓶颈现在已经获得突破。

第 2 章所介绍的 HADES 设备（图 2-19）实现了三轴实验和微观 CT 观测的同步实施。HADES 需要高于 60 keV 的光通量才能确保探测器上获得 X 射线的衰减图像。因此目前只有国际上能量最高的三个同步辐射光源可以安装使用。在欧洲同步辐射光源安装的 HADES 设备只需 3 min 即可完成一次扫描，多达 70 个加载-扫描步的工作也可以在 7~8 h 内完成。

借助 HADES 设备可观测到岩石受力破坏的过程及其与微观结构的关系。图 5-9 显示一个高孔隙度的莱塔灰岩样品中孔隙随轴向加载的变化，其中可见微小孔隙、裂隙的增加，并且在某些加载步新增的微小裂隙分布与典型剪切带一致。图 5-10 给出了两个埃特纳（Etna）火山玄武岩样品在不同加载条件下裂缝发育的部分观测结果。依据这些观测资料，可以对岩石受力破坏的过程及其与微观结构的关系进行深入研究。

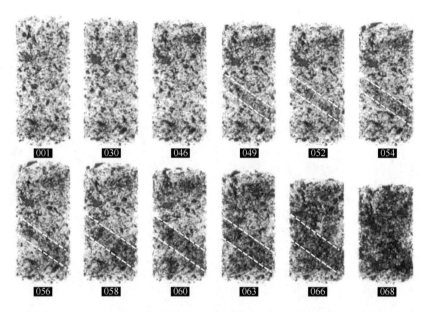

图 5-9 莱塔灰岩动态 CT 扫描图像中 12 个时间步的裂隙形小团簇三维分布（黄宛莹等，2020）

虚线所围区间指示剪切带

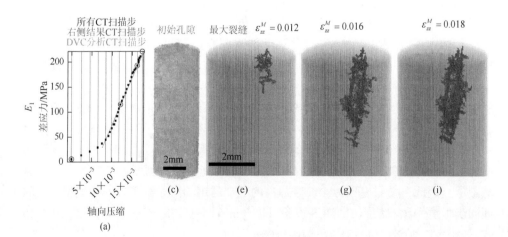

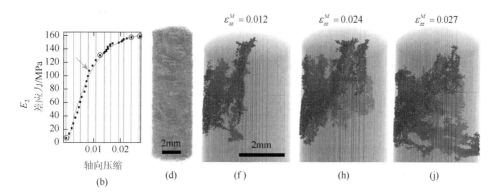

图 5-10　两个埃特纳火山玄武岩的三轴实验同步 CT 扫描观测结果（McBeck et al.，2019）
（后附彩图）

（a）、（b）为加载条件，（c）、（d）为样品体渲染图，（e）～（j）依次为样品压缩过程中三个步骤的
最大裂缝的形态

5.2　岩石破裂的力学分析

观察到岩石发生破裂现象之后，人们不禁想知道什么条件下会发生破裂。回答这个问题，需要建立应力和破裂之间的函数关系。假定岩石破裂时所处应力状态为 $(\sigma_1, \sigma_2, \sigma_3)$，把 σ_1、σ_2、σ_3 之间的关系 $\sigma_1 = f(\sigma_2, \sigma_3)$ 称为破裂准则，即破坏发生的条件。这时的 σ_1 也称为在 σ_2、σ_3 给定条件下的强度。这样的表达比较抽象，具体的表达需要分别讨论。

5.2.1　库仑准则

最常用的破裂准则为库仑准则。针对压缩应力状态，库仑提出的破裂准则为
$$|\tau| = S_0 + \mu\sigma, \tag{5-2}$$
表示剪应力 τ 达到一定程度时破裂发生。式中，S_0 为内聚力（cohesion），也称聚合强度；$\mu = \tan\varphi$，为内摩擦系数，φ 为内摩擦角；$\mu\sigma$ 为摩擦力。该准则表示当剪切力达到内聚力与摩擦力之和时，岩石发生剪切破裂。

根据第 4 章知识，可知在不同方位上剪应力值是不同的，剪应力最大值出现在与主应力成 45°角的方位，那么是否最容易在 45°方向破裂呢？下文以二维平面进行分析。4.2.7 小节给出了与水平轴夹角为 θ 的截面上的正应力和剪应力表达，见式（4-53）和式（4-54）。现在考虑一个受力体（图 5-11）受两个压性主应力作用且垂向为最大压性主应力，图中斜线 AB 法线方向与 y 轴的夹角为 θ（和图 4-8c 的 θ 角相同），AB 面上库仑准则的表达式为

$$|\tau| - \mu\sigma = \left| -\frac{1}{2}(\sigma_1 - \sigma_2)\sin 2\theta \right| - \mu\left[\frac{1}{2}(\sigma_1 + \sigma_2) + \frac{1}{2}(\sigma_1 - \sigma_2)\cos 2\theta \right]$$
$$= \frac{1}{2}(\sigma_1 - \sigma_2)(\sin 2\theta - \mu\cos 2\theta) - \frac{\mu}{2}(\sigma_1 + \sigma_2), \quad (5\text{-}3)$$

在 σ_1 和 σ_2 确定的条件下，式（5-3）为一个关于 θ 角变化的函数。该函数取得极值的条件为

$$\frac{\partial(|\tau| - \mu\sigma)}{\partial \theta} = 0,$$

经运算可得达到极值的 θ 角满足

$$\tan 2\theta = -\frac{1}{\mu}, \quad (5\text{-}4)$$

对应的极值为

$$(|\tau| - \mu\sigma)_{\max} = \frac{1}{2}(\sigma_1 - \sigma_2)(\mu^2 + 1)^{1/2} - \frac{\mu}{2}(\sigma_1 + \sigma_2)。 \quad (5\text{-}5)$$

上述关系表明，当 $(|\tau| - \mu\sigma)_{\max} \geqslant S_0$ 时，岩石在 $\tan 2\theta = -\dfrac{1}{\mu}$ 的面上发生剪切破裂；如果 $(|\tau| - \mu\sigma)_{\max} < S_0$，则不发生破裂。

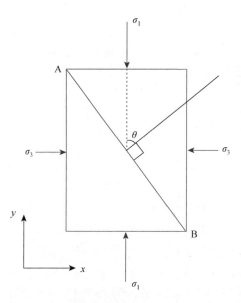

图 5-11　剪切破裂方位与主应力关系

库仑准则与应力莫尔圆相结合可以简单、直观地理解破裂发生的条件。如图 5-12 所示，以 S_0 为截距、以 φ 为倾角的斜线对应式（5-2）表示的库仑破裂线，

如果应力莫尔圆与破裂线相切甚至相交，表示应力条件满足破裂条件，破裂将沿与 σ_1 夹角为 θ 的截面发生。

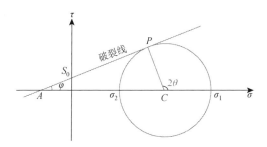

图 5-12　库仑破裂线与应力莫尔圆

根据图 5-12 可知：

$$2\theta + \left(\frac{\pi}{2} - \varphi\right) = \pi, \tag{5-6}$$

其中 $\left(\dfrac{\pi}{2} - \varphi\right)$ 对应 $\angle PCA$，因此有

$$\theta = \frac{\pi}{4} + \frac{\varphi}{2}. \tag{5-7}$$

如果岩石的内摩擦角 φ 为 0°，则发生破裂的面与 σ_1 和 σ_2 均成 45°角。对于自然界的岩石，内摩擦角一般不为 0°，因此破裂面的法线方向与 σ_1 的夹角总是大于 45°，而破裂面本身与 σ_1 的夹角则小于 45°，如图 5-11 中的斜线 AB。图 5-11 中斜线 AB 关于 σ_1 对称位置上的应力状态与 AB 相同，理论上可以同时发生破裂，形成所谓的共轭裂缝。共轭裂缝之间的夹角是两个小于 45°角的角度之和，因此小于 90°。在野外观察到共轭裂缝时，判定锐角平分线方向为最大主压应力方向，就是基于上述分析。

式（5-2）是用剪应力和正应力表示的库仑准则。以式（5-5）右侧等于 S_0 可以方便地推导出用主应力表示的库仑准则

$$\sigma_1 = C_0 + q\sigma_2, \tag{5-8}$$

其中，

$$C_0 = 2S_0\left[(\mu^2+1)^{\frac{1}{2}} + \mu\right], \quad q = \left[(\mu^2+1)^{\frac{1}{2}} + \mu\right]^2 \tag{5-9}$$

式中，C_0 也称单轴抗压强度。式（5-8）在 σ_1-σ_2 平面上同样也表示为一条直线，其截距为 C_0，斜率为 q。式（5-8）也意味着，如果 σ_2 增大，则发生破裂的 σ_1 需增加 $q\sigma_2$。

表 5-1 给出了不同内摩擦角（φ）、内摩擦系数（μ）和方位角（θ）之间的对应关系。实验测量表明，多数岩石的 $\mu = 0.6 \sim 1.0$，对应的 θ 为 $60° \sim 67.5°$。从表 5-1 中可见 q 值均大于 1，多数岩石的 $q = 3.3 \sim 5.8$，表示若 σ_2 增加 1 MPa，则发生破裂的 σ_1 需要增加 $3.3 \sim 5.8$ MPa。据此，也可以通过增加 σ_2 的方式来保证受力体的稳定性。

表 5-1 内摩擦角、内摩擦系数和方位角之间对应关系

μ	φ /°	θ /°	q
0	0	45	1
0.3	17	53.5	1.8
0.6	30	60	3.3
1.0	45	67.5	5.8
1.7	60	75	14
∞	90	90	∞

5.2.2 其他破裂准则

库仑准则在地学中的应用范围十分广泛，但不适用于拉张应力条件。当应力状态为拉伸时，破裂准则非常简单，表示为

$$\sigma_t = T_0, \tag{5-10}$$

式中，T_0 为抗拉强度。这意味着只要拉张应力达到抗张强度，岩石就会发生张破裂。

前人还建立了其他破裂准则。以下简单介绍莫尔准则、格里菲斯准则和默雷尔准则。

莫尔准则是库仑准则的推广。莫尔提出，当一个面上的剪应力 τ 与正应力 σ 满足某种函数关系时，沿该面会发生破裂，该函数关系 f 的形式与岩石种类有关。这是一个概化的破裂准则，公式表示为

$$\tau = f(\sigma)。 \tag{5-11}$$

库仑准则在 $|\tau|-\sigma$ 平面上为一条直线，而莫尔准则表示为一条曲线，如图 5-13 所示，应力状态在曲线 AB 的下方表示不会发生破裂。

曲线 AB 的确定主要根据在各种条件下进行岩石实验获得的数据。对于单次实验，画出破裂发生时的应力莫尔圆（图 5-13a），这时中等主应力 σ_2 的大小对破裂发生条件及破裂面方位没有影响，破裂方位角与库仑准则定义的相同，P 点与大莫尔圆相切。如图 5-13b 所示，由一系列莫尔圆的包络线得到该类岩石的破裂曲线 AB，因此曲线 AB 也称为莫尔包络线。显示随着正应力增加，莫尔包络线向

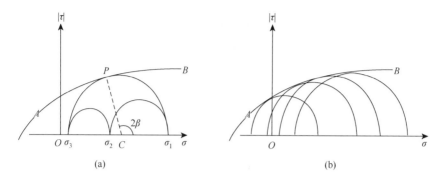

图 5-13 莫尔准则图示

下弯曲，表示随着平均应力 $\frac{\sigma_1+\sigma_3}{2}$ 增加，破裂面与 σ_1 的夹角逐渐增加。这与大量的实验数据相吻合。

格里菲斯基于断裂力学分析，尝试将张破裂准则与剪破裂准则统一起来，给出的破裂准则表示为

$$\text{当}\,\sigma_1+3\sigma_3>0\,\text{时}，\ (\sigma_1-\sigma_3)^2=8T_0(\sigma_1+\sigma_3)，$$
$$\text{当}\,\sigma_1+3\sigma_3\leqslant 0\,\text{时}，\ \sigma_3=T_0。 \tag{5-12}$$

默雷尔（Murrell，1965）给出的破裂准则是根据砂岩的实验数据给出的经验公式，表示为

$$\tau=\lambda\sigma^n， \tag{5-13}$$

式中，$\lambda=41.8\pm0.5$；$n=0.607\pm0.01$。该函数关系在 $|\tau|$-σ 平面上也是一条向下弯的曲线，某种程度上可以理解为类似莫尔准则的拟合函数。和莫尔准则一样，当正应力很大时，默雷尔准则的破裂面与最大主压应力轴的夹角趋于 45°。

5.2.3 圆孔应力集中及应用

对于一个二维均质体，如果其受如图 5-11 所示两个方向外部边界条件的作用，在破裂发生前，其内部的应力分布理论上也是均匀的。对于非均质体，无论是几何结构（如孔隙）还是内部不同材料的分布，都将造成应力场的差异并形成局部应力集中。应力集中指应力某个分量或综合量的绝对值较周围区域高，一般表现为应力等值线的局部密集分布。应力集中往往引起岩石破坏。

弹性力学中给出了无限大平板内部存在一个圆孔时，周围应力集中的表达式。如图 5-14a 所示，一个足够大的区间内存在一个半径为 a 的圆孔，假设左右两侧

施加对称的拉张作用力 σ。圆孔附近应力随其与 x 轴的夹角 θ 和距圆心的距离 r 而变化，其径向正应力 σ_r、切向应力 σ_θ 和剪应力分量 $\tau_{r\theta}$ 分别为

$$\begin{aligned}\sigma_r &= \frac{\sigma}{2}\left[1-\frac{a^2}{r^2}+\left(1-\frac{a^2}{r^2}\right)\left(1-\frac{3a^2}{r^2}\right)\cos 2\theta\right],\\ \sigma_\theta &= \frac{\sigma}{2}\left[1+\frac{a^2}{r^2}-\left(1+\frac{3a^4}{r^4}\right)\cos 2\theta\right],\\ \tau_{r\theta} &= \frac{\sigma}{2}\left[\left(1-\frac{a^2}{r^2}\right)\left(1+\frac{3a^2}{r^2}\right)\sin 2\theta\right]。\end{aligned} \quad (5\text{-}14)$$

其中，切向应力 σ_θ 的集中最明显，下文仅讨论切向应力。在圆孔壁上（$r=a$）、其与 x 轴的夹角 θ 为 90°和 270°时（图 5-14b 中所标 A 点位置），σ_θ 的值是远场边界应力的 3 倍。但是，随着半径 r 的增大，这一应力集中很快衰减，大约在 1.5 倍半径之后，应力集中效应就基本消除，见图 5-14a 中围限阴影部分的曲线。注意在应力集中最强烈的（$\theta=90°$ 和 270°）位置上，应力的张压性质没有改变，但是在与加载方向相同的（$\theta=0°$ 和 180°）圆孔壁上，切向应力的张压性质发生了改变。

在此基础上可以进行扩展分析。以下分别讨论椭圆孔和双向应力情况。

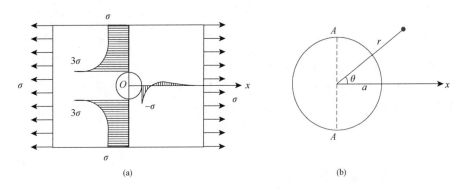

图 5-14 圆孔应力集中受力及切向应力分布图（a）与变量关系图（b）

对于一个椭圆形孔，如果远场应力施加在与长轴垂直的方向上（图 5-15），那么其长轴端部的切向应力大致为

$$\sigma_A = \sigma(1+2c/b)， \quad (5\text{-}15)$$

式中，b 和 c 分别为椭圆的短轴和长轴。显然，如果 b 和 c 相等，椭圆退化为圆孔，式（5-15）的结果与式（5-14）的切向应力结果一致；如果 $c>b$，端部的应力就明显超过 3 倍远场作用应力；如果 $c \gg b$，椭圆近似为裂缝，则外部作用力很

小即可造成端部极高的应力集中，引发破裂，并且应力集中随着裂纹的扩展而增加，引起动态失稳。

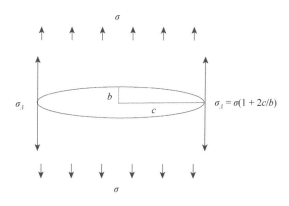

图 5-15　椭圆形孔引起的端部应力集中

地球内部一般为受挤压应力状态。对于单向挤压，式（5-14）同样适用。而对于双向挤压，如图 5-16 所示，$\sigma_1 > \sigma_2$，相同位置径向正应力、切向应力和剪应力的表达式分别为

$$\begin{aligned}\sigma_r &= \frac{1}{2}(\sigma_1+\sigma_2)\left[1-\frac{a^2}{r^2}\right]+\frac{1}{2}(\sigma_1-\sigma_2)\left[1-\frac{4a^2}{r^2}+\frac{3a^4}{r^4}\right]\cos 2\theta, \\ \sigma_\theta &= \frac{1}{2}(\sigma_1+\sigma_2)\left[1+\frac{a^2}{r^2}\right]-\frac{1}{2}(\sigma_1-\sigma_2)\left[\left(1+\frac{3a^4}{r^4}\right)\cos 2\theta\right], \\ \tau_{r\theta} &= \frac{1}{2}(\sigma_1-\sigma_2)\left[\left(1+\frac{2a^2}{r^2}-\frac{3a^4}{r^4}\right)\sin 2\theta\right],\end{aligned} \quad (5\text{-}16)$$

在 $\theta = 90°$ 和 $270°$ 位置上，有 $\sigma_\theta = 3\sigma_1 - \sigma_2$。显然，相比于单向挤压，双向挤压的作用力削弱了应力集中强度。

对于脆性材料，若在完整结构中钻出一个圆形孔，无论结构边界受单向还是双向应力作用，都有可能因为圆孔边缘应力集中而超出抗张强度或抗剪强度范围从而出现破裂。应力集中出现在与最大应力绝对值成 90°角的方向上，破裂也出现在该位置，如图 5-14 所示的单向拉伸作用会使得 AA 位置张应力集中，张应力超过抗张强度时发生破裂；而如图 5-16 所示的双向挤压作用会使得图中圆孔 90°和 270°方向压应力集中，该位置 y 方向的被动拉张或者某一方向剪应力超过抗剪强度时，均可发生破坏。这种圆孔应力集中导致的破坏位置与主应力方向具有强相关性，因此可以由观测到的圆孔的破坏反推外部作用力的方向。

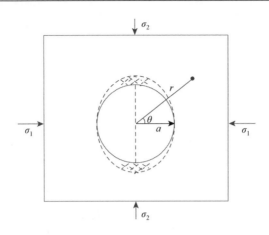

图 5-16　圆孔双向受力及椭圆形井孔示意图

5.2.4　断裂力学概念

材料承受的应力超过强度之后发生断裂（或流动），都必然对应原子键的破裂，因此，固体的理论强度值应该是断开跨晶面上原子键所需要的应力。根据分析，从原子键的破裂角度估算的玻璃理论强度值是 5~10 GPa，这比实际的玻璃强度值高大约两个数量级，其他材料也有类似现象。造成这一差异的原因被认为是，几乎所有材料都有缺陷，包括裂纹（面状缺陷）和位错（线状缺陷），缺陷的存在使得实际材料的强度远低于理论值。这时，如何将缺陷与材料变形和破坏联系起来就成为分析问题的关键。

格里菲斯（Griffith，1920）的研究给出了外部受力与先存微裂纹周围应力场特征及裂纹扩展的规律，奠定了断裂力学的基础。格里菲斯所假设的模型如图 5-17 所示，弹性体 E 中包含一条长度为 $2c$ 的先存裂纹 S_c，在 E 的外边界 L 上受载荷

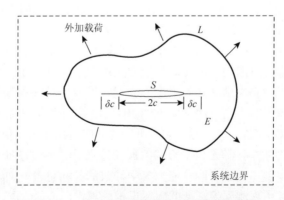

图 5-17　格里菲斯假设的静态平面裂纹系统

作用。根据可逆的热力学过程分析,系统的总自由能最小时,裂纹处于平衡状态。系统的总能量包括三部分:①外载荷做的功 W_L;②弹性体中储存的应变能 U_E;③裂纹扩展产生的表面能 U_S,表示为

$$U = (-W_L + U_E) + U_S, \quad (5-17)$$

其中,等号右端括号中的项称为系统的机械能,表示加载系统和弹性介质共同把力传到裂纹区域。

格里菲斯的分析基于能量平衡概念。在如图 5-17 所示的系统中,原始长度为 $2c$ 的裂缝向两端分别扩展 δc,裂缝表面能的增加对应机械能的减小,系统才能保证热力学平衡;换言之,机械能帮助克服裂缝端部分子之间引力并形成新的破裂,而表面能阻碍裂缝的扩展。能量的平衡可以由式(5-17)对裂缝长度的导数 $\dfrac{\mathrm{d}U}{\mathrm{d}c}=0$ 表示,如果其中对机械能部分的导数(表示机械能释放率)和对表面能的导数(表示裂纹扩展阻力)符号相反、绝对值相等,则裂纹具备了扩展的条件。

Irwin 等(1958)在格里菲斯能量平衡概念基础上,建立了线弹性断裂力学基础。大量实验证明,材料中裂纹越长,应力集中越大,则裂纹失稳扩展的外加应力 σ_c 越小,即 $\sigma_c \propto \dfrac{1}{\sqrt{c}}$;同时,破裂应力也和裂纹形状(即加载方式)有关,即 $\sigma_c \propto \dfrac{1}{\sqrt{c \cdot Y}}$,其中 Y 表示裂纹形状和加载方式。从而有:

$$K_c = \sigma_c \cdot \sqrt{c} \cdot Y \quad (5-18)$$

式中,K_c 为断裂韧性(fracture toughness),为常数,是只与材料本身性质相关的参数。K_c 值越高,材料阻止裂纹扩展的能力越强,裂纹越难扩展。

断裂力学将裂纹区分为三种类型(图 5-18):Ⅰ型为张开缝,裂纹面上质点位移与裂纹面垂直;Ⅱ型为滑开缝,裂纹面上质点位移平行于裂纹面,且与裂纹走向垂直;Ⅲ型为撕开缝,裂纹面上质点位移平行于裂纹面,且与裂纹走向平行。断裂力学主要讨论Ⅰ型裂缝,岩石的破裂主要为Ⅱ型或Ⅲ型,属于剪切缝。

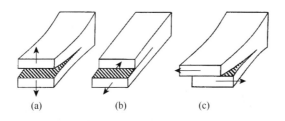

图 5-18 裂纹的三种类型
(a)Ⅰ型;(b)Ⅱ型;(c)Ⅲ型

在分析裂纹扩展时，取如图 5-19 所示坐标系。裂纹尖端前方与裂纹走向呈 θ 角、距离 r 处的应力表达式一般为

$$\sigma_{ij} = \frac{K_J}{\sqrt{2\pi r}} \cdot f_{ij}(\theta) , \qquad (5\text{-}19)$$

其中

$$K_J = Y \cdot \sigma \cdot \sqrt{c} , \qquad (5\text{-}20)$$

式中，J 对应 I、II、III 型裂纹。式（5-20）与式（5-18）的表达形式相似，但仅表示当前裂缝形状、长度和受力状态，K_J 为应力强度因子（stress intensity factor）；Y 是表示裂缝形状和加载方式的量，如无限体中心贯穿裂纹有 $Y = \sqrt{\pi}$；$f_{ij}(\theta)$ 是 θ 的方向性函数，与裂纹类型有关。式（5-20）表明，随着外力 σ 的增大，K_J 不断增加，当大到足以使材料破坏时，裂纹失稳扩展，则该 K_J 值称为临界应力强度因子，记为 K_{Jc}，就是材料的断裂韧性，但这里对应了具体裂纹类型。

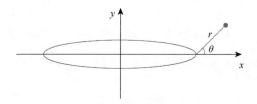

图 5-19　裂纹尖端坐标系

在此基础上，断裂力学可以分析不同类型裂缝扩展条件、扩展方向和速率及其引起的应力场变化，其中对岩石剪切断裂的分析，也构成了岩石滑动摩擦研究的基础。由于涉及概念较多，相关理论推导较复杂，本书不介绍这些深入的知识。

断裂力学在材料脆性破坏的研究中取得了大量成果。但是其局限性也十分明显：第一，其理论基于弹性变形后的破裂，无法考虑材料破裂前发生的非弹性变形；第二，必须假设已经存在一条裂缝，无法应用于没有先存裂缝但逐步发生破坏的情况；第三，由于编程计算和网格处理过程十分复杂，在数值分析应用越来越广泛的今天，其应用和发展受滞。

5.2.5　损伤力学概念

损伤力学的完整名称是连续介质损伤力学（continuum damage mechanics）。1958 年 Kachanov 最早提出相关理论，随后 Rabotnov（1969）对其进行了改进，考虑了金属的蠕变并发展了宏观损伤变量的概念。20 世纪 70～80 年代相关研究逐步增多，稍后才发展了真正有效的工程应用实例（Chaboche，1988a，1988b）。

其发展历史比断裂力学时间短,但是克服了断裂力学的局限性。

连续介质损伤力学的核心是假设损伤在完整的介质中形成了微小的孔隙和裂隙,这些孔隙和裂隙所占面积或体积不能再承受应力作用。所分析的对象需要足够大以包含较多生成的孔隙-裂隙(具备均质性),同时又要足够小以满足连续介质损伤力学分析时简化为质点的要求。损伤的分析可以考虑各向异性,即不同方向上的损伤值。在某一法线方向上的损伤变量(或称损伤因子)定义为

$$D_n = \frac{A_D}{A} = \frac{A - A'}{A}, \tag{5-21}$$

式中,A 为该方向原始受力面的面积;A_D 为损伤形成的孔隙和裂隙面积;A' 为损伤之后能承受力的面积,称为有效面积。如果不考虑各向异性,不同方向的损伤相同,那么 D_n 可以简化为一个代表所有方向损伤程度的损伤因子 D,其定义可以表示为

$$D = \frac{V_D}{V} = \frac{V - V'}{V}, \tag{5-22}$$

式中,V 为总体积;V_D 为损伤体积;V' 为未损伤的可以受力体积。该定义与孔隙度的定义一致。$D = 0$ 表示材料没有破坏;而 $D = D_{cr}$ 则是损伤的临界值,对应材料破裂成两部分情形。理论上,损伤因子 $0 \leq D \leq 1$,考虑临界损伤值之后有 $0 \leq D \leq D_{cr}$。对于金属材料,一般临界损伤值 $0.2 \leq D_{cr} \leq 0.8$。

图 5-20 为未损伤结构和损伤后结构示意图。如图 5-20 所示,样品两端受力,损伤前受力面积为 A,损伤后受力面积为 A',由式(5-21)显然有

$$A' = (1 - D)A。 \tag{5-23}$$

未损伤状态的力为 $F = \sigma A$,损伤后的力为 $F = \sigma' A'$,有

$$\sigma A = \sigma' A', \tag{5-24}$$

由式(5-23)和式(5-24)可以推导出:

$$\sigma' = \frac{1}{1 - D} \sigma。 \tag{5-25}$$

该式一定程度上反映了发生损伤之后微小单元体内的应力集中。

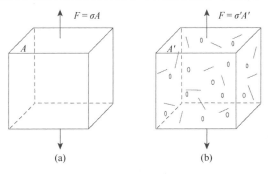

图 5-20　未损伤结构(a)及损伤后结构(b)示意图

可以想象，材料损伤之后其强度降低，如损伤后弹性模量 E' 与损伤前弹性模量 E 的关系为

$$E' = (1-D)E 。 \tag{5-26}$$

该式实际上给出了由损伤破坏导致的本构参数的改变。以此为基础，连续介质损伤力学还给出了损伤初始发生和损伤扩展的判定准则。从而在分析物体受力过程中，根据应力状态判别损伤是否发生（不需要如断裂力学中先预设一条裂缝）、损伤发生后相应的本构参数改变、造成的应力分布变化，以及进一步的损伤扩展过程（Chaboche，1988a，1988b）。损伤初始发生和扩展的判定涉及的知识较多，本书不作介绍。

上文仅以线弹性力学单轴应力情况说明相关概念，但损伤力学不限于弹性问题，塑性和蠕变问题都可以引入损伤定义。材料损伤对其物性的影响包括以下几方面：①使得弹性模量减小；②降低屈服应力值；③降低刚度；④增加蠕变应变率；⑤减小地震波速度；⑥减小密度；⑦增加电阻率。式（5-26）给出了①中弹性模量的变化，对于更复杂的力学分析中涉及的②~④的变化，塑性损伤和蠕变损伤都可以进行描述。因此损伤力学具有比断裂力学更广泛的应用。

5.3 岩石强度及影响因素

岩石的强度是指给定条件下岩石所能承受的最大应力。外部作用力达到岩石的强度之后，岩石承受应力的能力就明显降低，对于脆性变形，降低的速率可能极快。在不同的加载条件下，岩石所能承受的最大应力差异明显。同一种岩石抗压强度明显大于抗张强度；抗剪强度介于二者之间。岩石的各种强度参数可以通过特定的实验进行测量。考虑到地球内部整体呈压缩状态，一般重点关注压缩条件下的岩石强度。

5.3.1 岩石强度与实验测试

地下岩石的变形、失稳和破裂很难直接观测，人们一般通过实验室实验的方式进行观测和分析，了解不同环境条件下岩石破坏过程及强度特征。涉及多种不同测试方案和对应的实验设备，有关实验设备将在第 8 章介绍。

最简单、易操作的岩石力学实验是单轴压缩实验，即样品两端施加载荷，没有围压；样品形状一般为圆柱状，也可以为长方体；加载方式和应力莫尔圆如图 5-21a 和图 5-21b 所示。其应力状态为除 σ_1 外，其他分量都为 0。这种情况下，岩石发生破坏的方式可能有以下三种（或它们的组合）：

(1) 如图 5-1c 所示的与加载方向一致的张性破裂；
(2) 如图 5-1b 所示的与加载方向成小于 45°角的剪切破裂；
(3) 也可能体现为局部发生与加载方向一致的压缩破坏（图 5-3）。

如果在单轴压缩基础上施加相等的侧向围压，则构成三轴实验，即样品接受三个方向的应力作用，但与之正交的两个水平方向的力相等（水平各方向都相等），这种情形也称为假三轴实验；样品形状为圆柱状；加载方式示意图和应力莫尔圆如图 5-21c 和 5-21d 所示。这种情况下样品的破裂取决于围压的大小：围压小的情况下，破裂接近单轴压缩的情形；围压逐步增大时，破裂呈现典型的剪切裂缝，裂缝夹角与垂向方向夹角一般小于 45°；如果围压进一步增大，发生破裂的可能性会逐渐减小，转化为以韧性流动变形为主（参考图 4-10）。三轴实验中，轴向压力和围压之差（称为差应力）是使得岩石发生破坏的主要因素，应力-应变图也一般采用差应力为纵轴。破裂发生时的差应力随着围压的增大而增大。

如果在上文假三轴实验的基础上进一步改进，将样品加工为长方体或正方体，除了垂直方向的轴压，在水平方向施加不同的压力值，这种实验称为真三轴实验，其加载方式示意图和应力莫尔圆如图 5-21e 和图 5-21f 所示。真三轴实验较假三轴实验可以更好地分析中间主应力的影响。实验过程可能发生的破裂情况会更加复杂多变。

由于相同实验可能产生不同的破裂方式，岩石强度的确定根据破裂之后所观测到的破裂方式，确定记录的应力峰值对应为哪一个强度值。对于某些实验，岩石的破裂具有混合特征，如张剪性和压剪性的组合，这时的应力峰值难以准确地界定为抗张强度或抗剪强度。因此需要设计专门的测量方案，如巴西劈裂实验是标准的测量抗张强度的实验方法，如图 5-22a 所示；而专门的剪切实验，如图 5-22b 所示，可以更准确地测试岩石的抗剪强度。

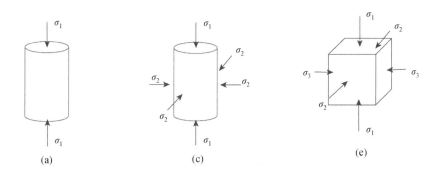

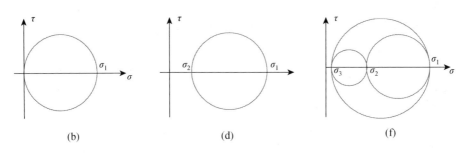

图 5-21 典型实验加载示意图和应力莫尔圆图

(a) 单轴应力加载；(b) 单轴应力莫尔圆；(c) 假三轴应力加载；(d) 假三轴应力莫尔圆；(e) 真三轴应力加载；(f) 真三轴应力莫尔圆

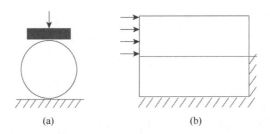

图 5-22 巴西劈裂实验（a）和剪切实验（b）示意图

一般而言，单轴和三轴压缩实验测量岩石的抗压强度；纯剪切实验测量抗剪强度；直接拉伸或巴西劈裂实验测量抗张强度。岩石在应力达到其强度值之前内部就开始发生微小破裂，随着应力增加，破裂扩展、连通，在达到强度值之后，岩石发生宏观尺度破裂并产生相对滑动。地壳内应力状态以压性为主，主要发生剪切破裂。但是地下流体引起的孔隙压力足够大时，也可以发生张性破裂。

岩石强度的规律性表现为：①不同类别岩石强度的差异明显；②同一类别岩石强度的差异也可以相当大；③同一种岩石的抗张强度最小、抗剪强度居中、抗压强度最大。表 5-2 为一些常见岩石的单轴抗压强度以及单轴抗压强度与抗拉强度之比，抗压强度可以是抗张强度的几十倍甚至一百多倍。

表 5-2　几种常见岩石的单轴抗压强度及其与抗拉强度之比（陈颙等，2009）

岩石	单轴抗压强度 C_0/MPa	单轴抗压强度/抗拉强度（C_0/T_0）
砂岩	35～100	26～63
石灰岩	15～140	32～61
页岩	35～70	36～167
大理岩	70～200	37～53
花岗岩	200～300	12～19
玄武岩	150～200	11～25

5.3.2 岩石强度的影响因素

根据大量的岩石力学实验总结出了完整岩石强度受不同因素的影响特征，归纳为以下几方面。

5.3.2.1 围压

岩石强度随围压的变化在库仑准则公式中即有所表现。式（5-2）以正应力和剪应力表示的库仑准则显示，正应力增加时，破裂所需的剪应力增加，反映的是正应力增加时剪切破裂强度增大的事实。式（5-9）以正应力表示的库仑准则则更直接地表示了破裂强度和围压的关系。表 5-1 给出的参数关系表明，对于常见岩石的内摩擦系数 0.6~1.0，围压若增加 1 MPa，其破裂压力，即岩石强度将增加 3.3~5.8 MPa。

大量岩石实验数据支持岩石强度与围压正相关的结论，但是库仑定律给出的是强度与围压呈线性关系，而如图 5-23 所示的实验数据显示二者为非线性关系。

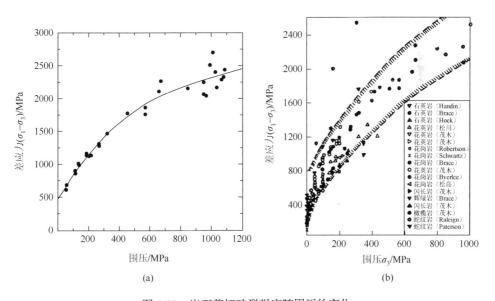

图 5-23　岩石剪切破裂强度随围压的变化

(a) 花岗岩实验数据（Byerlee, 1967）；(b) 不同火成岩实验数据（Ohnaka, 1973）

5.3.2.2 温度

温度影响岩石强度的机制主要有两种：第一种是岩石中不同矿物的热膨胀系

数不同，差异热膨胀作用使得岩石内部产生微裂隙，微裂隙促使岩石内部应力集中明显，更容易发生破裂，从而降低岩石强度；第二种是高温使得岩石从脆性变形域转为韧性变形域，韧性变形域内岩石强度随温度升高而降低。因此总体而言，岩石强度随温度升高而下降。

同时，温度对岩石强度的影响也与围压的大小有关。一般认为，常压下温度升高幅度不大（依然属于脆性变形域）时，岩石强度的变化不是很明显；但高压促进脆韧性转换，岩石强度降低。图5-24a为围压为500 MPa时，不同岩石抗压强度随温度变化曲线，由图可知，800℃范围内，方解石强度随温度升高而大幅降低；大理岩和石灰岩的强度高于方解石，强度降低也很明显；石英的强度最高，且在这一温度范围内强度降低幅度较小；玄武岩在600℃温度以上强度发生突降。图5-24b为花岗岩在不同围压下强度随温度的变化。同样在800℃温度范围内，围压增大对应强度增大，同时特定围压下温度升高对应岩石强度降低，这两点均与前文结论一致。在常压和50 MPa下，温度升高的幅度与岩石强度降低的幅度接近；围压达到400 MPa时，温度升高导致的岩石强度的降低量明显高于低围压状态。

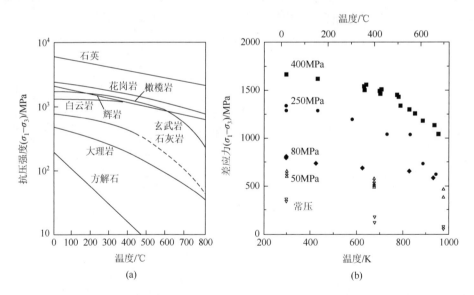

图5-24　500 MPa围压下不同岩石强度随温度的变化（a）和花岗岩在不同围压下强度随温度的变化（b）

(a) Wong, 1982; (b) Paterson and Wong, 2005

5.3.2.3　应变率

实验数据表明，随着应变率增大，岩石强度有所增大，但幅度不大，如图5-25

所示。图 5-25 显示，砂岩和页岩在应变率变化达 5～6 个数量级时，压缩强度的增加仅有 10 MPa 量级；大理岩随应变率增大，压缩强度的增大稍大；压缩强度变化最大的为花岗岩，应变率增加 4～5 个数量级时，压缩强度也仅增加约 30%。

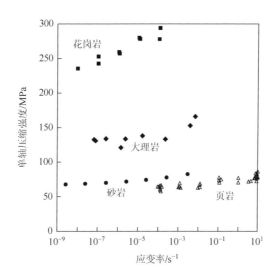

图 5-25　岩石压缩强度随应变率的变化（Paterson and Wong，2005）

5.3.2.4　样品尺度和形状

图 5-26a 为几种岩石强度实验结果与样品大小的关系。可以看出，随着样品尺度的增大，所测得的岩石强度降低。受实验条件限制，样品尺度变化范围一般较小。图 5-26a 中石英闪长岩数据范围最广，显示样品尺度增加约 100 倍时，岩石强度下降为十分之一。但当样品尺度达到 1 m 以上之后，测量数据趋于稳定。岩石强度随尺度增大而降低的原因在于岩石中几乎总是存在天然裂缝，样品尺度越大，天然裂缝存在的概率和裂缝的尺度也越大，这造成岩石强度降低。因此，在岩石实验中选择固定尺寸的样品有利于实验结果的可对比性。由于样品尺寸越大，对实验设备的要求越高，一般厘米尺度样品最为常见。最常用的实验样品尺寸有直径 5 cm、3.8 cm 和 2.5 cm 三种。

对于同样受力面积的样品，如圆柱形样品，不同高度和直径比的样品测量得到的岩石强度也存在明显差异，如图 5-26b 所示，高度和直径比增大时，岩石强度明显降低，但在高度和直径比达到 2.5 之后，岩石强度测量值基本稳定。当然这仅是一种岩石样品的测试结果。一般实验测量多采用高度和直径比为 2，对应上面三种直径，样品高度分别为 10 cm、7.6 cm 和 5 cm。

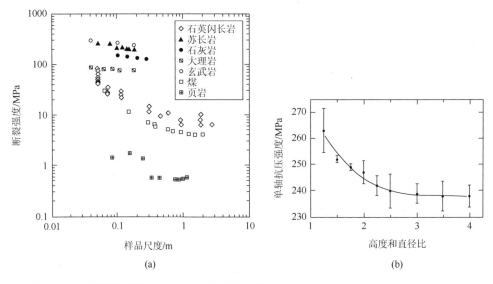

图 5-26 岩石强度随样品大小（a）和样品形状（b）变化（Paterson and Wong，2005）

5.3.2.5 其他环境效应

地下岩石所处环境多为含水、高温、高压状态，岩石在这样的环境条件下发生物理化学反应，造成矿物颗粒破碎、粒度减小、矿物溶解-沉淀、重结晶或形成新生矿物等，导致局部岩石强度变化，并使得固体强度具有时间依赖性。例如，岩石在糜棱岩化过程中颗粒变细，对应强度增大；常见造岩矿物的水解弱化（如长石在 200℃即可出现快速水解）导致岩石强度降低等。因此岩石强度并非静态参数，而是随不同环境条件发生动态变化。

5.4 岩石的摩擦滑动

当岩石中微小破裂逐步扩展、连通，形成宏观裂缝（断裂面）时，在外力持续作用下，沿这些界面的运动就成为岩石进一步变形的主要方式。这是一个摩擦滑动的过程，对应应力-应变曲线上峰值之后应力值的明显下降。摩擦是指一个物体沿与另一个物体接触的表面切向滑动所受到的阻力。分析破裂面两侧的摩擦滑动，从中学时所学的摩擦定律说起。

5.4.1 摩擦理论基础

有关物体运动过程中摩擦力、正应力和摩擦系数之间的关系，在 17 世纪末就已经提出,但各种关系和定律均只能在一定程度上描述特定条件下的摩擦滑动过程,岩石摩擦理论至今仍在探索、发展中。

5.4.1.1 阿蒙东定律

阿蒙东(Amontons)在 1699 年就提出了有关沿接触面运动的物体的摩擦力问题,并归纳为两个定律:

(1)阿蒙东第一定律:摩擦力与接触面积无关;

(2)阿蒙东第二定律:摩擦力与法向载荷成正比。

阿蒙东定律的公式表达为

$$F = \mu N, \tag{5-27}$$

式中,F 为摩擦力;N 为界面上的正压力;μ 为摩擦系数。该式表示摩擦力随正应力的增大而增大。不同表面具有不同的摩擦系数。研究认为大多数金属的 μ 约为 1/3。阿蒙东定律总体具有普适性且表达形式十分简洁,但是也存在一些明显不足:①没有区分静摩擦与动摩擦;②没有考虑摩擦过程的能量耗散和物质磨损;③不能从理论上将材料的其他参数(如屈服强度)与摩擦过程很好地联系起来。

5.4.1.2 凹凸体与黏附理论

摩擦力的成因已有共识:相互运动的物体的接触面并非平面,而是存在大量不同程度的起伏,称为凹凸体(asperity),如图 5-27 所示。物体之间真正的接触面仅在凹凸体上。接触面积 A_r 比滑动面积 A 小很多,对摩擦滑动有影响的,是且只是那些接触面上的面积 A_r。

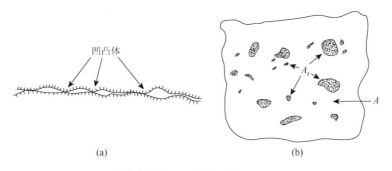

图 5-27 凹凸体侧视图(a)和俯视图(b)(Scholz,2002)

凹凸体的存在使得相互接触的物体在运动时:如果凹凸体是刚性的,物体滑动时随凹凸面相互运动,需要克服重力(阻力)做功;如果凹凸体是弹性的,物体滑动时凹凸体发生弹性变形;如果凹凸体是塑性的,物体滑动时,凹凸体发生塑性变形。无论是弹性变形还是塑性变形，都需要做等价于应变能的功。这些做功的力等价于摩擦力。

对于岩石，其破裂面总存在不同大小的凹凸体。而且研究表明，天然岩石断面的凹凸体还具有分形特征，即不同尺度上的起伏形态和比例具有相似性。凹凸体概念在解释地震成因方面具有重要作用：一些活动断裂，其表面的凹凸体造成的摩擦力使得断层两侧在地震间期相互闭锁或局部闭锁；当外部边界作用力足够大，可以克服摩擦力时，断层一侧相对于另一侧发生运动，对应地震发生。因此，了解断层面凹凸体形态、闭锁段位置和应力状态对地震预测十分重要。

根据凹凸体特征，Bowden 和 Tabor（1950，1964）提出的黏附理论（adhesion theory）给出凹凸体所能承受的最大法向载荷为

$$N = p \cdot A_r, \tag{5-28}$$

式中，p 为强度指标。同时黏附理论假设物体相互运动时凹凸体发生了屈服，摩擦滑动伴随着剪切破裂。摩擦力表示为

$$F = s \cdot A_r, \tag{5-29}$$

式中，s 为材料剪切强度。

依据式（5-27），可得摩擦系数 $\mu = F/N = s/p$。对于金属材料，他们认为强度指标大约为 $p = 3\sigma_y$，其中 σ_y 为屈服应力；剪切强度约为 $s = \sigma_y/2$。因此推导出常数摩擦系数 $\mu = 1/6$，它与温度、速率无关，甚至与材料无关。

黏附理论考虑了凹凸体的接触面积，相比于阿蒙东定律是一个重要的进步，但仍然存在明显不足：①给出一个常数摩擦系数，在很多情况下并不合适；②对于理想塑性材料，黏附理论往往低估摩擦系数；③克服接触点黏附并不是唯一要做的功，凹凸体经常刻划相邻的面，需要另外的力引起相应的变形，但这些没有考虑；④ A_r 是一个对应某一状态的最小接触面积值，而非定值，接触面积会随剪切变形而增加；⑤对于脆性岩石，接触可能是弹性的，但黏附理论一概按照塑性变形处理。

5.4.1.3 弹性接触理论

也有研究人员利用弹性接触理论分析凹凸体摩擦滑动过程的各种关系。这类分析中，将凹凸体形态用球形近似，并假设接触面的变形为弹性，因此凹凸体接触面遵从弹性基底上弹性球的 Hertz 解（如 4.8.1 小节中内容），即满足

$$A_r = k_1 N^{2/3}, \tag{5-30}$$

式中，N 为所能承受的最大法向载荷；k_1 为弹性参数和几何因子联合的参数。由式（5-29）和阿蒙东公式（5-27），有

$$\mu = sk_1 N^{-1/3}, \tag{5-31}$$

Bowden 和 Tabor（1964）发现，钻石尖端与钻石表面的摩擦符合弹性接触理

论的描述，如式（5-31）所描述；但是在一般情况下，大多数坚硬表面的摩擦特征符合黏附理论描述的线性摩擦规律 $\mu = F/N = S/p$。

Archard（1957）研究了多重球状凹凸体接触面的摩擦问题，其模型表面由大量球状凸起构成，每一个球状表面又由更小的球状凸起构成，并仅考虑弹性变形。该模型完美体现弹性接触模型且具有典型的分形特征。其结果显示，尽管单个球的接触摩擦服从赫兹方程，大量多级球状凹凸体的渐进解显示的却是线性关系

$$A_r = k_2 N, \quad (5-32)$$

式中，k_2 为包含弹性参数和球状分布几何特征的综合参数。

上述几种摩擦理论以及其他未罗列在此的模型主要是基于金属摩擦特性开展的研究，对于岩石的适用性尚待确认，并且地下深处岩石所处的高温高压条件远超出金属材料摩擦研究范围，对于岩石的摩擦特征，需要更多理论和实验研究。

5.4.2 拜尔里定律

拜尔里（Byerlee，1978）收集了大量岩石摩擦数据，将这些数据分为低压、中压和高压三部分，得到了对岩石摩擦滑动规律性的认识。

低压数据：正应力在 5 MPa 以下，数据主要来源于诸如边坡稳定、隧道、水坝等民用工程中所做的岩石摩擦实验。这些数据在剪应力-正应力关系图上显示十分离散，如果以 $\mu = \tau/\sigma$ 表示，那么摩擦系数的变化范围为 0.3～10，如图 5-28a 所示。摩擦系数几乎与岩石种类无关，但是与滑动面的粗糙度关系密切。

中压数据：正应力在 100 MPa 以内，数据主要来源于采矿工程的深矿井中，如 3000 m 深度上断层和节理面上的正应力可以仅 100 MPa。这些数据较好地集中在 $\tau = 0.85\sigma$ 的直线附近，如图 5-28b 所示。此时摩擦与岩石种类有关，但关系不密切；同时岩石滑动面粗糙度的影响也不明显。

高压数据：正应力在 100 MPa 以上，数据来源于地球物理研究结果。目前实验室实验中正应力可达 2 GPa，相当于上地幔顶部深度的压力。这些数据点（图 5-28c）相当集中，显示摩擦与滑动面的粗糙度和岩石种类都无关。

所有数据总体构成一条稍向下弯曲的曲线，分段拟合得到：

$$\begin{aligned} \tau &= 0.85\sigma \quad (\sigma < 200 \text{ MPa}) \\ \tau &= 0.6\sigma + 50 \quad (\sigma \geqslant 200 \text{ MPa}) \end{aligned} \quad (5\text{-}33)$$

该公式称为拜尔里定律，表示岩石沿某一滑动面发生摩擦滑动的正应力和剪应力条件，即当某一方向上剪应力值超过由式（5-33）计算的剪应力值，岩石就会发生摩擦滑动，摩擦系数为 0.6～0.85。

图 5-28c 中偏离拟合线的点对应滑动面之间充填了蒙脱石、蛭石和伊利石时，摩擦系数明显减小。对于滑动面之间为其他矿物充填或者滑动面之间不存在断层

泥的情形，断层的摩擦滑动都遵从式（5-33）的拜尔里定律。拜尔里定律是根据大量实测数据归纳出来的经验关系，具有普遍适用性。

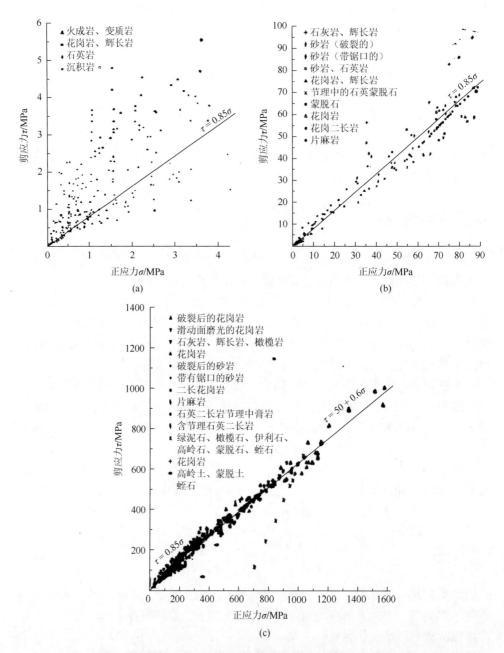

图 5-28　拜尔里收集整理的岩石摩擦滑动的正应力和剪应力关系（Byerlee，1978）

(a) 低压数据；(b) 中压数据；(c) 高压数据

注意拜尔里定律没有描述摩擦滑动面的方向。由于天然岩石中几乎都存在不同方向的节理或微破裂面，拜尔里定律假设只要某一方向满足式（5-33）的滑动条件，摩擦滑动就会沿该方向的先存破裂面发生。因此，库仑准则可以理解为完整岩石的破裂准则，而拜尔里定律则视作含各方向潜在滑动面的非完整岩石的破裂准则。

拜尔里定律也可以用主应力表示。假设发生滑动的面的法线与 σ_1 成 θ 角，那么该面上的正应力和剪应力与主应力的关系由式（4-53）和式（4-54）给出。由 $\frac{\partial}{\partial \theta}(|\tau|-\mu\sigma)=0$ 得 $\tan 2\theta = -\frac{1}{\mu}$，以拜尔里定律中的摩擦系数 $\mu=0.85$ 和 0.6 代入，得

$$\theta = 65.2° \quad (\sigma \leqslant 200 \text{ MPa})，$$
$$\theta = 60.5° \quad (\sigma \geqslant 200 \text{ MPa})，$$

意味着，若地壳中存在各种滑动面，与最大主应力成 $25°\sim 30°$ 角的面首先滑动。以 θ 代入式（4-53）和式（4-54）中，得到主应力表示的拜尔里定律：

$$\begin{aligned} \sigma_1 &\approx 5\sigma_3 & (\sigma_3 \leqslant 104 \text{ MPa}) \\ \sigma_1 &= 3.1\sigma_3 + 180 & (\sigma_3 \geqslant 104 \text{ MPa}) \end{aligned} \quad (5\text{-}34)$$

尽管拜尔里定律给出了十分普遍的岩石发生摩擦滑动的条件，但其中并不包含摩擦滑动过程的信息。因此需要专门的岩石摩擦滑动实验补充这方面信息。

5.4.3 岩石摩擦实验

图 5-29 为几种典型岩石摩擦实验示意图，包括：①三轴压缩实验（图 5-29a）；②直剪实验（图 5-29b）；③双轴压缩实验（图 5-29c）；④旋转剪切实验（图 5-29d）。摩擦实验一般在岩石样品中预制一条（或多条）裂缝，可以贯穿整个样品或存在于样品内部局部，破裂表面可加工为光滑或粗糙。通过不同实验认识滑动面的变化规律和摩擦本构关系。

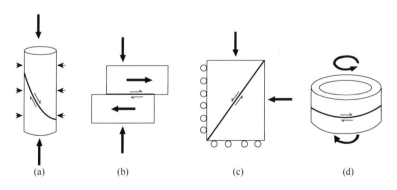

图 5-29　几种典型岩石摩擦实验示意图

5.4.3.1 滑动面的变化

通过岩石摩擦实验观测到各种摩擦活动伴随表面损伤和剥蚀，其统称为磨损（wear）（Scholz，2002）。

根据磨损的破坏方式，可以将其分为黏着磨损（adhesive wear）和磨蚀磨损（abrasive wear）两种。①黏着磨损指凹凸体接触点之间存在强黏结，摩擦过程凹凸体被剪断（shear off），但主要是结合点的剪断，导致物质从一个表面向另一个表面迁移。②磨蚀磨损指滑动面表层大面积的脆性破裂，特别是当接触面的材料硬度有差异时，较硬的物质刻划较软弱的表面，形成磨损颗粒。岩石通常含有硬度不同的矿物，因此磨蚀磨损比黏附磨损更重要。在脆性变形条件下，磨蚀过程由脆性破裂支配，形成有棱角、松散的颗粒，即断层泥（fault gouge）。较延性条件，黏附磨损更重要，形成糜棱岩（mylonite）。实验数据还表明，磨蚀断层泥厚度 T 与摩擦滑动距离 D 和正应力成正比关系：$T \propto D\sigma^m$（$m = 1 \sim 4$）。

根据磨损的时间效应，可以将其分为瞬态磨损与稳态磨损。瞬态磨损指原来锁死的凹凸体突然剪断；而稳态磨损指凹凸体最突出表面的逐步碾磨移除（removal）。

5.4.3.2 摩擦本构

当重点关注破裂面两侧的相对运动时，以摩擦滑动为主要变形方式体现出来的应力-应变关系可以称为摩擦本构。

图 5-30a 为一个典型的正应力为常数时的剪应力-位移关系，横轴为位移依然是摩擦本构的一种表达形式。只是需注意，由于载荷点与滑动面有一定距离，位移量包含滑动面两侧的滑动和弹性变形，但应以剪切滑动为主。纵轴的剪应力与摩擦阻力等价。图 5-30 显示，从初始摩擦滑动起，摩擦阻力持续线性增加，然后到达摩擦屈服点。屈服点之后，曲线斜率减小，同等滑动量所需的剪切力（或摩擦阻力）减小，滑动强度增大。这与塑性变形的塑性硬化曲线类似，称为滑动硬化。屈服点之后，摩擦力也可能从峰值降至剩余值，继而再随滑动硬化而增加，如图 5-30b 所示。

很容易注意到图 5-30 中摩擦阻力随滑动距离的变化曲线与图 4-9 所示岩石典型应力-应变曲线形态具有相似性，但需注意二者的区别。另外，前文库仑准则公式（5-3）和拜尔里定律公式（5-33）都只给出摩擦力（或克服摩擦力的剪应力）与正应力的关系，当摩擦滑动发生时，该剪应力随滑动过程的变化在公式中没有体现。有关摩擦本构的问题是地震动力学的一个重要环节，Scholz（2002）的 *The mechanics of earthquakes and faulting* 专著对其有较多的介绍。

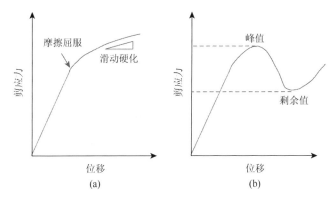

图 5-30 正应力为常数时两种典型的剪应力-位移关系示意图

5.4.4 影响岩石摩擦的因素

岩石发生滑动时,其滑动条件 Q 与正应力 σ、剪应力 τ、接触面积 A、界面性质 S、温度 T、孔隙压力 p_f 等有关,可表示为 $Q = Q(\sigma, \tau, A, S, T, p_f, \cdots)$。摩擦滑动发生后,界面性质会发生变化,接触面积、正应力、剪应力等都可能发生相应变化。通过摩擦实验,前人获得了一些规律性的认识。

5.4.4.1 正应力的影响

实验数据显示正应力增加,摩擦系数减小。正应力大于 100 MPa 时,这一现象更明显,说明滑动过程正应力与剪应力呈非线性关系。

如果以

$$\tau = \mu_0 \sigma^m \tag{5-35}$$

代替阿蒙东定律,则结果与高压实验数据吻合较好。拜尔里曾提出用

$$\tau = S_0 + \mu \sigma \tag{5-36}$$

代替阿蒙东定律,S_0 理解为接触表面的剪切强度。式(5-36)称为关于岩石摩擦的拜尔里定律。

5.4.4.2 接触面的性质

在低应力条件下,摩擦系数离散(图 5-28a),总体显示摩擦系数随滑动面粗糙度增大而增大:对于镜状光滑面,有 $\mu = 0.1 \sim 0.15$;粗糙度增大使得 $\mu = 0.4 \sim 0.6$。但是,当 $\sigma > 200$ MPa 时,接触面与摩擦系数关系不明显;当 $\sigma > 1$ GPa 时,二者完全没有关系。

高压力条件下接触面性质与摩擦系数关系减弱的原因为,高压力下,凹凸体

爬越被抑制，凹凸体剪断磨蚀作用控制摩擦。另外，高压力条件下滑动硬化更显著，相对平滑的表面更容易出现滑动硬化。

5.4.4.3 温度的影响

500℃以下时，多数岩石的摩擦特性几乎不受温度的影响；500℃以上时，多数火成岩和变质岩的摩擦系数都随温度升高而降低。

高温引起摩擦系数降低的原因在于，温度主要影响硬度和延性，而低温变化对这两者的影响都不大。但当温度足够高时，物质软化及部分熔融足以"焊接"表面，使得凹凸体面积 A_r 和总面积 A 接近，滑动发生在韧性剪切中，本构行为受流动率控制。

图 5-31 为花岗岩和辉长岩在不同温度下摩擦系数的测量值。图 5-31a 表明，花岗岩在干燥条件下，断层泥的摩擦系数对温度不敏感；在含水情况下，低温时摩擦系数对温度不敏感，直到350℃以后，摩擦系数随温度升高而迅速下降，且与滑动速率相关。图 5-31b 中的辉长岩摩擦系数结果表明，至少在实验所测的600℃温度范围内，在干燥和含水情况下摩擦系数都对温度不敏感。

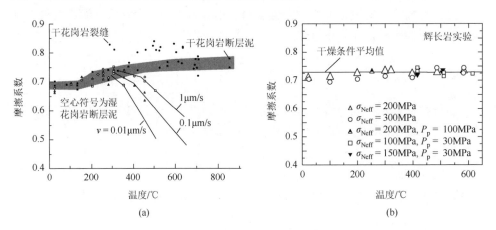

图 5-31　摩擦系数与温度关系

（a）花岗岩实验结果（Blanpied et al.，1995）；（b）辉长岩实验结果（He et al.，2007）

5.4.4.4 水的影响

水的作用首先是产生流体孔隙压力 p_f，孔隙压力抵消正应力。考虑孔隙压力作用时，可以用有效应力代替拜尔里定律和阿蒙东定律等公式中的正应力。参照 4.8.3 小节介绍的有效应力定律，凹凸体滑动面上的有效正应力可以表示为

$$\sigma'_n = \sigma_n - \left(1 - \frac{A_r}{A}\right) p_f \tag{5-37}$$

这里 $1-\dfrac{A_r}{A}$ 相当于比奥特-威利斯系数 α [参见式（4-116）]。由于凹凸体接触面积 A_r 往往远小于滑动面积 A，式（5-37）可以近似为 $\sigma'_n = \sigma_n - p_f$。

其次，水存在于滑动界面之间时具有润滑作用，一定程度上改变滑动面的性质。拜尔里（Byerlee，1967）测量了不同水压下辉长岩的摩擦，得到修正的破裂滑动应力关系（其中应力单位为 MPa）

$$\tau = 10 + 0.6(\sigma_n - p_f), \tag{5-38}$$

显然，该式同时也考虑了孔隙流体压力的影响。

5.4.4.5 硬度的影响

在低应力和中等应力下有时可观察到硬度对摩擦强度微弱的影响。Logan 和 Teufel（1986）测量了 3 种情况下滑动中的实际接触面积：砂岩/砂岩、石灰岩/石灰岩、砂岩/石灰岩。在所有情形下，摩擦滑动中实际接触面积随正应力线性增加。对于砂岩/砂岩，A_r 随正应力增加，伴随接触点数量的迅速增加，而另外两种接触中，接触点的数量没有明显增加，但接触点的面积增加。因此 Logan 和 Teufel 将摩擦机制解释为，砂岩/砂岩接触显示石英凹凸体的脆性破裂；石灰岩/石灰岩接触显示方解石凹凸体的压扁和剪切；砂岩/石灰岩接触显示石英凹凸体对方解石的刻划。由于实际接触面积平衡了凹凸体剪切阻力，总体摩擦几乎无差异，即硬度对摩擦机制有重要影响，但是对摩擦系数仅有微弱影响。

5.4.5 失稳准则与粘滑

岩石受力变形、到达应力峰值、发生破坏并转化为摩擦滑动是一个动态过程。动态过程中的任意一个状态都可能是稳定的，也可能是不稳定的。不稳定的状态指外界环境的无限小变化会导致岩石状态发生有限的变化。

5.4.5.1 失稳准则

稳定性分析通常针对一个力学系统，岩石稳定性问题包含受力的岩体（或岩样）和施加力的外部体系。讨论力学系统稳定性至少应包含三个方面内容：①对系统内的每一个物体进行力学描述，即研究其本构关系和变形特征，除（塑性流动和非线性黏性）稳态流动以外的不稳定都包含非线性本构；②失稳准则，可以利用热力学状态和过程的概念研究岩石状态随时间演化，将这一演化过程的每一个时间片段准静态化，从而将系统稳定性问题转化为系统状态平衡问题，非平衡状态对应失稳；③系统各个部分的相互作用。第 4 章介绍了岩石本构；下文对失稳准则加以介绍；

有关系统中各部分相互作用问题,将在第 8 章通过岩石实验设备原理进行介绍。

从力学状态的平衡分析系统的稳定性的思路为,假设岩石受力变形达到某一平衡状态,在一个小扰动作用下,如果岩石有恢复到原来状态的倾向,则这个状态是稳定的;如果它进一步偏离这个状态,则是不稳定的,对应岩石发生失稳。

可以利用最小势能原理判别系统的稳定性。一个力学系统的总势能表示为

$$U=(-W_\mathrm{L}+U_\mathrm{E})+U_\mathrm{s} \tag{5-39}$$

式中,U_E 为系统中某一部分储存的应变能;W_L 为其余部分对这一部分做的功(对应其余部分势能的减小);U_s 为耗散能,对于脆性岩石破裂问题,U_s 对应所有裂缝的表面能。假设力学系统的状态以参数 c 表示,则该系统的平衡条件为 $\dfrac{\mathrm{d}U}{\mathrm{d}c}=0$,系统平衡的性质由总势能 U 的二阶导数确定:

$$\dfrac{\mathrm{d}^2 U}{\mathrm{d}c^2} \begin{cases} >0 & 稳定平衡 \\ =0 & 随遇平衡 \\ <0 & 不稳定平衡 \end{cases} \tag{5-40}$$

图 5-32 以一个柱状曲面不同位置上小球的状态具体解释平衡条件和平衡性质。以曲面水平距离 c 作为描述系统的参量,曲面高度为 $h(c)$。假设小球为刚性,不具备变形能,则 $U_\mathrm{E}=0$;不考虑小球与曲面之间的摩擦,则耗散能 $U_\mathrm{s}=0$;小球的势能为 $W_\mathrm{L}=-mgh$(m 为小球质量,g 为重力加速度)。因此有

$$U=(-W_\mathrm{L}+U_\mathrm{E})+U_\mathrm{s}=mgh, \tag{5-41}$$

同时平衡条件为 $\dfrac{\mathrm{d}U}{\mathrm{d}c}=\dfrac{\mathrm{d}h}{\mathrm{d}c}=0$。图中 A、B、C 三个位置都满足 $\dfrac{\mathrm{d}h}{\mathrm{d}c}=0$,都属于平衡位置。但是这三个点的平衡性质分别为

$$\begin{cases} A点 & \dfrac{\mathrm{d}^2 U}{\mathrm{d}c^2}<0, \text{不稳定平衡} \\ B点 & \dfrac{\mathrm{d}^2 U}{\mathrm{d}c^2}>0, \text{稳定平衡} \\ C点 & \dfrac{\mathrm{d}^2 U}{\mathrm{d}c^2}=0, \text{随遇平衡} \end{cases}$$

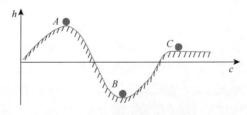

图 5-32 柱状平面上刚性小球的平衡

5.4.5.2 弹簧-滑块模型

岩石的变形积累到破裂的过程是一个从稳定到不稳定变形的过程，不稳定变形过程往往时间较短，随后再次达到某种平衡。对于已经发生破裂的断层两侧相对运动，也存在两种摩擦滑动方式：第一种情况是滑动平稳发生，称为稳态滑动或称为蠕滑（creep），对应断层长时期的蠕动；第二种情况是多数时间断裂两侧没有滑动，突然在短时间内发生快速滑动，该情形称为粘滑（stick slip）。Brace 和 Byerlee（1966）指出，地球内部已经存在的断层上的突然滑动可能引起地震。因此粘滑作为一种地震机制，可以合理地解释地震在先存断裂上的发生，特别是可以解释地震在某些大断裂上重复发生。图 5-33 显示粘滑和蠕滑的速率-时间关系。蠕滑以较稳定且较小的滑动速率持续滑动；粘滑则形成静止-高速滑动的准周期性运动。

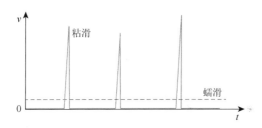

图 5-33　粘滑和蠕滑的速度-时间关系示意图

存在这两种滑动方式，主要取决于断层本身状态和所受应力环境。如果外力不足以克服凹凸体形成的阻力，那么断裂两侧闭锁，即相对运动速度为零；当外力增加或变形能积累到一定程度足以克服摩擦阻力时，可能有两种情况发生：其一为断层高速滑动并快速减弱，重新归为闭锁，对应粘滑；其二为断层以较低的滑动速率持续较长时间的滑动，对应蠕滑。断层相对运动时，也存在摩擦系数，区别于闭锁状态对应的静摩擦系数 μ_s，这时的摩擦系数称为动摩擦系数 μ_d，且 $\mu_s > \mu_d$，这是中学时已经学习的概念。

粘滑特征可以采用弹簧-滑块（block-slider）模型进行概化和定量描述。最简单的弹簧-滑块模型包含一个置于平面上的质量为 m 的滑块和一个与滑块相连的弹簧，如图 5-34a 所示。假设弹簧右端以速率 v 伸长，那么弹簧的伸长量 $x = vt$，对应的作用力大小为 $F = kx$，其中 k 为弹簧的弹性系数。如果弹簧拉伸幅度不大，其作用力不足以克服滑块的摩擦阻力，则滑块静止。当弹性力足够大时，滑块发生运动，这使得弹簧的伸长量缩小、弹簧作用力快速减小，叠加滑块运动的动摩擦系数的影响，滑块的运动很快停止。在假设右端一直匀速运动的条件下，这一过程将重复出现。

图 5-34b 和图 5-34c 分别给出了弹簧两端位移和摩擦力变化关系。A 点代表滑块的运动，每次滑动之前力增加而无滑动，直至达到静摩擦力 $f_s = \mu N$（N 为垂直于滑动面的力）时，滑动才发生。弹簧的弹性力随着滑块位移而降低，当摩擦力降为 f_0 时滑块停止运动。这一过程滑块位移量为

$$\Delta u = \frac{\Delta f}{k} = \frac{f_s - f_0}{k}。 \qquad (5\text{-}42)$$

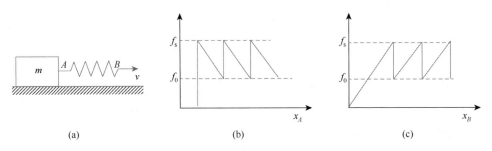

图 5-34 弹簧滑块模型（a）以及弹簧两端 A 点（b）及 B 点（c）位移与摩擦力关系示意图

利用弹簧-滑块模型，可以从静力学角度分析应力降、平均剪应力、总能量、地震矩等参数；从动力学角度上，还可以分析滑块的位移、速度和加速度，如图 5-35 所示，这些参数对理解地震过程提供了有效的信息。

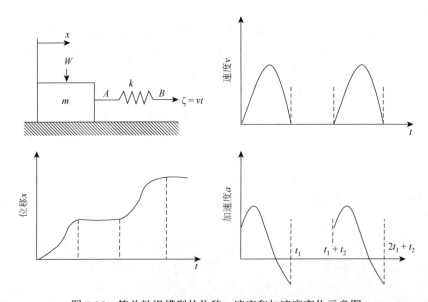

图 5-35 简单粘滑模型的位移、速度和加速度变化示意图

5.5 地应力与岩石受力状态

地应力可以泛指地球内部的应力，是在漫长地质年代中由沉积压实、构造运动、热作用等造成的地球介质内的综合应力状态。

5.5.1 自重应力与构造应力

总体上，重力是影响地应力的主要因素。

考虑地下深处 h，其上覆岩石的重力造成的垂直应力为

$$\sigma_\mathrm{v} = \rho g h, \quad (5\text{-}43)$$

式中，ρ 为上覆岩层的平均密度；g 为重力加速度。式（5-43）也称为海姆法则，这个垂向应力值也可以称为静岩压力。如果考虑不同岩层的密度和厚度，可以计算不同岩层造成的压力并求和，即

$$\sigma_\mathrm{v} = \sum_{i=1}^{n} \rho_i g h_i, \quad (5\text{-}44)$$

式中，ρ_i 和 h_i 分别为各地层的密度和厚度。地壳中岩石的密度为 $2.5\sim 3.0\ \mathrm{g\cdot cm^{-3}}$，上地幔岩石的密度一般为 $3.3\ \mathrm{g\cdot cm^{-3}}$。据此，可以估算不同深度上自重作用造成的垂向应力的大小，见表 5-3。地下 1 km 深处的垂向压力约 25 MPa，4 km 处的垂向应力为 0.1 GPa，到地壳底部深度基本上达到 1 GPa，意味着地壳中的垂向应力一般为几十到 1000 MPa。自上地幔顶部往下的垂向应力基本上都大于 1 GPa。

表 5-3 不同深度自重引起的垂向应力值大小

深度/km	σ_v/GPa	层位
1	0.025	沉积岩
4	0.1	沉积/结晶岩
10	0.27	结晶岩
35	1	地壳底
100	3	上地幔
1000	30	下地幔
2900	130	地幔底
6400	350	地心

上覆岩层重力作用引起垂向应力，同时该垂向应力也引起侧向压力，即导致水平方向的应力。

从完全弹性的角度考虑，自重引起的侧向应力分析如下。地下深处的一个假想岩柱受到垂直方向的压力（重力），底部岩层具有支撑作用，其外围的围岩也起到将这个假想的岩柱围限的作用，因此假想岩柱的应力状态可以简化为单轴应变状态。单轴应变状态表示除了垂向应变不为 0（$\varepsilon_z \neq 0$）以外，其他应变均为 0（$\varepsilon_x = \varepsilon_y = 0$）。由于只考虑自重作用，可以合理地假设垂直方向和两个正交的水平方向即为主应力和主应变方向。根据式（4-60）有

$$\sigma_z = (\lambda + 2G)\varepsilon_z, \tag{5-45a}$$

$$\sigma_x = \sigma_y = \lambda\varepsilon_z = \frac{\lambda}{\lambda + 2G}\sigma_z, \tag{5-45b}$$

再结合表 4-1 给出的不同弹性参数转化关系，式（5-45b）可以转化为

$$\sigma_x = \sigma_y = \frac{\nu}{1-\nu}\sigma_z = \frac{\nu}{1-\nu}\rho gh \ 。 \tag{5-46}$$

假设岩石的泊松比为 0.25，那么由自重作用导致的水平方向应力约为垂向应力的 1/3；如果泊松比为 0.2，那么水平方向应力仅为垂向应力的 1/4。显然水平方向应力值明显小于垂向应力值。

从完全黏性的角度考虑，静态流体中任意一点的压力为各向同性，意味着如果将地球介质假设为流体，那么由自重作用导致的水平应力和垂直应力相等，即

$$\sigma_x = \sigma_y = \sigma_z = \rho gh \ 。 \tag{5-47}$$

不同方向应力值相等的应力状态称为静水应力状态（hydrostatic state of stress）。而式（5-47）所描述的应力随深度增加递增且各方向相同的地下岩石应力状态称为静岩应力状态（lithostatic state of stress）。

实际应力测量发现，水平应力既不会等同于完全弹性的分析结果，也达不到完全黏性的各向同性压力状态，而是介于二者之间。一般水平应力值是垂直应力值的 70% 以上，达到 85% 左右也很常见。自重作用控制了地应力的垂直方向应力，并使得垂向应力具有最大的绝对值。水平应力如果仅由垂向应力导致，则二者应该相等。但实际上，实测的水平方向地应力往往是有差异的，其差异多由构造作用引起，即地应力是在自重应力基础上附加了构造应力 σ_{tec}。

因此，某地区的地应力状态可以用垂直方向的主应力 σ_v、水平方向最大主应力 σ_{Hmax} 和水平方向最小主应力 σ_{Hmin} 来表示。该方案需要至少描述最大水平主压应力的方向，最小水平主压应力方向与之成 90° 的角。为了避免由应力符号（张为正或压为正）定义带来的歧义，可以分别命名为最大水平主压应力和最小水平主压应力。

另一种描述地应力状态的方案为，给定坐标系后，以坐标轴方向的正应力表示，如 x 方向存在构造应力 σ_{tec}，可以表示为

$$\begin{bmatrix} \sigma_{xx} & 0 & 0 \\ 0 & \sigma_{yy} & 0 \\ 0 & 0 & \sigma_{zz} \end{bmatrix} = \begin{bmatrix} \dfrac{\nu}{1-\nu}\rho gh + \sigma_{\text{tec}} & 0 & 0 \\ 0 & \dfrac{\nu}{1-\nu}\rho gh & 0 \\ 0 & 0 & \rho gh \end{bmatrix} 。 \qquad (5\text{-}48)$$

注意该式采用了完全弹性假设的水平应力估算。由该式可以给出应力分量随深度变化的一般性规律，如图 5-36 所示，显然，垂直方向应力分量随深度增加而增加最快，水平方向两个分量随深度增加而增加速率接近，但是在附加有构造应力的方向上，其应力值较另一方向上应力值整体偏高。当假设水平构造应力与板块构造或地壳尺度的构造作用相关时，在岩石圈或地壳深度范围内，可以认为构造应力不随深度发生变化，因此式（5-48）给出的 σ_{tec} 为常量。

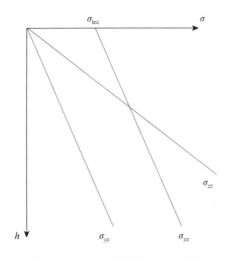

图 5-36　地应力随深度变化示意图

最大主压应力垂直以及另外两个主压应力水平的地应力状态，适用于地球上大部分地区，但是在某些强烈变形区域，如俯冲带、活动断裂带或剪切带附近，由于斜向作用力强度相当大，地应力总体发生明显偏转，垂向应力和两个方向水平应力为主应力的应力状态不再满足。

5.5.2　地应力测量

地应力的测量包括其主方向和具体方向上大小的测量。确定地应力方向的方案较多，而地应力大小的绝对值测量仅有两种方案。

5.5.2.1 地质观测确定地应力方向

根据断层或裂缝特征分析地应力方向的应用十分普遍。在构造地质学中我们学过三种断层分类：正断层、逆断层和走滑断层，它们形成的应力状态分别如图 5-37 所示。具体而言：①正断层的形成条件为，垂向应力分量值最大，断层倾向方向应力分量值最小，与断层走向平行方向的应力为中间值；②逆断层的形成条件为，断层倾向方向应力分量值最大，垂向应力分量值最小，与断层走向平行方向的应力为中间值；③走滑断层的形成条件为，与断层面夹角小于 45°方向的水平应力分量值最大，与之正交的另一个水平方向应力值最小，垂向应力分量为中间值。因此，在野外根据断层或破裂形态判别出其类型并且测量其走向和倾向之后，就可以基本判定该断层形成时的应力场方向。

除断层之外的其他线性构造，如褶皱轴、裂谷、岩脉、火山链等，也可以帮助确定某一主应力方向。由于褶皱是由挤压作用形成的，褶皱轴一般与最大主压应力方向垂直；裂谷则是与最大主张应力方向垂直。岩脉和火山链都可以理解为张性的线性构造，走向与最大主张应力方向垂直。结合垂直向应力为一个主应力，第三个主应力方向也可以确定。

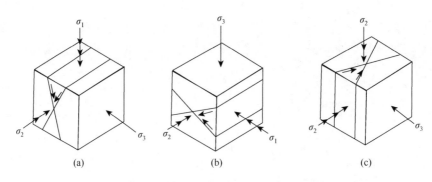

图 5-37　断层类型和对应的应力场方向
（a）正断层，一般倾角较大；（b）逆断层，一般倾角较小；（c）走滑断层，多近于直立

5.5.2.2 地球物理方法确定地应力方向

地球物理方法确定地应力方向主要利用震源机制（earthquake source mechanism）解法。利用震源机制解确定应力场方向的基本概念如图 5-38 所示，图中以走滑断裂为例，断层面 XX 和与之正交的平面 YY（称为辅助面）将空间划分为 4 个象限。当断裂两侧发生相对运动时，不同象限内的岩石显示不同的运动

方向并造成呈对角出现的拉张或者挤压区。位于挤压区（图 5-38 中 I 和 III 区）的地震台接收到的地震波的初动是背离震中的，记为"+"号；而位于拉张区（图中 II 和 IV 区）的地震台接收到的地震波的初动是朝向震中的，记为"－"号。因此，较大地震发生后，其周围地震台站所接收的地震记录，将显示地震波初动符号在四个象限内正负相间。四个象限的角平分线连成两条正交直线，两个正号相连的线称为震源机制解的 P 轴，对应最大主压应力方向；两个负号相连的轴称为震源机制解的 T 轴，对应最大主张应力方向。

实际应用中，根据震源机制解确定应力场方向并非一件容易的事情，尤其是根据单个地震难以确定一个地区的应力场。一般需要分析某一地区不同断层上发生的多个地震，以 P 轴和 T 轴的平均解给出该地区应力场方向。

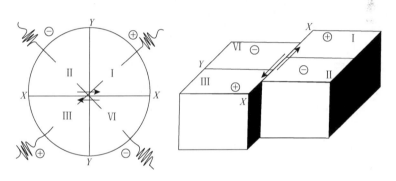

图 5-38　震源机制解示意图

5.5.2.3　钻井井孔形状确定地应力方向

5.2.3 小节关于圆孔应力集中问题中涉及到了圆孔边缘破坏的问题。一个垂直的钻井井筒，多数情况下都受到两个水平方向的挤压作用。式（5-16）可以近似描述每一个深度平面上正应力的大小。在与最大水平主压应力方向成 90°角的方向上，应力集中可能超过岩石强度，导致岩石破裂；破裂后的岩石自由崩落，使得本应为标准圆形的井筒变成椭圆形，如图 5-16 中虚线所示。井筒崩塌形成椭圆形井眼的情况在钻井中十分普遍。钻井后井筒的形状可以用测井方法获得。因此，根据井孔椭圆形的长轴方向，可以估计最大水平主压应力的方向，即与椭圆形井筒的长轴垂直的方向为最大主压应力方向。

5.5.2.4　应力解除法测量地应力值大小

应力解除法是一个统称，包含不同的具体实施技术。孔径变形法是最普遍的一种技术，其测量原理及基本步骤为，首先在岩体中钻一孔，在孔底和底部孔壁不同方向上安置应变测量元件；再用大钻头以小孔为同心圆套钻一个大孔，大孔深度大于小孔，如图 5-39 所示，大孔钻好后就解除了小孔周围的应力，小孔将发生膨胀变形。用小孔中应变元件测量小孔的变形，再结合岩心取样测量弹性模量计算出原岩的应力。由于钻井的代价较高，一大一小套钻的难度和代价更高，深度大的套钻极其困难，因此该方案一般只能测量较小深度内的地应力值。

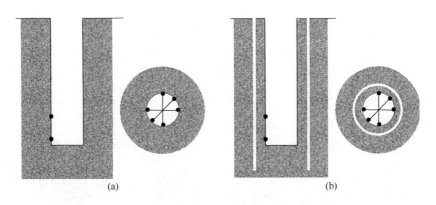

图 5-39 孔径变形法示意图

小黑点表示应变测量元件（a）小孔开挖后侧视图和俯视图；（b）大孔开挖后侧视图和俯视图

5.5.2.5 水力压裂法测量地应力值大小

水力压裂（hydraulic fracturing）法也称为水压致裂法，是应用更广泛的地应力测量方法，可以利用任何钻井进行测量。

其基本原理为，在钻井某一段中泵入高压水流，高流体压力引起井壁出现张应力，当作用于岩石中的张应力大于或等于抗张强度 T_0 时，就会形成张破裂，且张破裂面一定过最大主压应力轴，并与最小主压应力方向垂直。

根据前文地应力状态介绍，可以合理地假定地应力的一个主应力方向是垂直的。那么：

（1）当垂向主应力是（绝对值）最小的应力时，只要流体压力 p_f 满足

$$p_f - \sigma_v \geqslant T_0 \tag{5-49}$$

就会发生张破裂，并且张破裂面为水平，因为张破裂面与最小主压应力方向垂直。根据 p_f 和岩石抗张强度 T_0，可以计算最小主压应力的大小。但实际上，垂直应力为最小主压应力的情况并不常见。

（2）如果垂直应力不是最小主压应力，那么，最小主压应力是水平主应力之一，将两个水平主应力分别记为 σ_1 和 σ_2，分别表示绝对值较大和较小的两个水平

主应力。这时需要再次分析 5.2.3 小节所介绍的双侧应力作用下圆孔附件应力分布，当圆孔中存在流体压力 p_f 时，式（5-16）需修改为

$$\sigma_r = \frac{1}{2}(\sigma_1+\sigma_2)\left[1-\frac{a^2}{r^2}\right]+\frac{a^2}{r^2}p_f+\frac{1}{2}(\sigma_1-\sigma_2)\left[1-\frac{4a^2}{r^2}+\frac{3a^4}{r^4}\right]\cos 2\theta,$$

$$\sigma_\theta = \frac{1}{2}(\sigma_1+\sigma_2)\left[1+\frac{a^2}{r^2}\right]-\frac{a^2}{r^2}p_f-\frac{1}{2}(\sigma_1-\sigma_2)\left[\left(1+\frac{3a^4}{r^4}\right)\cos 2\theta\right], \quad (5\text{-}50)$$

$$\tau_{r\theta} = \frac{1}{2}(\sigma_1-\sigma_2)\left[\left(1+\frac{2a^2}{r^2}-\frac{3a^4}{r^4}\right)\sin 2\theta\right],$$

式中，σ_r 和 σ_θ 较式（5-16）增加一个与流体压力 p_f 相关的项，而剪应力则不受流体压力的影响。根据式（5-50）可以得出在井孔壁上，即 $r=a$ 时，有

- 在 $\theta=90°$ 和 $270°$ 位置上，有 $\sigma_\theta = 3\sigma_1-\sigma_2-p_f$，为切向应力分量的最大值，可记为 $\sigma_{\theta\max}=3\sigma_{\text{Hmax}}-\sigma_{\text{Hmin}}-p_f$；
- 在 $\theta=0°$ 和 $180°$ 位置上，有 $\sigma_\theta = 3\sigma_2-\sigma_1-p_f$，为切向应力分量的最小值，可记为 $\sigma_{\theta\min}=3\sigma_{\text{Hmin}}-\sigma_{\text{Hmax}}-p_f$。

所考虑的问题为地下深处压性应力，井孔中的流体压力与区域内压性应力相反，为张性。产生破坏的条件为，流体压力在克服压性正应力后，还大于岩石的抗张强度。显然，压应力最小位置，即在 $\theta=0°$ 和 $180°$ 位置，破裂最容易发生。破裂条件表示为

$$p_f - (3\sigma_{\text{Hmin}} - \sigma_{\text{Hmax}}) \geq T_0, \quad (5\text{-}51)$$

即

$$p_f \geq (3\sigma_{\text{Hmin}} - \sigma_{\text{Hmax}}) + T_0 \quad (5\text{-}52)$$

时岩石会发生破裂。岩石发生的是张性破裂，但被称为压裂，是因为需要往井筒中压入高压流体。

具体实施时，首先需要将所测量段的上下井筒进行封堵，如图 5-40a 所示。随后将封闭段井筒内液压逐步升高，当液压达到式（5-52）所定义的破裂压力（breakdown pressure）p_b 时，岩石产生张破裂，因破裂形成流体通道，流体压力将快速降低，如图 5-40b 所示。此时需迅速将液压泵关闭，随后流体压力将趋于平稳，该压力值称为封井压力（shut in pressure）p_s。封井压力与最小水平主应力相等；而在停机之后测量的流体压力等价于该岩层的孔隙压力 p_f。结合岩石样品的抗张强度实验结果，水力压裂测量得到水平方向两个主应力的大小，见式（5-53）；同时由应用井下电视等测井技术获得的井筒形状可确定主应力的方向。因此，由水力压裂可以完整测量应力大小和方向。

$$\begin{aligned}\sigma_{\text{Hmin}} &= p_s \\ \sigma_{\text{Hmax}} &= 3\sigma_{\text{Hmin}} + T_0 - p_b\end{aligned} \quad (5\text{-}53)$$

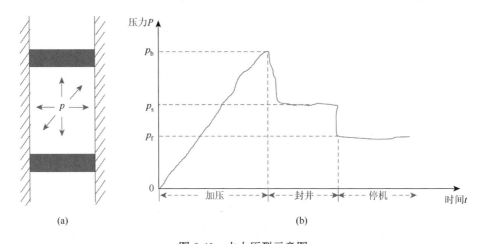

图 5-40 水力压裂示意图
（a）井筒封堵和施加液压；（b）压力过程液压变化规律

水力压裂技术除了应用于地应力测量以外，在能源开采领域也具有非常广泛的应用。其基本原理在于低渗透率岩石在通过水力压裂后产生大量人工裂缝，裂缝的增加使得渗透率大幅提升。在石油工业领域，常规的高渗透性油田越来越少，近些年在结构致密的页岩中发现的大量油气，被称为非常规油气，其开采所依赖的重要技术就是水力压裂，即裂缝导致渗透率增大而使得油气可采。地热能被视为一种潜力极其巨大的绿色能源，地热能的提取也依赖于岩石渗透率，对于产热率最高的花岗岩，孔隙度往往很低，故形成所谓的干热岩。通过双井之间水力压裂产生的裂缝，由一侧注入冷水，另一侧抽取被加热的热水，从而获得地热能。因此水力压裂增加渗透率也成为地热开采的重要技术。

5.5.3 岩石圈强度极限范围

5.5.3.1 库仑准则与拜尔里定律

岩石的脆性变形在初始阶段服从弹塑性本构关系，如第 4 章所描述；随后岩石在承受峰值应力之后发生破坏并进而发生摩擦滑动。破裂是唯一的破坏机制，破裂条件由库仑准则给出。对于完整岩石，库仑准则定义发生破裂的条件和破裂面；当岩石中本身就存在软弱面（节理或断裂）时，是沿已有破裂面滑动还是形成新的破裂面，取决于先满足库仑准则还是先满足拜尔里定律。

如图 5-41a 所示，岩石中包含一个先存软弱面，其法线方向与最大主压应力方向夹角为 θ，以岩石所能承受的最大差应力 $S = |\sigma_1 - \sigma_3|$ 定义岩石强度，那么岩

石的强度随 θ 角的变化如图 5-41b 所示。当 θ 小于 θ_1 或大于 θ_2 时，破裂是否发生由库仑准则定义，形成新的破裂面，岩石强度与完整岩石强度一样；当 $\theta_1 < \theta < \theta_2$ 时，滑动沿先存软弱面发生，岩石强度小于完整岩石强度，且随 θ 角变化。依此类推，如果岩石中存在多组软弱面，则岩石强度表现为整体下降，如图 5-41c 所示。

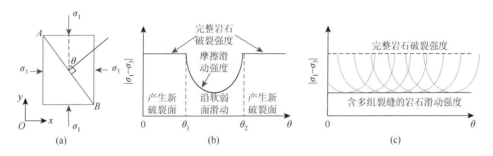

图 5-41 软弱面与岩石强度变化关系（陈颙等，2009）

(a) 含软弱面岩石结构及受力图；(b) 含一个软弱面的岩石强度随方位变化；(c) 含多个软弱面的岩石强度随方位变化

上面关系表明，对于具体岩石，拜尔里定律定义的岩石强度低于库仑准则定义的岩石强度。对于不断变化的压力条件，岩石强度的变化可以用 σ-τ 关系图表示，如图 5-12 所示的库仑准则关系图和图 5-28 所示的拜尔里定律关系图。对比这两个 σ-τ 关系可以发现：①拜尔里定律是从剪应力 0 值开始，而库仑准则是从在 τ 轴上有一个截距开始；②拜尔里定律的摩擦系数对应的直线的倾角为 40°（对应摩擦系数 0.85）和 31°（对应摩擦系数 0.6），而对于深部常见岩石（如花岗岩等），库仑准则对应的破裂线的倾角一般小于 30°。因此二者将在正应力较大时相交，如图 5-42 所示。

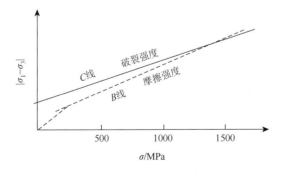

图 5-42 岩石破裂强度和摩擦强度随正应力变化趋势

图 5-42 中 C 线（破裂强度曲线）比 B 线（摩擦滑动强度曲线）高，在正应力大约为 1500 MPa（相当于地下 40 km 左右深度上垂向应力值）时两条线相交。意味着此时岩石的摩擦滑动条件与破裂强度接近。因此，在地壳底部或上地幔顶部，断层或其他软弱面的影响已经近于消失，岩体与完整岩石的力学行为在高压下趋于一致。

图 5-12 将库仑破裂线与莫尔圆结合分析破裂发生的条件。如果在图 5-42 中加入具体应力条件的莫尔圆，可能的情况有三种：

（1）莫尔圆在拜尔里定律的 B 线以下，此时，即使岩石中存在软弱面，岩体也处于稳定状态。

（2）莫尔圆在拜尔里定律的 B 线以上，但是在库仑准则的 C 线以下，此时如果岩体中存在软弱面，则会发生沿软弱面的摩擦滑动；如果岩体中没有软弱面，则岩体保持稳定。因此莫尔圆与 B 线相交，是岩体相对滑动的必要条件，但非充分条件。

（3）莫尔圆与库仑准则的 C 线相切，则岩石必定发生破裂，破裂方位由切点确定。因此莫尔圆与 C 线相切是岩体破裂滑动的充分必要条件。

因此，B 线以下为稳定区，B 线和 C 线之间对于含软弱面的岩体为不稳定区，但是对于完整岩石为稳定区，C 线以上是岩石中不可能的应力状态，因为应力莫尔圆与 C 线相切时即发生破裂，破裂后岩石应力状态立即改变，对应应力-应变曲线图上应力峰值之后的应力下降，这使得应力状态恢复到稳定区。

由于完整岩石的破裂强度与岩石种类、温度、围压、应变率等相关，变化范围很大；而拜尔里定律给出的含破裂面的岩石强度（摩擦滑动强度）与岩石种类、滑动速率无关，可以应用于高温高压状态，具有广泛的适用性，并且天然岩石中总是含有多个不同方向的软弱面，因此下文将采用拜尔里定律分析地应力状态的极限值。地应力状态的极值代表岩石所能承受的最大差应力，亦即岩石圈的强度。在具体分析之前，需要先将孔隙流体作用因素纳入。

5.5.3.2 Hubbert-Rubey 系数

孔隙流体压力的大小在一定范围内变化。若假定岩石中所有孔隙连通且与地表面连通，则深度 h 处的岩石中的孔隙压力为

$$p_{\text{hydr}} = \rho_{\text{w}} \cdot gh , \qquad (5\text{-}54)$$

式中，p_{hydr} 为静水压力；ρ_{w} 为水的密度；g 为重力加速度。若假定深度 h 处岩石孔隙中充满水，但孔隙与外界不连通，那么其中孔隙压力等于 h 以上岩石柱体的压力，即静岩压力

$$p_{\text{lith}} = \rho_{\text{r}} \cdot gh , \qquad (5\text{-}55)$$

式中，ρ_{r} 为上覆岩石的密度。

孔隙流体压力相对于静岩压力常用一个参数表示，称为哈伯特（Hubbert）-

鲁比（Rubey）系数：
$$\lambda = p_f / p_{\text{lith}} 。 \quad (5\text{-}56)$$

当孔隙中不含有流体时，$p_f = 0$，因此 $\lambda = 0$；当 p_f 等于 p_{hydr} 时，若上地壳岩石密度以 $2.65\ \text{g·cm}^{-3}$ 计算，$\lambda \approx 0.38$；当 p_f 等于 p_{lith} 时，$\lambda = 1$。因此有 $0 \leqslant \lambda \leqslant 1$。

5.4.2 小节中式（5-34）给出了以正应力表示的拜尔里定律，若考虑岩石中存在 $p_f = \lambda p_{\text{lith}}$，则式（5-34）修改为

$$\begin{aligned}\sigma_1 &= 5\sigma_3 - 4\lambda p_{\text{lith}} & (\sigma_3 \leqslant 104\ \text{MPa}), \\ \sigma_1 &= 3.1\sigma_3 - 2.1\lambda p_{\text{lith}} + 180 & (\sigma_3 \geqslant 104\ \text{MPa})。\end{aligned} \quad (5\text{-}57)$$

可以据此分析岩石圈的应力状态极限值。

5.5.3.3 浅部岩石强度-深度关系

首先根据前文地应力状态分析结果给定一个合理的假定：地下岩石的应力状态中一个主应力方向是垂直的，且垂向主应力大小等于 p_{lith}。

考虑第一种情形：垂向主应力最大，水平主应力最小。这时有

$$\begin{aligned}\sigma_v &= \sigma_1 = p_{\text{lith}}, \\ \sigma_{\text{Hmin}} &= \sigma_3 = \frac{1+4\lambda}{5} p_{\text{lith}},\end{aligned} \quad (5\text{-}58)$$

水平最小主应力是 h 和 λ 的函数：

当 $\lambda = 0$（孔隙压力为 0，干燥孔隙）时，$\sigma_{\text{Hmin}} = 0.2 p_{\text{lith}}$；

当 $\lambda = 0.38$（孔隙压力等于静水压力，岩石密度取 $2.65\ \text{g·cm}^{-3}$）时，$\sigma_{\text{Hmin}} \approx 0.5 p_{\text{lith}}$；

当 $\lambda = 1$（孔隙压力等于静岩压力）时，$\sigma_{\text{Hmin}} = p_{\text{lith}} = \sigma_1$。

由以上三个特殊 λ 值计算的最小主应力随深度变化关系分别对应图 5-43 中的直线 a、b、c。这三条直线限定了垂向主应力最大、水平主应力最小时，最小水平主应力 σ_{Hmin} 的范围在 0.2~1 倍的上覆岩层压力值之间。

考虑第二种情形：垂向主应力最小，一个水平主应力最大。这时有

$$\begin{aligned}\sigma_v &= \sigma_3 = p_{\text{lith}}, \\ \sigma_{\text{Hmax}} &= \sigma_1 = (5-4\lambda) p_{\text{lith}},\end{aligned} \quad (5\text{-}59)$$

最大水平主应力为

当 $\lambda = 0$（孔隙压力为 0，干燥孔隙）时，$\sigma_{\text{Hmax}} = 5 p_{\text{lith}}$；

当 $\lambda = 0.38$（孔隙压力等于静水压力）时，$\sigma_{\text{Hmax}} \approx 3.5 p_{\text{lith}}$；

当 $\lambda = 1$（孔隙压力等于静岩压力）时，$\sigma_{\text{Hmax}} = p_{\text{lith}} = \sigma_v$。

由以上三个特殊 λ 值计算的最大主应力随深度变化关系分别对应图 5-43 中的直线 e、d、c。这三条直线限定了垂向主应力最小、水平主应力最大时，最大水

平主应力 σ_{Hmax} 的范围在 1～5 倍的上覆岩层压力值之间。

介于上述两种情形之间的第三种情形为，最大主应力及最小主应力水平，中主应力垂直，这时主应力之间的关系满足：

$$\frac{\sigma_1}{\sigma_2} = \frac{\sigma_{\text{Hmax}}}{\sigma_2} \leqslant \frac{\sigma_1}{\sigma_3} = 5 - 4\lambda \frac{p_{\text{lith}}}{\sigma_3} < 5 - 4\lambda, \quad (5\text{-}60)$$

第二种情形确定的 σ_{Hmax} 的范围适用于第三种情形。

因此，对于具体地区，只要知道了三个主应力的方向和 λ，就可以确定水平应力的范围；结合垂向应力可以进一步确定差应力值的大小。对于整个岩石圈的应力状态，图 5-43 也给出了明确的趋势和范围。图中仅使用 2～3 km 深度内数据进行展示，可以进一步外推。外推的结果应该是随深度增加，水平应力增加，垂向应力同步增加，因此差应力依然随深度线性增加。但是岩石强度是否随着深度增加而持续增大？回答这个问题需要从另一个角度进行分析：深度更大时，高温高压作用使得岩石呈现以黏性变形特征为主，其强度随温度升高而降低。

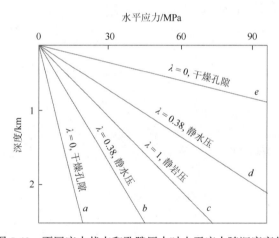

图 5-43 不同应力状态和孔隙压力时水平应力随深度变化

5.5.3.4 深部岩石强度-深度关系

4.6 节介绍了岩石的黏性本构，黏性本构与温度密切相关，见式（4-76），即温度越高黏性系数越小，岩石能承受的剪应力也越小。

根据式（4-76），如果应变率和岩石蠕变参数都已知，则可以获得岩石应力与温度的关系。不同矿物具有不同的蠕变特征，石英和橄榄石是两种最主要的造岩矿物，其中石英在地壳岩石中的含量比例最高，而橄榄石则是地幔岩石的主要成分。因此下文对这两种主要造岩矿物进行分析。

第一，实验发现岩石的流动与孔隙压力无关，这使问题大为简化，不需要考虑孔隙作用。

第二，Brace 和 Kohlstedt（1980）根据高温高压实验给出了石英的本构方程：
$$\dot{\varepsilon} = 5 \times 10^8 (\sigma_1 - \sigma_3)^3 \exp\left(\frac{-0.19}{RT}\right) \quad (\sigma_1 - \sigma_3 < 1000 \text{ MPa})， \tag{5-61}$$

以及橄榄石的本构方程：
$$\dot{\varepsilon} = 7 \times 10^4 (\sigma_1 - \sigma_3)^3 \exp\left(\frac{-0.52}{RT}\right) \quad (\sigma_1 - \sigma_3 < 200 \text{ MPa})，$$
$$\dot{\varepsilon} = 5.7 \times 10^{11} \exp\left[\frac{-0.52}{RT}\left(1 - \frac{\sigma_1 - \sigma_3}{8500}\right)^2\right] \quad (\sigma_1 - \sigma_3 > 200 \text{ MPa})， \tag{5-62}$$

这些公式给出了岩石蠕变与差应力及温度的关系（公式中 R 为气体常数，T 为温度）。如果知道岩石的蠕变速率和温度，即可估算应力场。

第三，地壳变形的应变率可以由板块运动速率估算。取板块边缘相对运动速率 6 cm·a^{-1}、板块尺度 2000 km，以 $\dot{\varepsilon} = v/l$ 计算，应变率约为 10^{-15} s^{-1} 的量级。

第四，地壳内温度随深度增加而升高，这里采用最简单的线性温度关系
$$T = 350 + 15h \tag{5-63}$$
式中，温度 T 是以 K（开尔文）为单位，而深度 h 则是以 km 为单位。

综上，给定 h 可以计算对应的 T，将温度和应变率代入式（5-61）或式（5-62）即可计算获得不同深度的差应力。计算结果显示差应力随深度成指数降低。浅部由于温度低而计算的差应力高于前文依据拜尔里定律计算的结果，这种情况下以较小的强度，即拜尔里定律结果为准。Brace 和 Kohlstedt（1980）最早采用这一思路对地壳强度进行了估计，分析结果如图 5-44 所示。其中图 5-44b 显示浅部差应力随深度增加而线性增加、深部指数型减小，亦即地壳强度包络线，表明地壳强度具有先随深度增加而增加、后快速降低的特征。

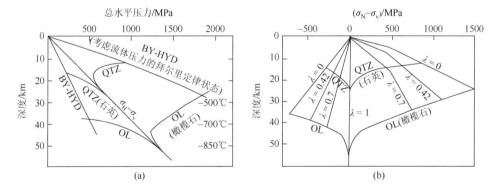

图 5-44 地壳强度特征（Brace and Kohlstedt，1980）
（a）不同深度水平主应力取值范围；（b）差应力随深度变化关系

5.5.3.5 脆韧性转换带

上面分析的浅部和深部岩石强度与深度关系分别考虑了以浅部脆性变形为主和深部韧性（蠕变）为主的变形方式。脆韧性转换（brittle-ductile transition），简写为 BDT，指岩石变形方式从以脆性破裂为主转换为以蠕变变形为主。由于脆性强度随围压而增加，韧性强度则随温度升高而降低，因此地壳中存在一个强度最大的深度，对应脆韧性转换带（brittle-ductile transition zone），该带内岩石变形方式发生明显变化。

对于以长石和石英为主要成分的大陆地壳岩石，脆韧性转换带深度为 13~18 km（对应的温度范围为 250~400℃），如图 5-45 所示。脆韧性转换带以上，地壳强度随深度近于线性增加，变形方式以破裂和摩擦滑动为主；以下，地壳强度随深度指数型降低，变形方式以蠕变流动为主。同时，脆韧性转换带以上地震多发，该深度以下很少发生地震。对于变形集中区，转换带以上以交错的脆性断裂、松散断层泥或断层碎屑、碎裂岩为主；脆韧性转换带内则可见韧性剪切带和脆性破裂带共存；转换带以下以代表韧性变形的糜棱岩和变余糜棱岩为主。

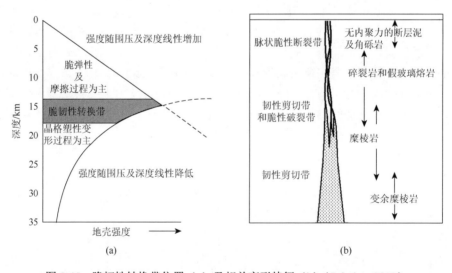

图 5-45　脆韧性转换带位置（a）及相关变形特征（b）（Scholz，2002）

脆韧性转换是不同温压条件引起的裂纹化和位错运动的竞争过程。裂纹化作用包括体积增加和摩擦做功，因此压力会抑制这种作用，故随着深度、压力增加，裂纹化作用减弱；但裂纹对温度不敏感。位错运动不产生体积变化和摩擦作用，因此对压力不敏感，但是位错运动随温度升高而加剧，故而深部高温非常有助于塑性流动。

5.6 基于数字岩石的破裂和摩擦研究

5.6.1 基本方法

岩石的破裂过程的观测至关重要。5.1.2 小节介绍岩石破裂过程的观测技术时，已经涉及数字岩石动态观测方案。一些室内 CT 扫描设备也可以联合小型压力设备，一定程度上实现岩石压裂过程中的序列扫描观测，但是由于室内设备的 X 射线能量较低，扫描速度较慢，虽然可以进行若干加载步的观测，但进行高频度连续变形观测的难度较大。安装在欧洲同步辐射光源的 HADES 设备最早实现了岩石加载变形过程的高精度和（近乎）连续的观测（Renard et al.，2016）。

高精度和连续观测获得的是岩石样品在不同加载条件下的结构图像。这些图像表示岩石内部结构几何形态的变化，通过结构定量分析，可以获得结构变形的几何学参数。通过进一步处理，如采用数字体积关联（digital volume correlation，DVC）（Tudisco et al.，2017）方法进行分析，可以导出运动学参数。实验过程中，设备的加载对应给定的力，但仅样品外边界的力已知，样品内部不同位置的应力状态无法测量，只能通过数值模拟获得结构内部的动力学参数。

DVC 是基于二维图像的数字图像关联（digital image correlation，DIC）技术的三维扩展。其核心内容为根据前后两个步骤的图像数据（可分别称为参考图像和变形图像），对每一个体像素点的局部子集进行分析，从变形图像中发现与参考图像最接近的子集，二者的相对位置关系可以定义为该点的位移，并进而计算应变值，包括体应变和剪应变。如图 5-46 所示，一个完整岩石样品产生破裂后，采用 DVC 方法分析获得的最大剪应变和体应变分布。

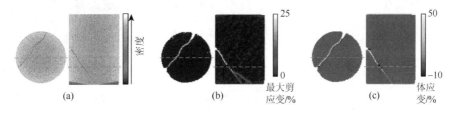

图 5-46 DVC 方法确定应变分布（Tudisco et al.，2017）（后附彩图）
（a）变形后两个切片图像；（b）最大剪应变分布；（c）体应变分布

岩石微观复杂结构随加载过程的变形、破裂发展及动力学参数变化的模拟研究是弹塑性变形过程的推广，但难度明显增加。难点包括：岩石破裂过程本身就相对于弹塑性变形模拟难度大；对于复杂的力学过程，内部不规则结构往往进一步导致计算误差较大或难以收敛；对于岩石中存在的孔隙和裂隙，压缩过程可能造成孔隙闭合,如果采用有限单元法,还需要对孔隙边界进行特殊处理,以防止单元出现穿插的现象。依据数字岩石图像研究微观结构内部破裂的演化发展并与实验观测对比,目前还处于起步阶段。

5.6.2 应用实例

5.6.2.1 热裂纹扩展与热应力

Schrank 等(2012)以 Westerly 花岗岩热裂纹扩展实验为基础,分析了热裂纹产生时所对应的应力。他们所依据的数据为在同步辐射线站加热并原位 CT 扫描的动态热裂纹图像,样品直径为 2.6 mm,图像分辨率为 1.3 μm。样品从室温开始加热,从 50℃起,每 15℃度进行一次 CT 扫描,一直加热到 395℃,加上冷却后的一次扫描,获得共 26 个时间步的动态图像。

样品在加热过程中产生了热裂纹,如图 5-47a 和图 5-47b 所示,厚 130 μm、面积 650 μm×1000 μm 的局部区间分别在 0℃和 220℃的裂缝结构体渲染,底部灰度图为切片原始图像,暗红色部分为裂缝,显示样品中存在天然裂缝,加热后裂缝明显增加,且裂缝以在颗粒边界扩展为主。图 5-47c 为进行具体分析计算的二维切片局部原始灰度图;图 5-47d 为研究区内不同矿物的识别和分区,其中红色为石英、深灰色为微斜长石、浅灰色为斜长石、绿色为云母;图 5-47e 为模型加热到 360℃时不同矿物物性差异造成的米泽斯应力分布,显示石英颗粒中应力值明显最高,且应力集中于颗粒边界。

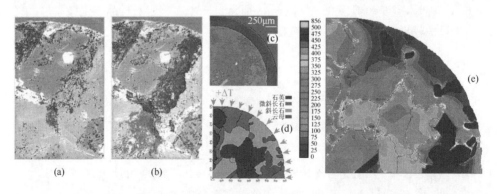

图 5-47 韦斯特利花岗岩热裂纹及结构内部应力(Schrank et al.,2012)(后附彩图)
(a)0℃时天然裂缝结构体渲染;(b)220℃时裂缝结构体渲染;(c)分析的二维空间原始图像;(d)分析范围矿物分区;(e)加热到 360℃后的米泽斯应力分布

该研究中数值模拟给定的边界条件可以类比为岩石以 1 cm·a^{-1} 的速率沉降,随着埋深度增加,温度逐步升高;以地表热流值 70 mW·m^{-2} 估算,360℃对应地下 17 km 深度。该沉降过程大约需要 1.7 Ma。即使考虑这一时间段的蠕变松弛引起的应力降低，该计算结果也依然表明地下深处岩石内部微观结构和矿物颗粒之间的相互作用可以造成临近失稳的差应力。这种情况下，叠加构造应力作用很容易发生失稳破坏。颗粒尺度的失稳破坏可能足以造成宏观尺度断裂的形成和发展，对应地震的发生。该成果一定程度上解释地下 10~25 km 地震多发层位上的应力状态。

5.6.2.2 岩石破坏与前兆信息

利用 HADES 设备，奥斯陆大学相关研究组及其合作者开展了大量岩石微观结构破坏的观测和分析，包括如图 5-10 所示的火山玄武岩破裂的观测和分析。McBeck 等（2021）对比了花岗岩在干燥和含水条件下受压破裂的过程，通过动态 CT 图像裂缝识别与统计，给出了岩石变形过程的分阶段特征描述，将裂缝网络的发展分为三类：①裂缝成核（新生）；②裂缝独立扩展；③裂缝合并。三种方式在整个岩石加载变形阶段有不同体现，并以屈服为转折点（图 5-48a），屈服前的第一、第二阶段以裂缝成核和单裂缝的扩展为主（图 5-48b）；屈服后的第三、第四阶段则伴随大量裂缝合并（图 5-48c），但在含水条件下，更多地体现为单裂缝的扩展而非裂缝合并。

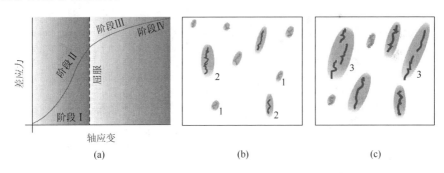

图 5-48 变形阶段与裂缝发育特征（McBeck et al.，2021）

(a) 应力-应变曲线和变形阶段；(b) 屈服前的变形阶段 Ⅰ 和 Ⅱ；(c) 邻近破坏的变形阶段 Ⅲ 和 Ⅳ
图中所标 1 为新形成裂缝，2 为单裂缝扩展；3 为裂缝合并；阴影区为裂缝引起的应力扰动区

对于裂缝导致的应力扰动和其对周围裂缝的影响，前人认为可能影响范围达到裂缝长度同一量级（Scholz et al., 1993）。但是微观观测结果发现，岩石屈服前的初始变形阶段，裂缝造成的应力扰动范围很小，几乎不影响周围裂缝的形成和扩展；但屈服之后，应力扰动和裂缝发展相互影响的状态与前人研究结果一致。另外，差应力大小对裂缝发展有明显影响，所施加的差应力低时，早期新裂缝形成与先存裂缝扩展共存，随后裂缝扩展相比于裂缝合并更优，应力扰动范围小；而差应力高时，早期先存裂缝扩展优先，随后裂缝合并更多，应力扰动范围大。

McBeck 等（2020）根据 8 种不同岩石的破裂实验，以及由 CT 动态图像提取的多种参数，通过机器学习方法，分析岩石破裂前最有效的前兆指标。依据基于线弹性断裂力学、临界相变、莫尔-库仑和应变能密度等破裂准则来选择指标。结果表明应变能密度的演化可能提供最为可靠的破坏失稳临界信息。该研究的意义在于，岩石微观尺度的破坏失稳与宏观尺度的破坏失稳具有相似的规律性，亦即地震应变能密度的变化也可以成为地震前兆的重要指标。

5.6.2.3 非均质性引起的破裂过程模拟

Yu 等（2018）对一个混凝土样品进行了 CT 扫描、压裂实验和数值模拟分析。该样品中包含 10～30 mm 大小、形状不规则的石灰岩骨料块和细沙，由水泥胶结而成。图像分辨率为 40 μm；在这一分辨率下仅能识别少量大孔隙。研究中以 CT 图像为数值模拟研究的初始结构模型，首先对图像进行了处理，对骨料颗粒和水泥沙基质的交界面进行了处理，定义了比实际界面厚的交接带；随后模拟计算样品加载过程中裂缝的形成，与实验压裂的样品照片对比，发现模拟形成的裂缝形态与实验样品表面裂缝形态具有可比性（图 5-49）；进而对交接带的强度对裂缝形态的影响进行了分析。

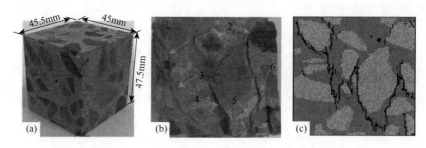

图 5-49 水泥、细沙和石灰岩骨料配制的混凝土样品及分析结果（Yu et al., 2018）
（a）样品微观照片及尺度标注；（b）某一外切面压裂后裂缝形态，数字表示裂缝编号；（c）相同外切面数值模拟分析获得的裂缝分布

5.6.2.4 基于颗粒的岩石破裂过程模拟

近些年，依据 CT 图像建立岩石内部结构模型，分析实际岩石中矿物颗粒（尺度在微米至亚毫米量级）非均质性引起的破裂过程，称为基于颗粒方法（grain-based method, GBM）的研究获得了逐步发展。例如，Guo 等（2023）采用基于离散单元方法的 PFC 软件对花岗岩的破裂过程进行了模拟研究。如图 5-50 所示，数值模型可以精确体现具体岩石中矿物结构，数值模拟过程可以描述样品受力变形及破裂扩展，同时包括不同温、压条件作用下，矿物颗粒内部及矿物之间的相互作用力。这些参数正是揭示岩石微观尺度破坏的关键因素。

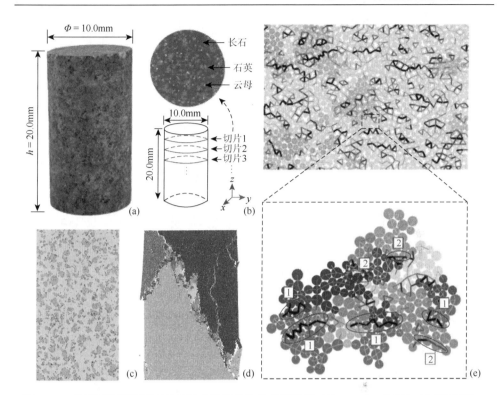

图 5-50　基于颗粒模型研究花岗岩非均质结构的变形破坏（Guo et al., 2023）（后附彩图）

（a）花岗岩样品外观；（b）CT 扫描图像结构及典型切片图，其中深灰色影像对应长石，浅灰色对应石英，近白色影像对应云母；（c）图像分割后模型切面视图，其中大面积浅绿色对应长石，颗粒状黄色对应石英，细小的蓝色颗粒对应云母；（d）样品加压后破坏形态；（e）以不同粗细的线条表示的样品加热到 150℃时矿物颗粒之间、颗粒内部粒子之间的力键，其中 1 代表颗粒之间高值力键，2 代表颗粒内部高值力键

　　以上所列举的几个实例都与岩石破裂和数字岩石相关，但完整的岩石破裂观测和模拟计算对比尚待进一步发展：①热裂纹扩展与热应力研究采用的二维模型，以热弹性分析应力二维模型中的应力演化特征，将不同矿物的边界设置为接触边界，可以考虑接触边界的相互运动，但没有模拟裂缝的新生和扩展；②动态裂缝发育观测与前兆信息等相关研究获得的是大量的观测数据和分析，样品内部不同结构所引起的动力学响应尚无法直接获得，需要采用数值模拟手段才能获得；③对混凝土材料等开展的非均质引起的破裂变形，一般所采用的图像分辨率较低，对更小尺度上的非均质性（如孔隙）影响的分析受限；④基于颗粒模型的离散单元方法显示了明显的优越性，但是结构建模和颗粒之间键的定义较为复杂，另外数据量大，计算存在挑战。

　　从发展角度看，通过数字岩石物理深入探索其结构几何特征，以及该结构形态在受力变形过程中的运动学和动力学特征，可以帮助我们更好地理解岩石所发生的变化，是岩石物理发展的新领域。

思 考 题

1. 岩石破坏方式有哪几种？

2. 什么是扩容？岩石为什么会发生扩容？

3. 根据野外观察到的共轭破裂，我们确定较小夹角的平分线为最大主压应力方向。试通过公式解释为什么。

4. 假设完全弹性地体除受重力作用外，一个水平方向受 10 MPa 构造作用力。浅部三个地层分别为：①1～1000 m，砂岩，岩石抗张强度为 12 MPa，密度为 2400 kg·m^{-3}；②1000～2500 m，石灰岩，岩石抗张强度为 17 MPa，密度为 2500 kg·m^{-3}；③2500～5000 m，花岗岩，岩石抗张强度为 23 MPa，密度为 2650 kg·m^{-3}。其泊松比均为 0.2。试分析：一个可以提供最大压力为 50 MPa 的高压水泵，可以压裂哪些深度？

参 考 文 献

陈颙，黄庭芳，刘恩儒，2009. 岩石物理学[M].合肥：中国科学技术大学出版社.

黄宛莹，吴江涛，刘洁，2020. 基于团簇的岩石动态 CT 图像可视化与结构变形分析[J].CT 理论与应用研究，29（4）：424-434.

Archard J F，1957. Elastic deformation and the laws of friction[J]. Proceedings of the Royal Society A：Mathematical，Physical and Engineering Sciences，243（1233）：190-205.

Blanpied M L，Lockner D A，Byerlee J D，1995. Frictional slip of granite at hydrothermal conditions[J]. Journal of Geophysical Research：Solid Earth，100（B7）：13045-13064.

Bowden F P，Tabor D，1950. The friction and lubrication of solids，part I[M]. Oxford：Clarendon Press.

Bowden F P，Tabor D，1964. The friction and lubrication of solids，part II[M]. Oxford：Clarendon Press.

Brace W，Byerlee J，1966. Stick-slip as a mechanism for earthquakes[J]. Science，153（3739）：990-992.

Brace W，Kohlstedt D，1980. Limits on lithospheric stress imposed by laboratory experiments[J]. Journal of Geophysical Research：Solid Earth，85（B11）：6248-6252.

Byerlee J，1967. Frictional characteristics of granite under high confining pressure[J]. Journal of Geophysical Research，72（14）：3639-3648.

Byerlee J，1978. Friction of rocks[J]. Pure and Applied Geophysics，116（4-5）：615-626.

Chaboche J L，1988a. Continuum damage mechanics：Part I—general concepts[J]. The Journal of Applied Mechanics，55（1）：59-64.

Chaboche J L，1988b. Continuum damage mechanics：Part II—damage growth，crack initiation，and crack growth[J]. The Journal of Applied Mechanics，55（1）：65-72.

Fortin J，Stanchits S，Dresen G，et al.，2006. Acoustic emission and velocities associated with the formation of compaction bands in sandstone[J]. Journal of Geophysical Research：Solid Earth，111（10）：1-16.

Griffith A A，1920. The phenomena of rupture and flow on solids[J]. Proceedings of the Royal Society，221A：163-198.

Guo P Y，Zhang P，Bu M H，et al.，2023. Microcracking behavior and damage mechanism of granite subjected to high temperature based on CT-GBM numerical simulation[J]. Computers and Geotechnics，159：105385.

He C，Wang Z，Yao W，2007. Frictional sliding of gabbro gouge under hydrothermal conditions[J]. Tectonophysics，445（3-4）：353-362.

Huang L, Baud P, Cordonnier B, et al., 2019. Synchrotron X-ray imaging in 4D: Multiscale failure and compaction localization in triaxially compressed porous limestone[J]. Earth and Planetary Science Letters, 528: 115831.

Irwin G R, Kies J A, Smith H L, 1958. Fracture strengths relative to onset and arrest of crack propagation[J]. Proc. Am. Soc. Testing Materials, 58(58): 640-657.

Jaeger J C, Cook N G W, 1976. Fundamentals of rock mechanics[M]. London: Chapman and Hall.

Jaeger J C, Cook N G W, Zimmerman R W, 2007. Fundamentals of rock mechanics[M]. 4th ed. Blackwell Publishing.

Kachanov L M, 1958. Time of the rupture process under creep conditions[J]. Isv. Akad. Nauk. SSR Otd Tekh. Nauko 8: 26-31.

Lockner D A, Byerlee J D, Kuksenko V, et al., 1992. Observations on quasistatic fault growth from acoustic emissions[J]. International Geophysics, 51: 3-31.

Logan J M, Teufel L W, 1986. The effect of normal stress on the real area of contact during frictional sliding in rocks[J]. Pure and Applied Geophysics, 124: 471-486.

Mavko G, Mukerji T, Dvonkin J, 2009. The rock physics handbook[M]. Cambridge: Cambridge University Press.

McBeck J A, Aiken J M, Mathiesen J, et al., 2020. Deformation precursors to catastrophic failure in rocks[J]. Geophysical Research Letters, 47(24): 1-15.

McBeck J A, Cordonnier B, Vinciguerra S, et al., 2019. Volumetric and shear strain localization in Mt. Etna Basalt[J]. Geophysical Research Letters, 46(5): 2425-2433.

McBeck J A, Zhu W, Renard F, 2021. The competition between fracture nucleation, propagation and coalescence in the crystalline continental upper crust[J]. Solid Earth, 12: 375-387.

Murrell S A F, 1965. The effect of triaxial stress systems on the strength of rocks at atmospheric temperatures[J]. Geophysical Journal of the Royal Astronomical Society, 10(3): 231-281.

Ohnaka M, 1973. The quantitative effect of hydrostatic confining pressure on the compressive strength of crystalline rocks[J]. Journal of Physics of the Earth, 21(2): 125-140.

Paterson M S, Wong T, 2005. Experimental rock deformation: The brittle field[M]. 2nd ed. Heidelberg: Springer Berlin Heidelberg.

Rabotnov Y N, 1969. Creep problems in structural members[M]. North-Holland Publishing Campany.

Renard F, Cordonnier B, Dysthe D K, et al., 2016. A deformation rig for synchrotron microtomography studies of geomaterials under conditions down to 10 km depth in the Earth[J]. Journal of Synchrotron Radiation, 23(4): 1030-1034.

Scholz C H, 2002. The Mechanics of earthquakes and faulting[M]. 2nd ed. Cambridge: Cambridge University Press.

Scholz C H, Dawers N H, Yu J Z, et al., 1993. Fault growth and fault scaling laws: Preliminary results[J]. Journal of Geophysical Research, 98(B12): 21951-21961.

Schrank C E, Fusseis F, Karrech A, et al., 2012. Thermal-elastic stresses and the criticality of the continental crust[J]. Geochemistry Geophysics Geosystems, 13(9): 1-21.

Schultz R A, Okubo C H, Fossen H, 2010. Porosity and grain size controls on compaction band formation in Jurassic Navajo Sandstone[J]. Geophysical Research Letters, 37(22): 1-5.

Tudisco E, Andò E, Cailletaud R, et al., 2017. TomoWarp2: A local digital volume correlation code[J]. SoftwareX, 6: 267-270.

Wong T F, 1982. Micromechanics of faulting in westerly granite[J]. International Journal of Rock Mechanics and Mining Sciences & Geomechanics Abstracts, 19(2): 49-64.

Yu Q, Liu H Y, Yang T, et al., 2018. 3D numerical study on fracture process of concrete with different ITZ properties using X-ray computerized tomography[J]. International Journal of Solids and Structure, 147: 204-222.

第6章　岩石中波的传播

自然界中存在各种不同的波。天然地震、自然界其他活动以及人类生产、生活引起地面或地下振动，振动在周围岩石介质中传播，统称地震波。地震波携带大量地球介质的信息，是人类探索地球内部最重要的技术手段。在探索地球内部特征的不同技术中（包括地震方法、重力、磁法、电法、电磁法、测井、放射性等），地震方法占比最高。

本章主要介绍地震波的基本特性以及岩石中地震波的影响因素和衰减特征。

6.1　岩石中的波

岩石在受力较小且受力时间较短时主要表现为弹性性质。很多情况下，考虑岩石中地震波的传播时，可以将岩石视为弹性介质，在岩石中传播的地震波视为弹性波。

未受到介质边界影响、仅在弹性介质内部传播的弹性波称为体波，其能量可在整个弹性介质内传播。沿着弹性介质表面或分界面传播的波称为面波，其能量只分布在界面附近。从岩石物理角度出发，以下主要介绍体波。

6.1.1　岩石中体波的类型和特点

根据质点振动方向与波传播方向的关系，体波可分为纵波和横波。弹性波的传播本质上是介质中弹性应变的传播。根据前文有关应变知识，应变可以分解为体应变和剪应变。与体应变对应的称为纵波，表示介质体积的胀缩变化，故纵波又称胀缩波，也称 P 波。与剪应变对应的称为横波，表示介质切向上的形状改变，故横波又称剪切波，或称 S 波。

纵波表示介质体积的胀缩变化，其质点振动方向与波传播方向一致，表现为以疏密带形式传播。纵波在固、液、气三态中都能传播。纵波在岩石中传播的速度为

$$v_P = \sqrt{\frac{\lambda + 2\mu}{\rho}}, \tag{6-1}$$

式中，ρ 为岩石的密度；λ 和 μ 都为岩石的弹性参数。横波表示介质切向上的形状改变，其传播方向与质点振动方向垂直。横波仅在固态介质中传播。横波的传

播速度为

$$v_S = \sqrt{\frac{\mu}{\rho}}。 \tag{6-2}$$

同一介质的纵波速度大于横波速度。对于岩石介质，其泊松比在 0.25 时有 $\lambda = \mu$，此时：

$$v_P = \sqrt{3}v_S \approx 1.73 v_S。 \tag{6-3}$$

质点振动在弹性介质中传播，在某一固定时刻，所有相位相同的点构成波面。根据波面的形态，将体波分为球面波、柱面波和平面波：三维均匀介质中点源激发的波面为球面，称为球面波；线源激发的波面为柱面，称为柱面波；面源激发的波面为平面，称为平面波。对于介质中任一质点，弹性波自震源传播到该点需要时间。又因能量损耗，任一质点在振动有限时间后均停止振动。在某一固定时刻，介质中刚刚开始振动的点（弹性波刚刚传播到该点）构成的波面称为波前面，刚刚停止振动的点构成的波面称为波尾面。

6.1.2 波在介质分界面上的反射、透射和折射

地震波的传播可用射线来表征，射线与波面互相垂直。通常情况下，地下介质具有分层特性，不同层的弹性性质（密度、弹性常数以及速度等）具有差异。地震波传播时受到多种因素影响，在介质分界面处其波速、传播方向、频谱成分和能量等都发生明显变化，并可在分界面处产生新的扰动。

6.1.2.1 地震波的反射和透射

地震波在层状介质中传播，遇到介质性质突变的分界面时，两个最常见的现象是反射和透射。假设层内介质均匀且各向同性，若介质 1 中存在一个入射波射线，遇到与介质 2 的界面，将形成一个与入射波射线对称、依然在介质 1 中传播的反射波；同时形成一个在介质 2 中传播，但射线方向发生弯折的透射波。入射波、反射波和透射波的方向及其在两种介质中传播的速度之间存在如下关系，该关系也称为斯内尔（Snell）定律：

$$\frac{\sin\alpha}{v_1} = \frac{\sin\alpha'}{v_1} = \frac{\sin\beta}{v_2} = p， \tag{6-4}$$

式中，α 为入射角；α' 为反射角；β 为透射角；三者均为射线与界面法线的夹角；v_1 和 v_2 分别为地震波在介质 1 和介质 2 中传播的速度；p 为射线参数。其中，入射线、反射线与界面法线在同一平面内，且反射角等于入射角；透射线和入射线分居界面两侧，也与界面法线在同一平面内，如图 6-1 所示。

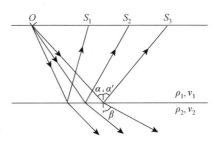

图 6-1 波的反射和透射

任意一种弹性波（P 波或 S 波）以任意角度入射到一个界面上时，一般都会产生四种波：反射 P 波、反射 S 波、透射 P 波、透射 S 波。根据界面两侧介质的连续性条件，可以求出这些波的振幅、相位和能量。研究分析中经常考虑一种特殊情形：波沿界面法线方向入射，称为正入射的情形。正入射不发生波形转换，即入射 P 波只产生反射 P 波和透射 P 波，不产生 S 波；入射 S 波也只产生反射 S 波和透射 S 波，不产生 P 波。利用正入射波，可以简单地定义反射波与透射波的强度。当波垂直入射界面（称为正入射），即入射角为 0 时，入射波的振幅 A_i、反射波的振幅 A_r 和透射波的振幅 A_t 关系如下：

$$R = \frac{A_r}{A_i} = \frac{\rho_2 v_2 - \rho_1 v_1}{\rho_2 v_2 + \rho_1 v_1} = \frac{Z_2 - Z_1}{Z_2 + Z_1}, \quad (6\text{-}5a)$$

$$T = \frac{A_t}{A_i} = \frac{2\rho_1 v_1}{\rho_2 v_2 + \rho_1 v_1} = \frac{2Z_1}{Z_2 + Z_1}, \quad (6\text{-}5b)$$

式中，ρ_1 和 ρ_2 分别为入射介质（介质 1）和透射介质（介质 2）的密度；R 和 T 分别为反射系数和透射系数。显然反射系数和透射系数只与两种介质的密度和速度的乘积相关。将密度与速度的乘积称为介质的波阻抗，以 Z 表示。式（6-5a）和式（6-5b）表明，反射系数可正可负，而透射系数总是正的。反射系数非零（即反射波形成）的条件是界面两侧介质的波阻抗不等，换言之，如果两种介质的波阻抗相等，那么这两种介质之间不会发生反射。

6.1.2.2 地震波的折射

根据斯内尔定律，当下层介质的速度大于上层介质的速度时，透射角大于入射角。入射角增大时，透射角随之增大，当入射角增大到某个角度时（该角度称为临界角）透射角达到 90°，此时透射波以界面下层介质速度 v_2 沿界面滑行，此时的透射波称为滑行波。根据惠更斯（Huyghens）原理，滑行波经过的各点可看作新的振动源。由于界面间存在弹性联系，透射波沿界面滑行时必然引起上层介质质点的振动，即在介质 1 中激发新的波。该波的波前面一端与反射波波前面相切，另一端与透射波波前面相连，这种由滑行波引起的波即为折射波，如图 6-2 所示。折射波存在接收盲区，以 S_0 表示起始接收到折射波的位置，激发源 O 到 S_0 的距离即为盲区大小，S 表示其它任意接收到折射波的位置。

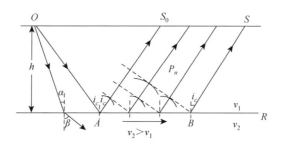

图 6-2 地震折射波的形成

P_n 为折射波，i_c 为临界角

6.1.3 有界介质中的波及岩石波速测量

6.1.3.1 有界介质中波的传播

当地震波传播的空间受限时，问题会变得相对复杂。下文以一个特殊情况为例进行说明。考虑一个仅在一维空间无限大，另外两个方向尺度远小于波长的有界介质，并且只考虑纵波在其中的传播，因此介质中质点仅发生纵向运动。假设介质中每一个横截面上的质点在运动过程中始终保持为平面，质点运动导致的应力分布也是均匀的。该情形类似于力学分析中杆受拉或受压问题，等同于单轴应力问题。如图 6-3 所示，介质的截面积为 A，考虑一个长度为 δx 的小单元 PQ，单元左端应力为 σ_x，右端应力为 $\sigma_x + \dfrac{\partial \sigma_x}{\partial x}\delta x$。根据牛顿第二定律，有

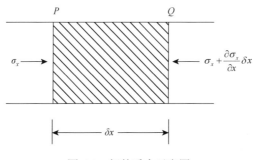

图 6-3 杆的受力示意图

$$\left(\sigma_x + \frac{\partial \sigma_x}{\partial x}\delta x\right) \cdot A - \sigma_x \cdot A = \rho A \delta x \frac{\partial^2 u}{\partial t^2} , \qquad (6\text{-}6)$$

式中，ρ 为介质密度；u 为质点位移。根据第 4 章式（4-69），有

$$\sigma_x = E\varepsilon_x = E\frac{\partial u}{\partial x} , \qquad (6\text{-}7)$$

因此式（6-6）可以转化为

$$\rho \frac{\partial^2 u}{\partial t^2} = E \frac{\partial^2 u}{\partial x^2} 。 \qquad (6\text{-}8)$$

这是一个波动方程，表示纵波在单向延伸的有界介质中的传播速度为 $\sqrt{E/\rho}$。

对于无限介质，如果考虑同样的纵波传播，相同的微元在另外两个方向均有介质围限，此时应力-应变关系不同于单轴应力关系，而是类似于单轴应变关系，波传播方向的应力和位移关系参照式（4-70）为

$$\sigma_x = (\lambda + 2G)\varepsilon_x = (\lambda + 2\mu)\frac{\partial u}{\partial x} 。 \qquad (6\text{-}9)$$

由此求解的纵波传播速度为 $\sqrt{(\lambda + 2\mu)/\rho}$，正是式（6-1）。

据此获得两点重要认识：①如果在实验室进行波速测量，由于实验样品的大小受限，需要采用波长远小于样品尺度的波；②天然状态下地下岩石受地层层面、节理、内部结构以及结构中的流体等影响，地震波速度的影响因素极其复杂。

6.1.3.2 岩石波速实验室测量

20 世纪 60 年代，Birch（1960）最早利用超声波在岩石中传播的方法，在实验室中测量获得了有围压条件下岩石样品的 P 波速度；随后 S 波速度测量也获得了成功。超声波的波长在微米至厘米量级，采用小波长的超声波，厘米尺度的岩石样品可以看作无界的。

实验室岩石波速测量一般将两个超声波探头放在加工好的岩石样品两端，至少一个探头中包含脉冲发生器。采用不同的设计方式可以决定探头脉冲发生器的振动方式，从而产生 P 波或 S 波。当脉冲发生器产生的高压电信号发出时，就产生一个瞬态的振动，振动在岩石中以纵波速度 v_P 或横波速度 v_S 传播。振动传播到另一端时，被接收探头接收到。现代高精度电子设备完全可以监测到振动的发生和接收的精确时间，岩石样品的长度已知，从而可以计算岩石中的波速。

6.2 岩石中波速特征及影响因素

大量实验测量结果表明，岩石的地震波速度与其岩性、成分、密度、温度、压力、孔隙度、含水饱和度、孔隙中流体的黏度等多种因素有关。

6.2.1 不同岩性岩石的波速

岩性是影响岩石波速的一个重要因素。同一岩性的岩石其波速值在一定范围内变化，不同岩性的岩石其波速值可能相同。因此，不能根据地震波的速度值直接确定岩性。尽管如此，地震波的速度与岩性还是有一定的相关性。例如，相同孔隙度的碳酸盐岩波速一般高于砂岩波速，但是碳酸盐岩和砂岩均属于孔隙岩石，不同孔隙度变化可能造成砂岩波速高于碳酸盐岩波速。图 6-4 为不同岩性代表性岩石的 P 波和 S 波速度分布范围。

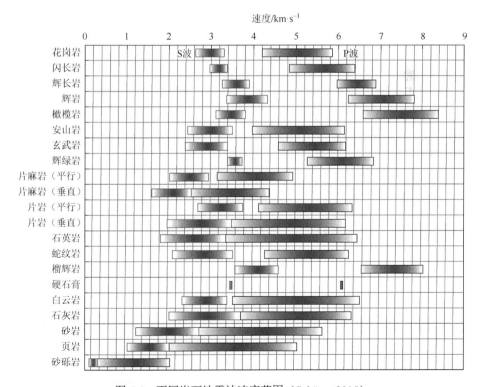

图 6-4　不同岩石地震波速度范围（Schön，2015）

三大类岩石中，火成岩和变质岩的孔隙度通常较小，故其波速主要取决于组成岩石的矿物成分及含量。火成岩的波速变化范围小于变质岩和沉积岩，其波速平均值也较高。变质岩的波速变化范围通常较大。沉积岩因其结构、组分、胶结方式等相对于火成岩更复杂多样，且其孔隙中充填的成分、方式多样，故沉积岩的波速与密度及矿物成分的关系没有火成岩清晰，但其波速一般比火成岩低，变化范围比火成岩大。

相同类型岩石的地质年代对其地震波速度有一定的影响。通常地质年代越老的岩石，其速度值越高。这是因为年代老的岩石受构造应力和胶结作用的时间长，因此具有很小的孔隙度。

6.2.2 波速与密度和矿物成分的关系

密度对速度的影响直接反映在速度的定义公式中。不考虑理论关系，也可以直接根据实验数据建立波速与密度关系。

Brich（1961）根据火成岩声波速度测量结果，发现地震波的速度与矿物的密度大致呈线性关系，并给出公式：

$$v_\mathrm{P} = a + b\rho, \tag{6-10}$$

若速度的单位为 $\mathrm{km \cdot s^{-1}}$，密度的单位为 $10^3 \mathrm{\ kg \cdot m^{-3}}$，则 $a = 2.76$，$b = 0.98$。

随后 Simmons（1964）给出岩石波速与矿物组分和密度的关系公式：

$$v_\mathrm{P} = a \cdot \rho + b + c \cdot m_\mathrm{A} + \sum_{i=1}^{n} e_i C_i, \tag{6-11}$$

式中，C_i 为第 i 种矿物的质量分数；m_A 为各矿物组分的平均相对原子质量；a、b、c 和 e_i 为实验获得的常数。

Gardner 等（1974）根据大量实测数据给出了著名的加德纳公式：

$$\rho = 0.31 v_\mathrm{P}^{1/4}, \tag{6-12}$$

该公式使用范围很广，尤其是在石油勘探开发领域，根据声波速度来对密度进行拟合最常用的就是该经验公式。该公式是对大部分地区岩石密度的一个平均估算，但细化到不同地区会出现误差。

图 6-5 展示多种火成岩 P 波速度与密度的关系，一级近似可以认为二者呈线性关系，但实际上曲线略有下凹，显示高密度段波速增速有所加大。

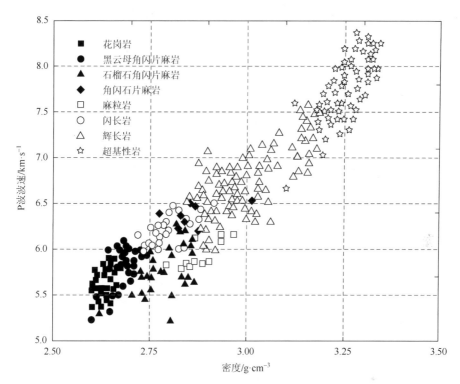

图 6-5　不同类型岩石密度与 P 波速度关系图（Schön，2015）

6.2.3　波速与孔隙度及饱和度关系

孔隙度是影响孔隙性岩石地震波速度的重要因素之一，但孔隙度对速度的影响规律比较复杂。

Wyllie 等（1956）给出如下方程：

$$\frac{1}{v_\mathrm{P}} = \frac{1-\phi}{v_\mathrm{m}} + \frac{\phi}{v_\mathrm{f}}, \qquad (6\text{-}13)$$

式中，ϕ 为孔隙度；v_P 为实验获得的饱水岩石纵波速度；v_m 为岩石骨架的纵波速度；v_f 为孔隙流体的纵波速度。

Raymer 等（1980）提出公式：

$$v_\mathrm{P} = (1-\phi)^2 v_\mathrm{m} + \phi v_\mathrm{f} \text{。} \qquad (6\text{-}14)$$

Han 等（1986）提出公式：

$$v_\mathrm{P} = A_0 - A_1 \phi - A_2 V_\mathrm{cl}, \qquad (6\text{-}15)$$

式中，A_0、A_1、A_2 为常数；V_cl 为岩石中黏土的含量。

图 6-6 为不同黏土含量砂岩和纯净砂岩波速随孔隙度变化关系。图中显示波速随孔隙度增加而降低，与上面公式的趋势均吻合。

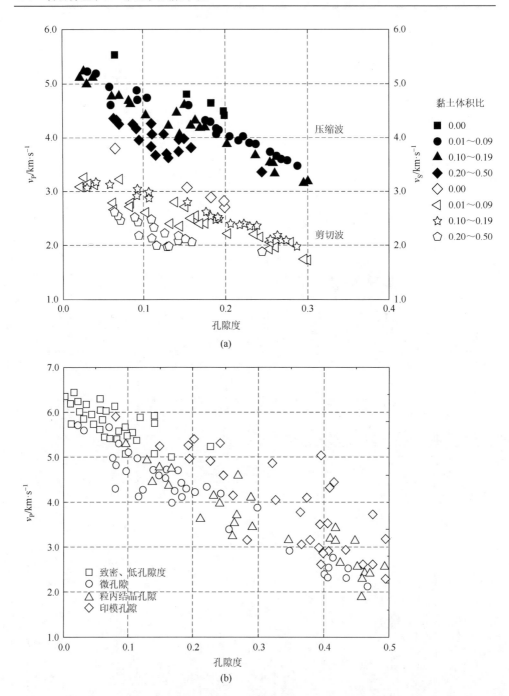

图6-6 岩石波速随孔隙度变化关系（Schön，2015）

（a）围压40 MPa、孔隙压0.1 MPa条件下含黏土砂岩的波速；（b）有效压力为8 MPa时不同孔隙类型碳酸盐岩波速波速与岩石的含水饱和度之间也存在一定关系,如图 6-7 所示。该结果显示饱和度达到 85%之前 P 波速度基本上没有变化,随后有一个突然增加;而 S 波速度随饱和度增加显示非常微小的降低。其原因可以根据气体的可压缩性进行解释。

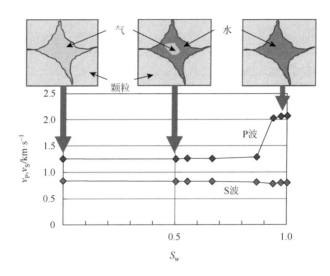

图 6-7 未固结砂体中的含水饱和度(S_w)与地震波速关系(Schön,2015)

另外,孔隙流体的黏度对速度有很大的影响,地震波速度通常随着孔隙流体黏度增大而增大。

6.2.4 波速与温度、压力的关系

地下温度、压力随深度增加,即天然状态下,岩石波速随温度-压力的变化,实际上反映了波速随埋藏深度的变化。

假设岩石波速 v 是温度 T 和压力 p 的函数,由于温度和压力均为深度 z 的函数,那么

$$\frac{\partial v}{\partial z} = \left(\frac{\partial v}{\partial p}\right)_T \cdot \frac{\partial p}{\partial z} + \left(\frac{\partial v}{\partial T}\right)_p \cdot \frac{\partial T}{\partial z}, \tag{6-16}$$

式中,$\left(\frac{\partial v}{\partial p}\right)_T$ 为绝热状态速度随压力的变化;$\left(\frac{\partial v}{\partial T}\right)_p$ 为等压状态速度随温度的变化;$\frac{\partial p}{\partial z}$ 和 $\frac{\partial T}{\partial z}$ 分别为压力梯度和温度梯度。对于一个具体地区,根据地层岩石密度和厚度可以确定压力梯度,如根据式(5-44)计算;根据地表热流、生热层厚

度及生热率可以计算温度梯度（这将在第 7 章介绍）。一般地层压力梯度在 8~12 MPa·km^{-1}，温度梯度主要分布在 20~30℃·km^{-1}。

图 6-8 给出了砂岩样品波速随有效压力的变化，显示压力初始增加阶段波速快速增加，随后增速变缓。可以解释为当压力增加时，岩石中的孔隙和裂隙被压实，因而速度增加，当岩石的孔隙和裂隙逐渐封闭时，则速度变化较小。图 6-8 中同时显示砂岩中不同流体充填也对波速有明显影响，饱和盐水砂岩的 P 波速度高于干燥砂岩，但饱和盐水样品的 S 波速度最低，饱和煤油样品的 P 波速度和 S 波速度均介于干燥样品和饱水样品之间。

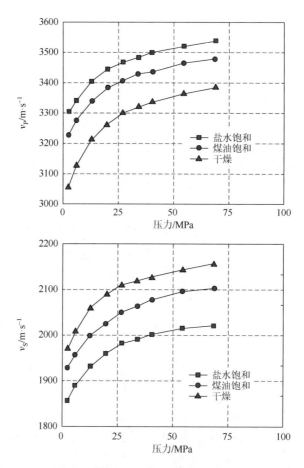

图 6-8　不同孔隙流体充填的砂岩波速随有效压力变化（Schön，2015）

单纯考虑温度影响时，其对岩石波速影响较小。但孔隙中存在流体时影响明显增大，即温度升高时，饱和岩石的波速降低量明显大于干燥岩石的波速降低量。当岩石的温度低于冰点时，饱水岩石的波速会有明显的提高。

6.2.5 波速比

地震波的 P 波速度和 S 波速度之比具有重要的应用价值。式（6-3）根据岩石的弹性参数给出了波速比 v_P/v_S 的理想值。实际情况下，纵横波速度也是具有一定相关性的，并且随不同影响因素而变化。因此一定程度上，波速比可以提供岩石状态的信息。

波速比的经验公式由 Castagna 等（1985）给出，具体为

$$v_P = 1.16v_S + 1.36 \quad \text{或} \quad v_S = 0.8621v_P - 1.1724, \tag{6-17}$$

其中波速单位为 $\text{km}\cdot\text{s}^{-1}$。随后很多学者对不同岩石和不同状态下波速比进行了分析，建立了 Castagna 公式的修正形式。通过这些研究结果，可以归纳出孔隙度、黏土含量、饱和度、胶结程度等因素对波速比的影响，见表 6-1。

表 6-1 不同因素对波速和波速比的影响

因素变化	v_P	v_S	v_P/v_S
孔隙度↑	↓	↓	↑
黏土含量↑	↓	↓	↑
由干变水饱和	↑	↓	↑
由湿变气饱和	↓	↑	↓
胶结程度↑	↑	↑	↓
晶粒大小↑	↑	↑	↓

6.3 岩石中波的衰减

理论上，弹性波可以在无界介质中无限地传播，并且如果介质为完全弹性，波动可以永久地发生。但实际上，岩石介质并非完全弹性，其非弹性特征引起地震波能量在传播时不断减弱，即波的衰减，最后将终于静止。

地震波能量在传播过程中减弱的现象也被称为地震波能量的吸收。该过程中，质点运动的机械能会转变为热能。能量转变过程中的各种机制统称为内摩擦。对于液体和气体，内摩擦机制主要是由黏滞性和热传导引起的。对于固体（特别是对于岩石材料）情况要复杂得多，且内摩擦还因固体性质差异而有较大变化。表征岩石吸收衰减特性的参数有损耗比、品质因子和衰减系数。

利用地震波的波速可了解岩石的弹性性质；利用地震波的吸收衰减可研究岩石的非弹性性质。对于岩石物理状态的变化，吸收衰减性质测量比波速测量要灵

敏得多。吸收衰减参数主要由岩石的微观性质决定，如岩石内部裂纹的密度、分布、构造以及孔隙流体的相互作用，具有非常重要的应用意义。

6.3.1 损耗比

岩石实验过程中可以获得应力-应变曲线；应力-应变曲线围限面积代表应变能。通过缓慢的循环加载-卸载实验，由损耗比可以确定岩石材料的内摩擦。损耗比定义为经过一个加载循环消耗的能量与岩石应变极大时储存的应变能之比，如图 6-9 所示，公式表达为：$\frac{\Delta W}{W}$，其中 W 对应图 6-9 中加载应力-应变曲线围限面积，ΔW 对应加载曲线与卸载斜线之间的面积。

损耗比是定义内摩擦最直接的方法，不须对内摩擦机制作任何假设即可直接由循环加载-卸载实验测量出来。但如此得到的数值与振幅、循环的速度及试件的历史有关。

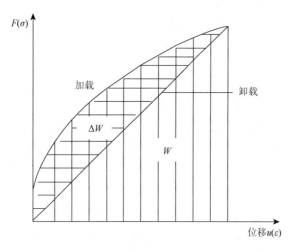

图 6-9　由循环加载-卸载实验确定岩石的内摩擦（陈颙等，2009）

6.3.2 品质因子

品质因子是描述岩石非弹性性质的重要参数，通常用符号 Q 表示。Q 值越小，岩石的非弹性性质越突出。对于完全弹性体，其品质因子 Q 值为无穷大。品质因子的定义与岩石材料的强迫振动有关，假设弹性力正比于位移、耗散力正比于速度，通过对弹性系统的运动方程求解，可以发现强迫振动振幅最大的频率并不等于系统的固有频率 ω_0，而是等于如图 6-10 所示的谐振频率 ω_r。以半功率的频率

范围与谐振频率之比描述该系统的内摩擦，表示为

$$\frac{\Delta \omega}{\omega_r} = \frac{\omega_2 - \omega_1}{\omega_r} = \frac{1}{Q} \text{。} \tag{6-18}$$

可以证明损耗比与品质因子之间存在以下关系：

$$\frac{\Delta W}{W} = \frac{2\pi}{Q} \quad \text{或} \quad \frac{1}{Q} = \frac{\Delta W}{2\pi W} \text{。} \tag{6-19}$$

式（6-19）表示介质越接近弹性，一个应力循环后损耗的能量越小，介质的品质因子值越大。

品质因子也可以用其他方式表示。例如，用一个应力循环后振幅的损耗表征介质的品质因子，表示为

$$\frac{1}{Q} \approx \frac{1}{\pi} \ln \left[\frac{A(t)}{A(t+\pi)} \right], \tag{6-20}$$

式中，A 表示时间所对应的振幅。

也可利用相位延迟表征介质的品质因子，表示为

$$\frac{1}{Q} = \tan^{-1} \varphi \text{。} \tag{6-21}$$

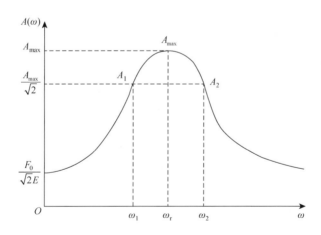

图 6-10 振幅随频率变化图

6.3.3 衰减系数

野外和实验室观测显示，地震波在岩石中传播时，其振幅呈指数衰减，即

$$A_2 = A_1 \exp[-\alpha(r_2 - r_1)] = A_1 \exp(-\alpha \Delta r), \tag{6-22}$$

式中，α 为衰减系数，也称吸收系数；A_1 和 A_2 分别为与参考点距离 r_1 和 r_2 处所观测到的振幅值。在 SI 单位制中，衰减系数具有量纲 m^{-1}。在实际应用中，衰减

系数的常用单位是 dB·m^{-1} 或 Np·m^{-1}，奈培（Np）与分贝（dB）的转换关系为 1 Np = 8.686 dB。该公式与吸收机制无关，其正确性由野外实验给出。式（6-22）也可以写成另一种形式：

$$A = A_0 e^{-\alpha r}, \tag{6-23}$$

式中，r 为地震波传播的距离；A_0 为初始振幅；A 为传播距离 r 后的振幅。α 值越大，非弹性性质越明显；对于完全弹性体，$\alpha = 0$。

衰减系数和品质因子具有如下关系：

$$\alpha = \frac{\pi \omega}{Q v}, \tag{6-24}$$

式中，ω 为地震波的频率；v 为波速。式（6-24）表示地层的品质因子 Q 与衰减系数 α 为反比关系。从这里也可以得到品质因子的第四种表达形式：

$$\frac{1}{Q} = \frac{\alpha v}{\pi \omega}。 \tag{6-25}$$

注意品质因子与地震波传播速度并非反比关系。一般岩石介质的弹性越好，介质质点间的联系就越紧密，地震波的传播速度就越大；相应地，一个应力循环后损耗的能量就越小，介质的品质因子就越大；亦即品质因子和地震波传播速度正相关。介质弹性越好，式（6-24）中作为分母的两项数值同步增大，相应地，衰减系数越小。但衰减系数与地震波传播速度是成反比的。品质因子大、衰减系数小表示介质的弹性好。

式（6-24）显示衰减系数 α 与频率 ω 有关，并呈一次正比关系。相关研究发现，假设考虑声波通过介质时，介质受压部分放热（升温）、受拉伸部分吸热（降温），那么品质因子与频率成正比。再同时考虑内摩擦力，则有

$$\alpha_P = \frac{\omega^2}{2 \rho v_P^3} \left\{ \frac{4}{3 \eta} + \xi + \lambda_t T \rho^2 v_P^2 \left(\frac{a}{c_p} \right)^2 \left(1 - \frac{3}{4} \frac{v_S^2}{v_P^2} \right)^2 \right\} \tag{6-26a}$$

$$\alpha_S = \frac{\omega^2 \eta}{2 \rho v_S^3}, \tag{6-26b}$$

式中，α_P 和 α_S 分别为纵波和横波的衰减系数；λ_t 为热导率；T 为温度；η 和 ξ 为柔性系数；c_p 为等压比热容；a 为材料常数。式（6-26）显示衰减系数与频率呈二次关系。

在某些复杂条件下可能形成瑞利（Rayleigh）散射，这时会出现由瑞利散射造成的能量损失。假设孔隙性介质由直径为 R 的球体堆积而成，则利用散射理论可以证明：

$$\alpha_P \sim R \omega^4, \tag{6-27}$$

说明衰减系数与频率呈四次方关系。

6.3.4 吸收衰减特性表征参数之间的关系

描述岩石非弹性特征的三个表征参数，即损耗比、品质因子、衰减系数之间具有如下关系：

$$\frac{\Delta W}{W} = \frac{2\pi}{Q} = \frac{4\pi v \alpha}{\omega}, \tag{6-28a}$$

$$\frac{2\pi W}{\Delta W} = Q = \frac{\omega}{2v\alpha}, \tag{6-28b}$$

$$\frac{\omega \Delta W}{4\pi v W} = \frac{\omega}{2\pi Q} = \alpha, \tag{6-28c}$$

以下给出品质因子 Q 和吸收（衰减）系数 α 之间的关系证明。
根据品质因子定义公式（6-19），有

$$Q = 2\pi \frac{W}{\Delta W}; \tag{6-29}$$

由于声波的能量与振幅的平方成正比，所以可以将 Q 写为下列形式：

$$Q = 2\pi \frac{A_1^2}{A_1^2 - A_2^2}; \tag{6-30}$$

根据式（6-22），$A_2 / A_1 = \exp(-\alpha \Delta r)$，因此，$Q = 2\pi / [1 - \exp(-2\alpha \Delta r)]$。根据级数理论，$\exp(-2\alpha \Delta r) = 1 - 2\alpha \Delta r + (2\alpha \Delta r)^2 / 2! + \cdots$，由此可得

$$1 - \exp(-2\alpha \Delta r) \approx 2\alpha \Delta r。 \tag{6-31}$$

将式（6-31）代入式（6-30）中，有

$$Q = \frac{\pi}{\alpha \Delta r}; \tag{6-32}$$

根据波动理论，在一个周期内波场传播的距离是一个波长。因此，在一个周期内，$\Delta r = \lambda$（λ 为波长）。由此得出品质因子为

$$Q = \frac{\pi}{\alpha \lambda} = \frac{\pi \omega}{\alpha v}。 \tag{6-33}$$

对于常见的岩石，Q 值一般在几百到几千以上。

6.3.5 影响声波（地震波）吸收衰减的因素

频率、压力、矿物成分和孔隙度等均会影响地震波的吸收衰减。

6.3.5.1 衰减与频率的关系

在不同频率下测量得到的岩石衰减系数不同，一般随频率的升高，衰减系数

增大。图 6-11 为不同类型岩石在不同频率下的衰减系数。显示衰减系数与频率正相关，一级近似为一次（线性）关系。但实验显示 P 波速度衰减的品质因子 Q 几乎与频率无关。

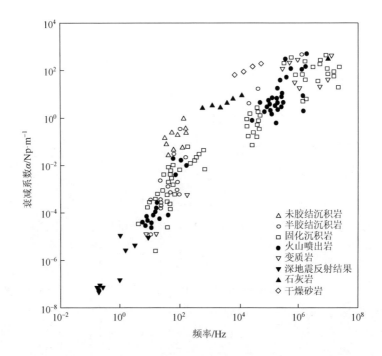

图 6-11　不同岩石衰减系数与频率关系（Militzer et al.，1978）

需要注意的是，实验室测量衰减的方法有很多，但各种方法能够测量的频率范围不同（表 6-2）。每种方法只适用于一定的频率范围。对不同方法的测量结果进行比较，必然存在着一定的误差。

表 6-2　测量波衰减的方法（陈颙等，2009）

方法	测量的频率范围
自由振动法	100 Hz～100 kHz
强迫共振法	100 Hz～100 kHz
波传播法	>100 kHz
应力-应变曲线法	<1 Hz

6.3.5.2 衰减和压力的关系

围压增加时,岩石内部孔隙的体积将会减小,介质质点的接触更紧密,岩石中地震波的传播速度会增高,而岩石中波的衰减将会减小,即随压力的增大衰减系数减小。

6.3.5.3 衰减和矿物成分、孔隙度的关系

总的来说,波在岩石中的衰减远比在矿物中的衰减要高。例如,方解石是构成石灰岩的主要矿物之一,但作为矿物的方解石品质因子为 1900,而作为岩石的石灰岩品质因子为 200,两者相差近十倍。岩石和矿物衰减差异较大的原因是岩石中除包含矿物成分,还包含大量的孔隙、结构面(包括矿物颗粒间的界面),而孔隙、结构面对波的衰减有极为重要的影响。

火成岩和变质岩中的孔隙、结构面等远小于沉积岩,因此火成岩和变质岩的衰减远小于沉积岩。含有大量孔隙和结构面,特别是未完全固结的沉积岩,波在其中的衰减要比在致密火成岩中的衰减高 5~7 个数量级。如图 6-12 所示,虽然火成岩、变质岩、沉积岩之间在结构和性质上有差异,但随着孔隙度增加,衰减越来越大的趋势非常明显。岩石中的孔隙通常充满液体和气体,它们的存在对岩石中波的衰减也有重要的影响。

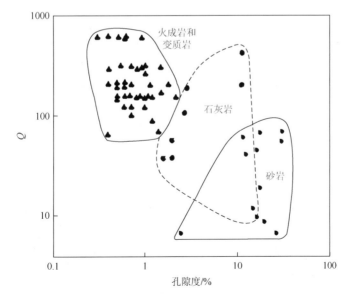

图 6-12　P 波衰减的 Q 值与孔隙度的关系(Johnston et al.,1979)

黏土类矿物具有低速高衰减特征。若岩石孔隙中含有黏土类矿物，则黏土类矿物含量的多少也会对波的衰减产生重要影响。孔隙度相同情况下，黏土类矿物含量越高，衰减越严重。黏土类矿物含量相同的情况下，孔隙度越高，衰减也越严重。图 6-13 为通过 32 个砂岩样品测量得到的衰减系数 α 与孔隙度和黏土矿物含量（C）关系。根据实验结果，Klimentos 和 McCann（1990）将孔隙度 ϕ 和黏土矿物含量 C 对衰减系数 α 的影响归纳为经验关系

$$\alpha = 0.0315\phi + 0.241C - 0.132 \text{，} \tag{6-34}$$

式中，α 的单位为 dB·cm^{-1}。

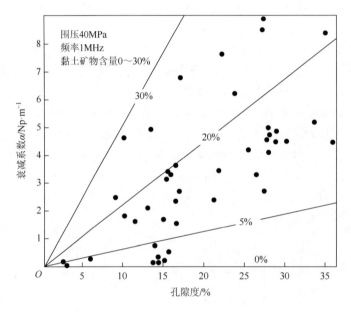

图 6-13　衰减系数与孔隙度和黏土矿物含量关系（Klimentos and McCann，1990）

6.4　岩石波速的平均模型

岩石是矿物的集合体，其孔隙中又可能含有流体和气体，故岩石可看作由固相、液相和气相组成的多相体，是一类不均匀的介质。而波在物体内传播的理论是建立在均匀介质的假定之上的。但当波长比岩石中的不均匀尺度大许多时，可以将岩石看作一个统计意义上的均匀物体，这时表征岩石特性的参量，就可以看作描述这样一个"等效体"的参量。波速、衰减等都是这种意义上的参量，亦即它们代表的是一种平均。

6.4.1 岩石中不同成分的波速

岩石的主要组成部分是矿物。弹性波在矿物中的传播速度与矿物的结晶化学特征及原子结构有关。纵波在矿物中的传播速度在 $2\sim 18 \text{ km}\cdot\text{s}^{-1}$ 变化；横波的速度在 $1.1\sim 10 \text{ km}\cdot\text{s}^{-1}$ 变化。一些典型矿物的波速在表 1-1 中列出。另外，由于矿物结构稳定，其波速比也较为稳定。

地下岩石的孔隙中多富含流体。不同流体具有差异极大的波速特征，并且流体速度又与温度、压力相关。例如，石油的纵波速度 v_o 与温度和压力的关系表示为

$$v_\text{o} = 2096\left(\frac{\rho_0}{2.6-\rho_0}\right)^{1/2} - 3.7T + 4.64p + 0.0115[4.12(1.08\rho_0^{-1}-1)^{1/2}-1]Tp, \tag{6-35}$$

式中，速度的单位为 $\text{m}\cdot\text{s}^{-1}$；$\rho_0$ 为常温常压下参考密度；T 为温度（℃）；p 为压力（MPa）。而矿化的地下水的波速 v_u 可以用以下公式计算：

$$\begin{aligned}v_\text{u} = &v_\text{w} + S(1170 - 9.6T + 0.055T^2 - 8.8\times 10^{-5}T^3 + 2.6p - 0.029Tp - 0.0476p^2) \\ &+ S^{1.5}(780 - 10p + 0.16p^2) - 1820S^2,\end{aligned} \tag{6-36}$$

式中，p 为压力（MPa）；T 为温度（℃）；S 为以 10^{-6} 为单位的矿化度；v_w 为纯水的速度。

6.4.2 空间平均模型

4.7 节介绍的空间平均模型适用于计算岩石波速，其中岩石的成分包括孔隙中的流体。

6.4.3 时间平均模型

基于层状介质假设，Wylli 等（1956）提出了时间平均方程，即地震波穿过某一长度时，其运动时间是不同介质内运动时间之和：

$$t = t_1 + t_2 = \frac{l}{v} = \frac{l\varphi}{v_\text{p}} + \frac{(1-\varphi)l}{v_\text{m}}, \tag{6-37}$$

或

$$\frac{1}{v} = \frac{\varphi}{v_p} + \frac{(1-\varphi)}{v_m}, \tag{6-38}$$

式中，v 为纵波速度；v_p 为孔隙充填物的波速；v_m 为骨架的波速。

时间平均方程没有考虑岩石的弹性骨架和孔隙流体之间的耦合，因此只能粗略地估算孔隙介质中的声波速度。Biot（1956）利用 Gassmann 提出的弹性模量公式研究了多孔介质内弹性（声）波传播问题。在这个理论中，Biot 分别对骨架和孔隙充填部分应用不同的应力-应变公式，而骨架和流体在运动上的耦合通过流体力学参量实现。由于考虑了孔隙流体和固体骨架之间的相对运动，Biot-Gassmann 理论在一定程度上描述了孔隙性岩石对声波能量的吸收和衰减。

Biot-Gassmann 理论的主要结论是，含饱和流体的多孔介质中存在 3 种体波，其中的两种为纵波，另一种为横波。第一类纵波称为快纵波，其性质与常规的 P 波类似；第二类纵波称为慢纵波，以低于横波的速度传播，并且有很强的衰减性质；横波与常规的 S 波类似。

6.4.4 裂纹模型

裂纹模型考虑岩石中存在的许多裂纹、矿物晶粒边界的缺陷以及矿物内部的缺陷（Schön，1996）。对于一块岩石立方体，用参数 D 表示单位体积岩石中裂纹的体积比例。将 P 波速度公式（6-1）中的 $\lambda + 2\mu$ 用参数 M 简化表示，实际上，弹性力学中的 M 称为约束模量：

$$M = \lambda + 2\mu 。 \tag{6-39}$$

假设在干燥情况下，含裂纹岩石的约束模量 $\bar{M}$ 为

$$\bar{M} = M_m(1-D), \tag{6-40}$$

式中，M_m 为无裂纹岩石固体部分的约束模量。忽略有裂纹和无裂纹时岩石密度的细小差别，并假定弹性波传播时只有岩石的固体部分在起作用，则

$$\bar{v} = v_m(1-D)^{1/2}, \tag{6-41}$$

式中，$\bar{v}$ 为有裂纹岩石的波速；v_m 为岩石固体介质的波速。

当有裂纹岩石受到压力 p 作用时，其中的裂纹体积会减少，可以假设其体积的减少与裂纹的体积成正比，即：$-\dfrac{dD}{dp} \sim D$，于是

$$D(p) = D_0 \exp\left(-\frac{p}{p^*}\right), \tag{6-42}$$

式中，D_0 为在零压力下的孔隙度；p^* 为某一参考压力。这样，利用这个简单的岩石裂纹模型，可以解释测量到的岩石波速随压力变化的实验结果：

$$\overline{v} = v_{\mathrm{m}} \left[1 - D_0 \exp\left(-\frac{p}{p^*}\right) \right]^{1/2} 。 \qquad (6\text{-}43)$$

6.4.5 球堆模型

球堆模型由 Gassmann 于 1951 年提出，该模型适于描述固结欠佳的沉积岩。该模型假定组成岩石的矿物都是球状，所有球都具有相同的半径，球状矿物按晶格结构排列。在低压下，各矿物球之间均为点接触，当岩石受到压力后，矿物之间由点接触变成面接触，且接触面随压力增大而增大。由于岩石受力后应力-应变关系为非线性，不论矿物球的排列方式如何（立方排列或六方体排列），岩石波速随压力 p 及随深度 Z 均有如下变化关系：

$$v \sim p^{1/6}, \quad v \sim Z^{1/6} 。 \qquad (6\text{-}44)$$

球堆模型与很多实验结果相吻合，但按照该模型得到的波速与孔隙度、矿物颗粒大小等关系的结论与实验不符。Schön 等（1996）在球堆模型的基础上，改变了球半径相同和按晶格结构排列等假定，加入了随机因素，提出了球堆的统计模型，对上述问题有所改善。

空间平均模型和时间平均模型可用以解释孔隙率较低或压力较高情况下的岩石波速实验结果，对于高孔隙率或低压力的情况，则需要用球堆模型或包体模型来解释了。

6.4.6 孔隙流体流量模型

在岩石及其组分均为各向同性的假设下提出的孔隙流体流量模型，其基本思想是，岩石的压缩系数 β 是各组分压缩系数 β_i 的平均值，即

$$\beta = \sum_{i=1}^{N} f_i \beta_i , \qquad (6\text{-}45)$$

式中，N 为岩石组分的个数；f_i 为岩石各组分的体积百分比。体积模量 K 为压缩系数 β 的倒数。

对于流体悬浮物或流体混合物，利用该模型可精确计算出声波速度：

$$v = \sqrt{\frac{K_{\mathrm{R}}}{\rho}} = \sqrt{\frac{1}{\rho\beta}} , \qquad (6\text{-}46)$$

式中，K_{R} 为采用罗伊斯平均模型得到的混合物有效体积模量（对流体来说剪切模量为零），即

$$\frac{1}{K_{\mathrm{R}}} = \frac{1-\phi}{K_{\mathrm{m}}} + \frac{S_{\mathrm{w}} \cdot \phi}{K_{\mathrm{w}}} + \frac{(1-S_{\mathrm{w}})\phi}{K_{\mathrm{H}}}, \tag{6-47}$$

其中，ϕ 为孔隙度；S_{w} 为含水饱和度；K_{m} 为岩石骨架的体积模量；K_{w} 为孔隙中盐水的体积模量；K_{H} 为孔隙中烃类的体积模量。岩石的密度为

$$\rho = (1-\phi)\rho_{\mathrm{m}} + S_{\mathrm{w}} \cdot \phi \cdot \rho_{\mathrm{w}} + (1-S_{\mathrm{w}}) \cdot \phi \cdot \rho_{\mathrm{H}}, \tag{6-48}$$

式中，ρ_{m} 为岩石骨架密度；ρ_{w} 为盐水密度；ρ_{H} 为烃类的密度。

当求取烃类和水混合情况下孔隙流体体积模量 K_{fl} 时，岩石骨架可不予考虑，可以简单地去除式（6-47）和式（6-48）中的骨架项；若考虑饱和流体状态，则只需将 $S_{\mathrm{w}} = 1$ 代入并进行简化。

6.5 基于数字岩石的地震波特征研究

地震波是地下探测的最主要技术手段，从探测深度达到地幔、地核的深探测，到局部地区高分辨率精细探测，再到断层探测和工程结构探测等。地震勘探在油气领域的应用也极其重要，是油气储层圈定的重要技术支撑。通过地震勘探结果确定储层，所依赖的基础是不同岩石性质、结构及流体含量条件下，不同的地震波响应。伴随数字岩石技术的发展，不同岩性条件下地震波的特征也得到进一步深入研究。根据地震波速度与弹性参数的对应关系，还可以估算岩石的弹性参数。

6.5.1 基本方法

数值模拟研究地震波在岩石结构中的传播，所依据的方程与固体力学问题基本相同，同样包含三大控制方程：平衡方程、几何方程和本构方程；不同之处在于：①本构方程一般仅考虑弹性（属于固体力学问题最简单的一类）；②平衡方程为动态方程（一般固体力学问题采用静态方程），具体表示为

$$\frac{\partial \sigma_{ij}}{\partial x_i} + b_i = \rho a \equiv \rho \frac{\partial^2 u}{\partial t^2}, \tag{6-49}$$

式中，a 为质点运动的加速度，是位移 u 的二阶时间导数。注意式（6-49）与式（4-118）的不同仅在于等号右端项。

求解波动问题依然以位移为最基本变量，速度和加速度由位移导出。与静态问题的明显差异在于，动态问题往往需要求解大量微小时间步的结果，以反映质

点的波动特征——由不同时间步位移（或速度和加速度）的变化体现。数值求解方法依然以有限单元法和有限差分法为主。

例如 Saenger（2008）、Saenger 等（2000）采用有限差分法模拟弹性波在不均匀孔隙结构中的传播，为保证动态问题解的稳定性，采用了旋转交错网格。他们的研究中，考虑波长远大于孔隙尺度的条件；将数字岩石样品嵌入均匀弹性介质体中（两个均质体夹持孔隙结构体），侧边界给定周期边界条件；在整体结构的顶端设置一个体力面源，源信号为宽带高斯脉冲，产生平面 P 波或 S 波；两组（假想）面状分布的检波器设置在孔隙结构体的顶部和底部（图 6-14）；模拟计算波从顶端向下传播。根据两组检波器所记录波传播的时间差，可以确定孔隙介质的等效 P 波和 S 波速度；进而，可以根据式（6-1）和式（6-2）计算孔隙介质的等效弹性参数。

注意其中假想的检波器在数值计算模型中，实质上就是两组指定的节点，计算结果中这些节点的位移记录被用于分析，如同野外观测时检波器所获记录。模型中均质体为完全固体，给定弹性参数；假设孔隙结构体中的固体与均质体的弹性参数相同，其中孔隙部分可以分别处理为空气充填或不同液体充填，弹性参数也预先给定。分别求取位于孔隙介质顶部和底部的两组节点的初至波到达时间的平均值，由此计算孔隙结构体的等效波速。

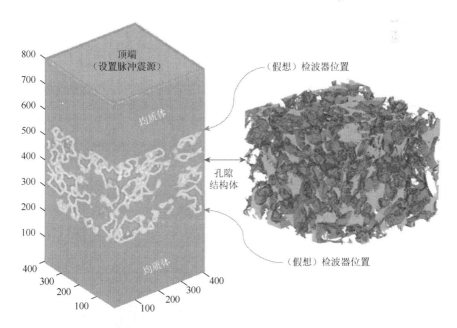

图 6-14　基于数字岩石的地震波速度模拟模型（Saenger et al.，2011）

图中坐标轴数字为网格点，每一个网格点长度为 2.275 μm

6.5.2 应用实例

Saenger 及其团队（Ciz et al.，2006；Saenger et al.，2011，2005）分析了孔隙中流体为不同介质时岩石的等效地震波速度。他们假设固体部分为完全弹性体，孔隙中的流体为黏性流体。该系统能够较好地展示孔弹性介质（poroelastic medium）的大部分特征。基于该两相结构的数值模拟分析结果与孔弹性介质解析解总体一致性较好；但是对于低黏滞系数流体，却存在明显偏差。分析认为该偏差源自黏性流体边界层的处理细节。对边界位置采取较细的网格划分，可以解决低黏滞系数时流体边界层导致的地震波速度计算偏差问题。

关于黏性流体边界层，可以参考 3.3.2 小节。介绍管道流模型时，一般假设管壁上流体速度为零，其依据为黏性流体会吸附在管壁上；远离管壁处速度以抛物线规律变化（图 3-11）。这一假设对于液体是合理的；但对于气体，由于分子的吸附性弱，流体在距管壁极近时流速就可以完全不受管壁影响，因此在管壁附近存在一个流体速度急剧变化的薄层。该边界层不仅影响流体运动及渗透率实验测量（将在第 8 章介绍），也影响地震波速度的计算，但都可以通过一些技术方案校正或消除。

对于如图 6-14 所示的孔隙结构模型，孔隙中充填不同黏滞系数流体对应的等效地震波速度的变化如图 6-15a 所示。显然，孔隙中流体黏滞系数增加使得岩石等效波速增加。图 6-15b 为孔隙结构的一个纵切面（尺度为 300×400 像素），其中蓝色为固体、红色表示孔隙。该切面某一时刻的速度分布和剪切波能量密度分别如图 6-15c 和图 6-15d 所示。由于计算模型顶端施加的为面状脉冲震源，地震波向下传播理论上造成同一水平面上的质点运动的相位和幅度相同，但实际上，孔隙结构使得位移分布出现局部变化，而总体上同一水平面的位移仍大致相同。剪切波能量密度 E_s 高值指示剪切波的存在，图 6-15d 中高

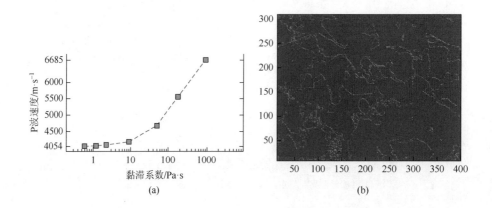

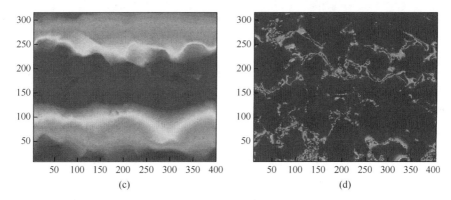

图 6-15 黏性流体充填孔隙时黏滞系数变化与地震波特征（Saenger et al.，2011）（后附彩图）

(a) 有效 P 波速度与黏滞系数关系；(b) 一个孔隙结构的纵切面，红色为孔隙，蓝色为固体；(c) 某一时刻 P 波的位移分布，中部暖色表示位移值大；(d) 同一时刻剪切波能量密度分布，紫红色表示高值，蓝色表示低值
图 (b)(c)(d) 中坐标轴数字为网格点，每一个网格点长度为 2.275 μm

E_s 值（紫红色）集中在孔隙与固体交界位置，显示 P 波在孔隙结构中传播时，在固体与流体界面发生了波型转换。对于低黏性孔隙流体，这种波型转换现象一般很难观察到。该数值模拟提供的结果清楚地给出了从 P 波到 S 波的转换证据。

思 考 题

1. 地震波都有哪些类型？各有什么特点？地震波在岩石中传播速度的影响因素有哪些？
2. 实验室内如何进行波速测量？
3. 地震波的衰减都有哪些表征参数？其相互间的关系如何？
4. 影响地震波吸收衰减的因素主要有哪些？分别是如何影响的？
5. 请说明黏土类矿物的地震波速度和衰减特征。

参 考 文 献

陈颙，黄庭芳，刘恩儒，2009. 岩石物理学[M]. 合肥：中国科学技术大学出版社.

Biot M A，1956. Theory of propagation of elastic waves in a fluid-saturated porous solid. II. higher frequency range[J]. The Journal of the Acoustical Society of America，28（2）：168-178.

Birch F，1960. The velocity of compressional waves in rocks to 10 kilobars：1[J]. Journal of Geophysical Research，65（4）：1083-1102.

Birch F，1961. The velocity of compressional waves in rocks to 10 kilobars：2[J]. Journal of Geophysical Research，66（7）：2199-2224.

Castagna J P，Batzle M L，Eastwood R L，1985. Relationships between compressional-wave and shear-wave velocities in clastic silicate rocks[J]. Geophysics，50（4）：571-581.

Ciz R, Saenger E H, Gurevich B, 2006. Pore scale numerical modeling of elastic wave dispersion and attenuation in periodic systems of alternating solid and viscous fluid layers[J]. The Journal of the Acoustical Society of America, 120 (2): 642-648.

Gardner G H F, Gardner L W, Gregory A R, 1974. Formation velocity and density: The diagnostic basis for stratigraphic traps[J]. Geophysics, 39 (6): 770-780.

Gassmann F, 1951. Über die Elastizitt porser Medien[J]. Vierteljahrsschrder Naturforsch. Gesellsch., 96 (76): 1123.

Han D H, Nur A, Morgan D, 1986. Effects of porosity and clay content on wave velocities in sandstones[J]. Geophysics, 51 (11): 2093-2107.

Johnston D H, Toksoz M N, Timur A. 1979. Attenuation of seismic waves in dry and saturated rocks: II. Mechanism[J]. Geophysics, 44 (4): 691-711.

Klimentos T, McCann C, 1990. Relationships among compressional wave attenuation, porosity, clay content, and permeability in sandstones[J]. Geophysics, 55 (8): 998-1914.

Militzer H, Schön J H, Stötzner U, et al., 1978. Angewandte Geophysik im Ingenierund Bergbau[M]. Leipzig: VEB Deutscher Verlag f. Grundstoffind.

Raymer L L, Hunt E R, Gardner J S, 1980. An improved sonic transit time-to-porosity transform[M]. Houston: Proceedings of Society of Petrophysicists and Well-Log Analysts.

Saenger E H, 2008. Numerical methods to determine effective elastic properties[J]. International Journal of Engineering Science, 46 (6): 598-605.

Saenger E H, Enzmann F, Keehm Y, et al., 2011. Digital rock physics: Effect of fluid viscosity on effective elastic properties[J]. Journal of Applied Geophysics, 74 (4): 236-241.

Saenger E H, Gold N, Shapiro S A, 2000. Modeling the propagation of elastic waves using a modified finite-difference grid[J]. Wave Motion, 31 (1): 77-92.

Saenger E H, Shapiro S A, Keehm Y, 2005. Seismic effects of viscous Biot-coupling: Finite difference simulations on micro-scale[J]. Geophysical Research Letters, 32 (14): 1-5.

Simmons G, 1964. Velocity of compressional waves in various minerals at pressures to 10 kilobars[J]. Journal of Geophysical Research, 69 (6): 1117-1121.

Wyllie M R J, Gregory A R, Gardner L W, 1956. Elastic wave velocities in heterogeneous and porous media[J]. Geophysics, 21 (1): 41-70.

Schön J H, 1996. Physical properties of rocks: Fundamentals and principles of petrophysics[M]. Oxford: Pergamon.

Schön J H, 2015. Physical properties of rocks: Fundamentals and principles of petrophysics[M]. 2nd ed. Amsterdam: Elsevier.

第7章 岩石的其他性质

本章简要介绍岩石的热学、磁学和电学性质,侧重相关物理性质及主要参数的基本概念和影响因素。

7.1 岩石的热学性质

热传递是指由温度差引起的热能传递现象。热传递的形式有三种:热传导、热对流和热辐射。热传导是指当不同物体之间或同一物体内部存在温度差时,通过分子相互碰撞、分子振动、电子的迁移传递热量的过程。热对流是指流体中质点发生相对位移而引起的热量传递过程。热辐射是指物体由于具有温度而辐射电磁波的现象。热传导是岩石热传递的主要形式。

7.1.1 热传导方程

热流 q 是一个向量,总是由温度高的地方流向温度低的地方。q 与温度梯度 ∇T 成比例,但方向相反,即

$$q = -\lambda \nabla T, \tag{7-1}$$

式中,λ 为比例常数,称为热导率。该式也称为傅里叶定律(Fourier's law)。假设介质密度为 ρ,比热为 c,单位时间单位体积产生的热量为 H,热源和热流所供给的热能使其温度升高,升高率为 $\partial T/\partial t$,根据能量守恒有

$$\rho c \frac{\partial T}{\partial t} = \lambda \nabla^2 T + H, \tag{7-2a}$$

式(7-2a)也可写为

$$\frac{\partial T}{\partial t} = k \nabla^2 T + \frac{H}{\rho c}, \tag{7-2b}$$

式中,$k = \lambda / \rho c$,称为热扩散系数。式(7-2)给出了温度随时间的变化与温度随空间的分布之间的关系。

当热达到平衡时,温度就不随时间变化,热传导方程变为

$$\lambda \nabla^2 T + H = 0。 \tag{7-3}$$

如果温度 T 只随深度 z 变化,则式(7-3)可简化为

$$\frac{\partial^2 T}{\partial z^2} = -\frac{H}{\lambda} \text{。} \tag{7-4}$$

若给出边界条件,如地表温度为 T_0,地表热流为 q_0(流出为正),则对式(7-4)积分可得

$$T(z) = T_0 + \frac{q_0}{\lambda} z - \frac{A}{2\lambda} z^2 \text{。} \tag{7-5}$$

式(7-5)给出了温度随深度的变化,常用来计算地壳和上地幔的温度。

7.1.2 岩石中的热源

岩石中的热源主要为其中的放射性元素衰变所产生的。在构成地球的岩石和矿物中存在多种放射性元素,但这些放射性元素并不能都成为地球内部的主要热源,只有满足以下三个条件的放射性元素才是地球内部的主要热源:①在地球中有足够的丰度;②在衰变时能够产生足够的热量;③半衰期与地球的年龄相当。半衰期短的放射性元素在地球形成早期起过重要作用。半衰期过长的放射性元素,其作用至今还未发挥出来。

在构成地球的岩石和矿物中,存在的放射性元素主要有 ^{26}Al、^{10}Be、^{126}Ce、^{60}Fe、^{238}U、^{235}U、^{232}Th、^{87}Rb、^{40}K 等。有一些放射性元素,如铷的同位素 ^{87}Rb,尽管在测定岩石年龄时很有用,但因为分布得太少,以至对生热贡献不大。具有足够丰度、生热率较高且半衰期与地球年龄相当的只有 ^{238}U、^{235}U、^{232}Th、^{40}K。这些放射性元素的半衰期和生热率是可以精确测定的,见表7-1,岩石放射性生热率可通过其中 U、Th、K 的含量计算得到:

$$H = 10^{-11} (9.52 C_{\text{U}} + 2.56 C_{\text{Th}} + 3.48 C_{\text{K}}) \tag{7-6}$$

式中,C_{U}、C_{Th}、C_{K} 分别表示 U、Th、K 的含量,单位分别为 10^{-6}、10^{-6}、%;H 表示单位质量的岩石在单位时间内产生的热量,单位为 W·kg^{-1}。单位体积的岩石在单位时间内产生的热量为

$$A = 10^{-11} \times \rho \times (9.52 C_{\text{U}} + 2.56 C_{\text{Th}} + 3.48 C_{\text{K}}) \tag{7-7}$$

式中,ρ 的单位为 kg·m^{-3},A 的单位为 W·m^{-3}。一些地质材料的放射性生热率见表7-2。

表7-1 放射性元素生热常数(Jaupart and Mareschal,2013)

同位素(元素)	丰度/%	半衰期/a	每个原子的能量 /10^{-12} J	同位素(元素)单位质量的产热量 /10^{-6} W·kg^{-1}
^{238}U	99.27	4.46×10^9	7.41	91.7
^{235}U	0.72	7.04×10^8	7.24	575
U				95.2
^{232}Th	100	1.40×10^{10}	6.24	25.6

续表

同位素（元素）	丰度/%	半衰期/a	每个原子的能量 /10⁻¹² J	同位素（元素）单位质量的产热量 /10⁻⁶ W·kg⁻¹
Th				25.6
^{40}K	0.0117	1.26×10^9	0.114	29.7
K				3.48×10^{-3}

表 7-2　地质材料的平均放射性生热率（Clauser，2011）

材料	含量/10⁻⁶				生热率/ 10^{-12} W·kg⁻¹
	C_U	C_{Th}	C_K	C_K/C_U	
花岗岩	4.6	18	33000	7 000	1 050
碱性玄武岩	0.75	2.5	12000	16 000	180
拉斑玄武岩	0.11	0.4	1500	13 600	27
榴辉岩	0.035	0.15	500	14 000	9.2
橄榄岩	0.006	0.02	100	17 000	1.5
碳质球粒陨石	0.007 4～0.008 0	0.029～0.030	544～550	20 000	5.2
月球-阿波罗样品	0.23	0.85	590	2 500	47
平均地壳（2.8×10^{22} kg）	1.2～1.3	4.5～5.6	15500	13 000	293～330
平均地幔（4.0×10^{24} kg）	0.013～0.025	0.040～0.087	160～70	2 800	2.8～5.1
平均地核	0	0	29	—	0.1
硅酸盐地球（BSE）	0.020（±20%）	0.081（±15%）	118（±20%）	5 400	4.7±0.08

7.1.3　岩石的热导率、比热和热膨胀系数

岩石的热导率、比热和热膨胀系数是岩石热物理性质的基本参数，其中比热和热膨胀系数表示岩石的内能和体积随温度的变化情况。

岩石的热导率 λ，又称导热系数，是表征其导热能力的重要参数，是指沿热传导方向，单位厚度的岩石两侧温度差为 1℃时，单位时间内通过单位面积的热量，单位为 W·m⁻¹·K⁻¹)。

岩石的比热 c，表征岩石的储热能力，是指单位质量的物质温度升高 1℃所吸收的热量，即 $c = Q/(m \cdot \Delta T)$，单位为 J·kg⁻¹·K⁻¹。物体温度升高 1℃所需要的热量与过程的性质有关，压强固定时温度升高 1℃所需要的热量比体积固定时多，这两种过程中的比热分别为定压比热 c_p 和定容比热 c_V。在测定时，固定压强较容易，所以通常测定的比热都是定压比热 c_p。

热膨胀系数包括线膨胀系数和体膨胀系数，表示压力恒定时温度每变化 1℃时物体长度或体积的相对变化，单位为 K⁻¹。等压膨胀时，设体膨胀系数为 α_V，则

$$\alpha_V = \frac{1}{V}\left(\frac{\partial V}{\partial T}\right)_p, \tag{7-8}$$

线膨胀系数 α_L：

$$\alpha_L = \frac{1}{L}\left(\frac{\partial L}{\partial T}\right)_p 。 \tag{7-9}$$

岩石线膨胀系数的量级一般为 $10^{-5}\,\mathrm{K}^{-1}$。

组成岩石的各种矿物都有各自的热导率、比热和热膨胀系数，常见矿物的热导率、比热和体膨胀系数见表 7-3。

表 7-3 常见矿物的热学参数（Schön，2011；Robertson，1988）

	矿物名称	$\lambda/\mathrm{W\cdot m^{-1}\cdot K^{-1}}$	$c_p/\mathrm{J\cdot kg^{-1}\cdot K^{-1}}$	$\alpha_V/10^{-5}\,\mathrm{K}^{-1}$	$\rho/\mathrm{g\cdot cm^{-3}}$
氧化物	α石英	7.69[1], 7.69[2], 7.7[3]	0.70[2], 0.74[4]	4.98	2.648
	非晶硅	1.36[1]			
	磁铁矿	5.10[1], 4.7~5.3[4], 5.1[2]	0.6[4], 0.60[2]	3.50	5.200
	赤铁矿	11.28[1], 11.2~13.9[4]	0.62[4], 0.61[2]	3.10	5.275
	钛铁矿	2.38±0.18[1], 2.2[4]	0.77[4]		
	铬铁矿			1.26	5.22
	尖晶石	9.48[1], 8~13[4], 9.48[2]	0.82[4]	2.37	3.583
	金红石	5.12[1], 7.0~8.1[4]	0.74~0.94[4]	2.55	4.245
	刚玉			0.74	3.987
岛状结构硅酸盐	镁橄榄石	5.03±0.18[1], 6[4], 5.06[2]	0.68[4]	3.26	3.214
	铁橄榄石	3.16[1], 3[4], 3.16[2]	0.55[2], 0.84[4]	2.84	4.393
	钙镁橄榄石			3.42	3.046
	铁铝榴石	3.31[1], 3.3[4], 3.31[2]		2.11	4.318
	钙铝榴石	5.48±0.21[1], 5.48[2]		2.10	3.595
	锰铝榴石			2.47	3.987
	锆石	5.54[1], 5.7[4]	0.61[2]		
	楣石	2.34[1], 2.33[2]			
	红柱石	7.58[1], 7.57[2]	0.77[2]	2.82	3.092
	硅线石	9.10[1], 9.09[2]	0.7[4], 0.74[2]	1.40	3.247
	蓝晶石	14.16[1], 14.2[2]	0.78[4], 0.70[2]	2.35	3.675
	绿帘石	2.83±0.21[1], 2.82[2]			
链状结构硅酸盐	顽辉石	4.47±0.30[1], 4.8[4], 4.34[2]	0.7~0.75[4], 0.80[2]	2.77	3.194
	透辉石	4.66±0.31[1], 4.1~5.1[4]	0.67[4], 0.69[2]	2.51	3.277

续表

类别	矿物名称	λ/W·m^{-1}·K^{-1}	c_p/J·kg^{-1}·K^{-1}	α_V/10^{-5} K^{-1}	ρ/g·cm^{-3}
链状结构硅酸盐	普通辉石	4.66±0.31[1], 4.1~5.1[4]	0.67[4], 0.69[2]	2.19	3.41
	锂辉石			1.31	3.188
	硬玉			2.45	3.347
	角闪石	2.81±0.27[1], 2.9~3.0[4]	0.75[4]		
层状结构硅酸盐	白云母	2.28±0.07[1], 2.32[2]	0.76[4]		
	黑云母	2.02±0.32[1], 0.7~1.6[4]	0.78[4]		
	滑石	6.10±0.90[1], 6.10[2]	0.87[2]		
	绿泥石	5.15±0.77[1], 4.2[4], 5.14[2]	0.6[4]		
	蛇纹石	3.53±1.28[1], 1.8~2.9[4]			
	蒙脱石	1.9[3]			
	伊利石	1.9[3]			
	高岭石	2.6[3]			
	间层矿物	1.9[3]			
架状结构硅酸盐	正长石	2.31[1], 2.31[2], 2.40[5]	0.63~0.75[4], 0.61[2]	1.54	2.570
	微斜长石	2.49±0.08[1], 2.9[4], 2.49[2]	0.67~0.69[4], 0.68[2]	1.79	2.560
	钠长石	2.14±0.19[1], 2.31[2]	0.71[2]	2.24	2.620
	钙长石	1.69[1], 1.68[2]	0.71[2]	1.51	2.760
	霞石	1.73[2]			
碳酸盐	方解石	3.59[1], 3.25~3.9[4]	0.8~0.83[4], 0.79[2]	2.01	2.710
	白云石	5.51[1], 5.5[2], 5.3[3]	0.86~0.88[4], 0.93[2]		
	霰石	2.24[1], 2.23[2]	0.78~0.79[4], 0.78[2]	6.53	2.930
	菱镁矿	5.84[1], 4.6[4], 5.83[2]	0.88[4], 0.86[2]		
	菱铁矿	3.01[1], 3.0[4], 3.0[3], 3.0[2]	0.72~0.76[4], 0.68[2]		
硫酸盐	重晶石	1.31[1], 1.5~1.8[4], 1.33[2]	0.48~0.6[4], 0.45[2]		
	硬石膏	4.76[1], 4.76[2], 5.4[6]	0.55~0.62[4], 0.52[2]		
	石膏	1.26[1], 1.0~1.3[4]	1.07[4]		
磷酸盐	磷灰石	1.38±0.01[1], 1.4[4], 1.37[2]	0.7[4]		
硫化物	黄铁矿	19.21[1], 19.2[2]	0.5~0.52[4], 0.5[2]	3.40	5.016
	磁黄铁矿	4.60[1]	0.58~0.60[4]		
	方铅矿	2.28[1], 2.28[2]	0.21[4], 0.207[2]	6.33	7.597
	闪锌矿	1.88	471	2.37	4.089

续表

	矿物名称	λ/W·m^{-1}·K^{-1}	c_p/J·kg^{-1}·K^{-1}	α_V/10^{-5} K^{-1}	ρ/g·cm^{-3}
卤化物	石盐	5.55±0.18[1]	0.79~0.84[4]	13.83	
	钾石盐	6.40[1], 6.7~10[4]	0.55~0.63[4]	12.77	
	萤石	9.51[1], 9~10.2[4], 9.5[2]	0.9[4], 0.85[2]		

注：比热和热导率对应20℃温度值，热膨胀系数适用于20~400℃。[1] Clauser and Huenges, 1995; [2] Cermak and Rybach, 1982; [3] Brigaud et al., 1989, 1992; [4] Melnikov et al., 1975; [5] Drury and Jessop, 1983; [6] Clauser, 2006。

作为由矿物组成的整体，岩石的热导率和比热具有体积平均的意义。

岩石的有效热导率定义如下：

$$\bar{q} = -\lambda_{\text{eff}} \frac{dT}{dx}, \quad (7\text{-}10)$$

式中，$\bar{q}$ 为岩石体积平均热流量；λ_{eff} 为岩石体积平均热导率。式（7-8）也是岩石热导率测量所依据的理论基础。

在已知岩石中各种矿物成分和占比的情况下，空间平均模型可以用于估算岩石的有效比热和电导率。罗伊斯和沃伊特平均的求解与第 4 章给出的表达方式一致，但是 Hashin-Shtrikman 平均的表达方式有所不同，上、下界的表达分别为

$$\lambda_{\text{HS}}^U = \lambda_{\max} + \frac{3\lambda_{\max} A_{\max}}{3\lambda_{\max} - A_{\max}}, \quad (7\text{-}11)$$

$$\lambda_{\text{HS}}^L = \lambda_{\min} + \frac{3\lambda_{\min} A_{\min}}{3\lambda_{\min} - A_{\min}}, \quad (7\text{-}12)$$

式中，$\lambda_{\max}$ 和 $\lambda_{\min}$ 分别为 λ_i 中最大值和最小值，且

$$A_{\max} = \sum_{i=1, \lambda_i \neq \lambda_{\max}}^{N} \frac{n_i}{(\lambda_i - \lambda_{\max})^{-1} + (3\lambda_{\max})^{-1}}, \quad (7\text{-}13)$$

$$A_{\min} = \sum_{i=1, \lambda_i \neq \lambda_{\min}}^{N} \frac{n_i}{(\lambda_i - \lambda_{\min})^{-1} + (3\lambda_{\min})^{-1}}。 \quad (7\text{-}14)$$

一般用 $\lambda_{\text{HS}} = \frac{1}{2}(\lambda_{\text{HS}}^U + \lambda_{\text{HS}}^L)$ 估算岩石的有效热导率。

岩石的有效比热可以如上所述进行分析。岩石的热膨胀系数也具有一定平均性质，但其另一方面的特征更值得注意：不同矿物之间热膨胀系数的差异往往造成岩石受热过程出现热裂纹，而热裂纹可能引起更多岩石物理性质的变化。

7.1.4 岩石热导率和比热的影响因素

影响岩石热导率的因素有多种，除主要取决于所含的矿物成分和结构特点，

如孔隙度、饱和度、饱和流体的性质等因素外,温度和压力等都是影响岩石热导率的因素。如图 7-1 所示,热导率一般随温度升高而降低;图 7-2 则显示热导率随压力增加递增,并且低压力段热导率增速更快。在致密岩石中,矿物的热性质对热导率起主要控制作用,岩石的构造发育程度对其也有一定的影响。在疏松多孔的岩石中,孔隙度及有关特性,如孔隙的大小和连通性、含水量和充填物性质等对岩石热导率也有较大影响(图 7-3 和图 7-4)。

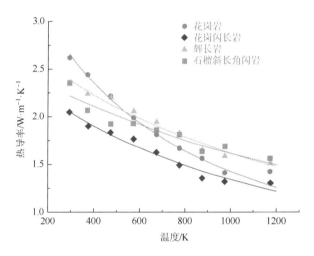

图 7-1　花岗岩、花岗闪长岩、辉长岩和石榴斜长角闪岩的热导率与温度的关系
(Miao et al., 2014)

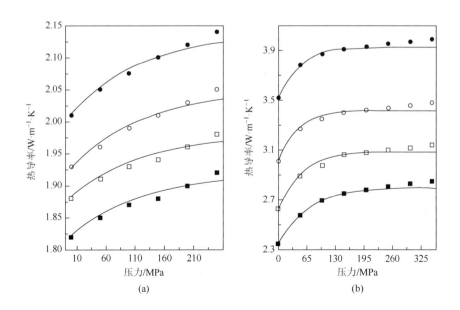

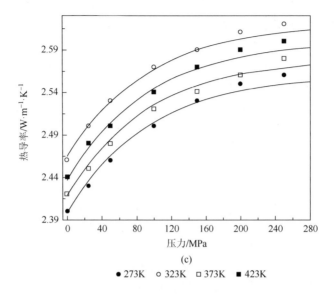

● 273K　○ 323K　□ 373K　■ 423K

图 7-2　砂岩（a）、角闪岩（b）、辉石-麻粒岩（c）的热导率与压力的关系（Abdulagatov et al., 2006）

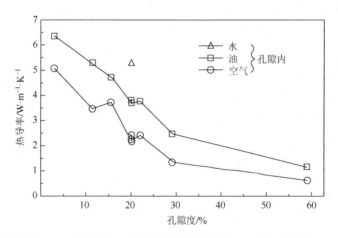

图 7-3　孔隙分别被水、油和空气充满的石英砂岩的热导率与孔隙度的关系（Clauser and Huenges，1995）

岩石的比热容与其密度的乘积称为岩石单位体积热容量（ρc），由于水的比热容较大，一般多孔隙岩石的含水量增加，其比热容也有所增加，稍大于致密的结晶岩。不同矿物的比热随温度的变化略有不同，如图 7-5 所示，除石英外，铁橄榄石、橄榄石和无水石膏的比热随温度的升高呈非线性增长。石英岩、板岩、大理岩、玄武岩和蛇纹岩等岩石的比热随温度的升高也呈非线性增长，如图 7-6 所示。

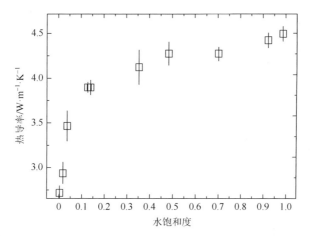

图 7-4　18%孔隙度的石英砂岩水饱和度与热导率的关系（Clauser and Huenges，1995）

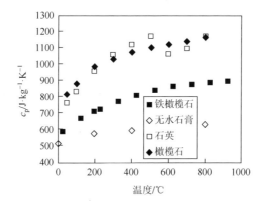

图 7-5　矿物比热 c_p 与温度的关系（Waples and Waples，2004）

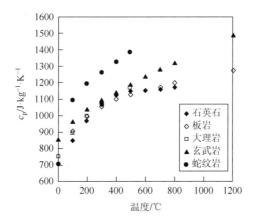

图 7-6　岩石比热与温度的关系（Waples and Waples，2004）

7.2 岩石的磁性

地壳中的岩石从形成时就受地磁场的磁化而具有磁性,有的磁性较强,有的磁性很弱。由于岩石磁性的差异以及磁性岩石在地域和深度上的不均匀分布,可在地表形成不同大小及强弱的磁异常区域。局部磁异常与地磁极性、构造运动、全球变化等有密切关系,引起地质学家和地球物理学家浓厚的兴趣;磁性矿物与磁异常的成因联系又使磁异常的研究对资源和能源探测发挥着巨大的作用。

7.2.1 物质的磁性

当介质处于磁场之中时,介质将被磁化。用磁感应强度 $\boldsymbol{B}$ 描述磁场的强弱和方向,定义为单位面积中的磁通量或单位电流元在磁场中所受到的力。与磁场强度 $\boldsymbol{H}$ 之间的关系为

$$\boldsymbol{B} = \mu \boldsymbol{H}, \tag{7-15}$$

式中,μ 为介质的磁导率,当介质为真空时,有

$$\boldsymbol{B} = \mu_0 \boldsymbol{H}, \tag{7-16}$$

式中,μ_0 为真空的磁导率,$\mu_0 = 4\pi \times 10^{-7}$ H·m^{-1}。在国际单位制中,磁感应强度 $\boldsymbol{B}$ 的单位为特斯拉(T),磁场强度 $\boldsymbol{H}$ 的单位为 A·m^{-1}。磁场强度 $\boldsymbol{H}$ 最先由磁荷观点引出,类比于电荷的库仑定律,定义为单位正电磁荷在磁场中所受的力。

用磁化强度 $\boldsymbol{M}$ 来表示介质被磁化的强弱程度,它与磁场强度 $\boldsymbol{H}$ 之间的关系为

$$\boldsymbol{M} = \chi \boldsymbol{H}, \tag{7-17}$$

式中,χ 为介质的磁化率,表征介质受磁化的难易程度,是一个无量纲的物理量。使用时,磁化率要标明所采用的单位制,国际单位制用 SI(χ) 表示,绝对电磁单位制用 CGSM(χ) 表示,二者之间的关系为

$$1\,\text{SI}(\chi) = \frac{1}{4\pi}\text{CGSM}(\chi)。$$

在国际单位制中,磁化强度的单位是 A·m^{-1};在绝对电磁单位制中,用 CGSM(M) 表示。二者之间的关系为

$$1\,\text{A·m}^{-1} = 10^{-3}\,\text{CGSM}(M)。$$

令 $\mu_r = \mu/\mu_0 = 1 + \chi$,表示介质的相对磁导率,根据式(7-15)有

$$\boldsymbol{B} = \mu_0 \mu_r \boldsymbol{H} = \mu_0 \boldsymbol{H} + \mu_0(\mu_r - 1)\boldsymbol{H} = \mu_0(1+\chi)\boldsymbol{H} = \mu_0(\boldsymbol{H} + \boldsymbol{M})。 \tag{7-18}$$

式（7-18）表明物质的磁性与外磁场的定量关系。

不同的物质受外磁场的作用，磁化效果不同，按照呈现出的宏观磁性可将其分为三类：抗磁性物质、顺磁性物质、铁磁性物质。磁性的差别起源于物质内部的原子结构不同。

原子磁矩由原子核磁矩和电子磁矩组成。原子核磁矩很小，可以忽略。电子磁矩分为轨道磁矩和自旋磁矩两部分。轨道磁矩由电子围绕原子核的运动产生，自旋磁矩由电子的自旋运动产生。

在抗磁性物质的原子中，电子成对存在，其自旋磁矩两两抵消，轨道磁矩也两两抵消，因此，在没有外加磁场时，原子磁矩为零，整块介质不显磁性。当有外磁场存在时，电子受洛伦兹力作用发生进动，不管电子原有磁矩方向如何，进动产生的磁矩总是与外磁场方向相反，从而使介质获得了与外磁场方向相反的磁化。抗磁性物质的 $\chi<0$，且 χ 的大小与温度无关。

在顺磁性物质的原子中，含有不成对的电子，电子磁矩不能完全抵消，因此每个原子具有固有磁矩。在没有外加磁场时，由于热骚动，介质中的原子磁矩取向混乱，整块介质不显磁性。在外磁场作用下，各原子固有磁矩受外磁场力矩作用而趋于沿外磁场方向排列，使整块介质获得与外磁场方向相同的磁化。顺磁性物质的 $\chi>0$，且 χ 的大小与绝对温度成反比。服从居里定律：

$$\chi = C/T, \tag{7-19}$$

式中，C 为居里常数；T 为绝对温度。

抗磁性物质和顺磁性物质都是弱磁性物质，磁化率一般在 $10^{-6} \sim 10^{-4}$，而且，磁化过程是可逆的，即当外磁场撤去后，磁化立即消失，不存在时间上的滞后现象。

与抗磁性物质和顺磁性物质相比，铁磁性物质有一系列特殊的性质。①磁化率很大，且与磁场的强弱有关。②磁化过程是不可逆的，存在磁滞现象，如图 7-7 所示。对未磁化样品施加外磁场。随磁场强度 **H** 由零增至 H_s，而后减至零；反向由零减至 $-H_s$，再由 $-H_s$ 增至 H_s。样品的磁化强度 **M** 沿 O、A、B、C、D、E、F、A 变化，诸点形成曲线，称磁滞回线。它表明铁磁性物质的磁化强度随磁化场变化，呈不可逆性。H_c 为矫顽磁力，对于不同铁磁性物质，它的变化范围较大。③温度高于居里温度，铁磁性消失，物质呈现顺磁性，磁化率与温度的关系服从居里-魏斯定律：

$$\chi = \frac{C}{T - T_C}, \tag{7-20}$$

式中，C 为居里常数；T 为热力学温度；T_C 为居里温度。

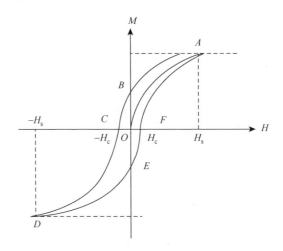

图 7-7 铁磁性物质的磁滞回线

铁磁性物质具有很大的磁化率，其原因是具有磁畴结构。在铁磁性物质中，原子固有磁矩的方向不是随意的。原子之间存在的"交换耦合"作用使原子固有磁矩在小范围内自发地沿某个方向排列，形成很多个自发磁化区域，称为磁畴。不同磁畴的磁矩方向一般是不同的，未被磁化过的铁磁体一般不显示宏观磁性。将这个铁磁体置于外磁场中其将发生磁化，随着磁场增强，磁化过程可以分为几个阶段：首先，自发磁化方向与外磁场方向相接近的那些磁畴，通过畴壁的移动扩大尺寸，把相邻的那些自发磁化方向与外磁场方向相差较大的磁畴吞并过来，这一过程使物体获得沿外磁场方向的磁化；然后，随着外磁场的增强，所有磁畴的磁矩都转到与外磁场接近的方向上；最后，当外磁场增强到一定程度时，所有磁畴的磁矩方向完全转到外磁场方向上，磁化达到饱和。此后再增强外磁场，物体的磁化强度就不再增大了。

原子间具有交换耦合作用的物质，除了上述铁磁性物质外，还存在另外三种物质，即反铁磁性、亚铁磁性和斜交反铁磁性物质，它们也统称为铁磁性物质。由于交换耦合性质的不同，原子磁矩有四种排列方式（图 7-8）。在铁磁性物质中，

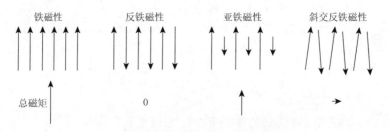

图 7-8 铁磁性物质中原子磁矩的排列

原子磁矩平行排列，有明显的自发磁化。在反铁磁性物质中，原子磁矩反平行排列，由于两种相反的磁矩大小相等，总磁矩为零。在亚铁磁性物质中，原子磁矩反平行排列，磁矩互不相等，具有一定的自发磁化。在斜反铁磁性物质中，原子磁矩不完全反向平行，而是有一个小的角度，形成微弱的自发磁化。

7.2.2 矿物的磁性

自然界中的矿物绝大多数属于抗磁性或顺磁性的。常见的抗磁性矿物有石英、石膏、石墨、金刚石、方解石等。常见的顺磁性矿物有黑云母、褐铁矿、辉石、角闪石、蛇纹石、石榴石等。几种常见矿物的磁化率见表 7-4。

表 7-4 常见矿物的磁化率（Dunlop and Özdemir，2015）

分类	矿物	组成	磁化率 $\chi/10^{-6}$ SI
抗磁性矿物	石英	SiO_2	−16.4
	正长石	$KAlSi_3O_8$	−14.9
	方解石	$CaCO_3$	−13.6
	镁橄榄石	Mg_2SiO_4	−12.5
顺磁性矿物	陨硫铁	FeS	$(0.6\sim1.7)\times10^3$
	黄铁矿	FeS_2	1.5×10^3
	菱铁矿	$FeCO_3$	4.9×10^3
	钛铁矿	$FeTiO_3$	$(4.7\sim5.2)\times10^3$
	钛尖晶石	$FeTi_2O_4$	4.8×10^3
	斜方辉石	$(Fe, Mg)SiO_3$	$(1.55\sim1.8)\times10^3$
	铁橄榄石	Fe_2SiO_4	5.53×10^3
	橄榄石	$(Fe, Mg)_2SiO_4$	1.56×10^3
	蛇纹石	$Mg_3Si_2O_5(OH)_4$	$\geqslant3\times10^3$
	角闪石		$(0.5\sim2.7)\times10^3$
黏土矿物	伊利石、蒙脱石		$(0.33\sim0.41)\times10^3$
铁磁性矿物	铁（多畴的）	αFe	3.9×10^6
	磁黄铁矿	Fe_7S_8	3.2×10^6
	磁黄铁矿	Fe_9S_{10}	0.17×10^6
	赤铁矿	αFe_2O_3	$(0.5\sim40)\times10^3$
	磁赤铁矿（多畴的）	γFe_2O_3	$(2.0\sim2.5)\times10^6$
	磁铁矿（多畴的）	Fe_3O_4	3.0×10^6
	钛磁铁矿（$x=0.6$）	$xFe_3O_4\cdot(1-x)Fe_2TiO_4$	$(0.13\sim0.62)\times10^6$
	钛赤铁矿	$xFe_2O_3\cdot(1-x)FeTiO_3$	2.8×10^6
	针铁矿	$\alpha FeOOH$	$(1.1\sim12)\times10^3$

自然界中只有少数矿物是属于铁磁性的，而且还主要属于亚铁磁性。地球上最重要的铁磁性矿物为铁钛氧化物。有三个系列：①化学计量的具有尖晶石结构的钛磁铁矿，即端元为磁铁矿（$Fe^{2+}Fe^{3+}_2O_4$）和尖晶石（$Fe^{2+}_2Ti^{4+}O_4$）的固溶体系列；②非化学计量的（氧化）钛磁铁矿系列，其中一些 Fe^{2+} 离子迁移到表面并转化为 Fe^{3+}，在尖晶石晶格中留下有序空位；③具有菱面体结构的钛赤铁矿，即端元为赤铁矿（$\alpha Fe^{3+}_2O_3$）和钛铁矿（$Fe^{2+}Ti^{4+}O_3$）的固溶体系列。这三个系列可以用 FeO-Fe_2O_3-TiO_2 三元图解来表示，如图 7-9 所示。

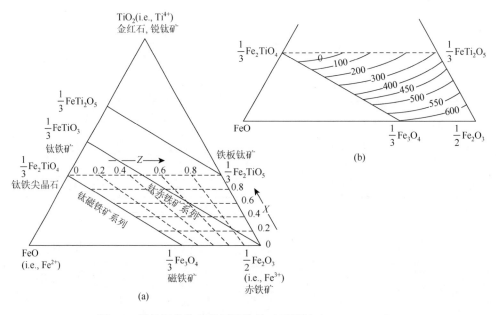

图 7-9 铁钛氧化物及其固溶体的三元图解（Kono，2015）

7.2.3 岩石的磁性

岩石的磁性来源于其中的磁性矿物。岩石磁性的强弱首先与其中的磁性矿物的含量有关。一般来说，磁性矿物含量越多，则岩石的磁化率越大，但是二者之间并不存在严格的正比关系。岩石磁性的强弱还受其他多种因素的影响，如磁性矿物的颗粒大小及分布状态，岩石所受温度、压力和化学作用等。实验表明，磁性矿物含量相同时，矿物颗粒越大，岩石的磁化率越大；磁性矿物的含量和颗粒大小相同时，磁性颗粒呈胶状出现比孤立分布时的磁化率大。

表 7-5 列出了一些常见岩石的磁化率。一般来说火成岩磁性较强，变质岩次之，沉积岩最弱。火成岩由酸性至基性，磁性逐渐增强；沉积岩由细粒至粗粒，磁性逐渐增强；正变质岩的磁性比副变质岩强。

表 7-5　常见岩石的磁化率（Hunt et al., 1995）

火成岩 $\chi/10^{-6}$ SI		沉积岩 $\chi/10^{-6}$ SI		变质岩 $\chi/10^{-6}$ SI	
安山岩	170 000	黏土	170～250	角闪岩	750
玄武岩	250～180 000	煤	25	片麻岩	0～25 000
辉绿岩	1000～160 000	白云岩	−10～940	麻粒岩	3 000～30 000
闪长岩	630～130 000	石灰岩	2～25 000	千枚岩	1 600
辉长岩	1 000～90 000	砂岩	0～20 900	石英岩	4 400
花岗岩	0～50 000	页岩	63～18 600	片岩	26～3 000
橄榄岩	96 000～200 000	沉积岩	0～50 000	蛇纹岩	3 100～18 000
斑岩	250～210 000			板岩	0～38 000
辉岩	130 000			变质岩	0～73 000
流纹岩	250～38 000				
火成岩	2 700～270 000				
酸性岩	38～82 000				
基性岩	550～120 000				

矿物和岩石自生成之后就一直处在地磁场之中而受到磁化。岩石在生成时，受当时的地磁场磁化，成岩后经历漫长的地质年代，所保留下来的磁化强度称为天然剩余磁化强度 M_r；受现代地磁场的磁化而具有的磁化强度称为感应磁化强度 M_i。岩石的总磁化强度 M 由两部分组成，即

$$M = M_r + M_i 。 \tag{7-21}$$

岩石的天然剩余磁化强度可以通过多种不同的方式获得，其中主要类型有热剩磁、沉积剩磁、化学剩磁、等温剩磁和粘滞剩磁。

岩石在外磁场中从居里点以上温度逐渐冷却到居里点以下，在通过居里温度时受磁化所获得的剩磁，称为热剩磁，记作 TRM。岩石在逐步冷却的过程中，如果仅在某一温度区间施加外磁场，在其余温度区间撤去外磁场，则岩石所获得的热剩磁称为部分热剩磁，记作 PTRM。实验表明，任一温度区间的部分热剩磁的大小和方向仅与该温度区间的外磁场有关，与其他温度区间的外磁场无关。岩石从居里点温度一直冷却到室温时所获得的总热剩磁等于各温度区间的部分热剩磁之和。热剩磁的这一规律被称为部分热剩磁的叠加定律（图 7-10）。热剩磁具有强度大、稳定性强的性质，在古地磁研究中有十分重要的作用。

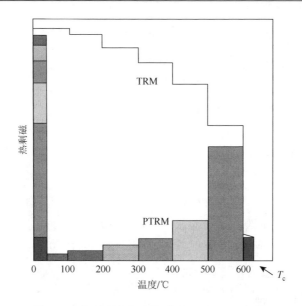

图 7-10　热剩磁和部分热剩磁（Tauxe，2010）

已具有剩磁的铁磁性颗粒在液体或气体中自由下沉时，受到外磁场的力矩作用，其磁矩将沿外磁场方向排列，从而使沉积物将显示与外磁场大致同向的磁化。通过这种方式所获得的剩磁称为沉积剩磁，记作 DRM，也称为碎屑剩磁。沉积岩含有其母岩碎屑所携带的铁磁性颗粒，在成岩（包括沉积、压实、固化等阶段）过程中，这些铁磁性颗粒受当时的地磁场作用，会沿地磁场方向定向排列，因此沉积岩一般具有沉积剩磁，并记录了其生成时代的地磁场。由于沉积岩在地表出露广泛，且沉积过程一般具有较好的连续性，能反映地磁场的连续变化，因此沉积剩磁也是古地磁的主要研究对象之一。

在一定磁场中，某些磁性物质在低于居里温度的条件下经过相变过程（重结晶）或化学过程（氧化还原）所获得的剩磁，称化学剩磁，记作 CRM。对于同样的外磁场，化学剩磁的强度只有热剩磁的几十分之一，但大于碎屑剩磁。

等温剩磁（IRM）的微观机制与热剩磁和化学剩磁有所不同，等温剩磁起因于磁畴的转向与磁畴壁的移动，而热剩磁和化学剩磁起因于磁畴的形成与壮大。对于等温磁化来说，如果外磁场很弱而作用时间又不长，则磁化过程是可逆的，即撤去外磁场后，磁畴壁又回到原来的位置，从而不产生剩磁。但是，如果所加的外磁场足够强，则磁化过程是不可逆的，即在撤去外磁场后，磁畴壁不能回到原来的位置，从而产生剩磁。

粘滞剩磁（VRM）实质上是同时间相联系的等温剩磁。把磁性物质放在磁场中，只要时间够长，即使磁场很弱，也会被外磁场慢慢磁化。具有显著粘滞剩磁的岩石在漫长的地质时期破坏了初始磁化的剩磁，不适用于古地磁学的研究。

热剩磁、沉积剩磁和化学剩磁又称为原生剩磁。等温剩磁和粘滞剩磁是在岩石形成后，受某些外部因素的作用而获得的，称为次生剩磁。

7.3 岩石的电学性质

岩石的电学性质主要为导电性。表征岩石导电性的参数是电阻率或电导率，二者互为倒数。

电阻率是用来表征介质电性的参数，由材料性质决定，在数值上等于电流垂直流过单位横截面积、单位长度导体的电阻。电阻率用符号 ρ 表示，公式表述如下：

$$\rho = R\frac{A}{L}, \qquad (7\text{-}22)$$

式中，R 为电阻；L 为导体的长度；A 为导体的横截面积。电阻率的单位为欧姆米（$\Omega \cdot m$）。电阻率越低，导电性越好。电阻率越高，导电性越差。

电导率为电阻率的倒数，一般用符号 S 表示，即 $S = \dfrac{1}{\rho}$，单位为西门子每米（$S \cdot m^{-1}$）。

7.3.1 岩石电阻率的影响因素

岩石按导电机理可分为离子导电和电子导电。除几种导电性较好的矿物（如黄铁矿、赤铁矿、黄铜矿、方铅矿等）外，绝大多数矿物导电性很差，岩石导电实际上为连通孔隙中溶液的正、负离子导电，即属于离子导电。干燥岩石的电阻率远高于含水岩石的电阻率，岩石电阻率的大小主要取决于岩石的孔隙度、饱水度和矿化度等。

7.3.1.1 孔隙度、饱水度和矿化度的影响

纯净的水并不导电，水中溶解了矿物质后才导电，导电性与溶解的矿物质含量近似呈线性关系。岩石中所含水溶液的矿化度越高，其电阻率就越低。地下水的矿化度范围很大，淡水的矿化度为 $0.1 \text{ g} \cdot L^{-1}$，咸水的矿化度则高达 $10 \text{ g} \cdot L^{-1}$。水的导电性不仅与其中溶解的矿物质浓度有关，还与矿物质的种类有关。但在实际应用中可不考虑矿物质种类的区别，而只考虑不同矿物质的一种总体平均效应。天然状态下水的电阻率一般小于 $100 \text{ }\Omega \cdot m$，但不同来源的水的电阻率仍然有一定变化范围，见表 7-6。

表 7-6 水的电阻率变化范围

名称	电阻率/$\Omega \cdot m$	名称	电阻率/$\Omega \cdot m$
雨水	>1000	海水	0.1～1
河水	10～100	潜水	<100

当孔隙、裂隙水矿化度相同时，孔隙度增加则岩石的电阻率降低。长期的压实作用使岩石的孔隙度降低，因而使岩石的电阻率增加。从总体上看，比较古老的地层往往比较密实，其电阻率比较高；而年代新的地层往往比较疏松，其电阻率比较低。同时，如果处于饱水状态便有比较低的电阻率。

阿尔奇对含水岩石电阻率与地层水电阻率、岩石孔隙度之间的关系进行研究，发现对于给定的岩样，孔隙中饱和地层水的岩石电阻率 R_0 与地层水电阻率 R_w 呈正比，该比值常数 R_0/R_w 称为阿尔奇地层因子或地层电阻率因子或相对电阻，用 F 表示：

$$F = \frac{R_0}{R_w}。 \tag{7-23}$$

经验证明，F 与下列因素有关：①孔隙度；②孔隙的结构和几何形状；③孔隙的连通情况，而与饱和在岩样中的地层水电阻率无关。在物理上，F 代表当骨架不导电时，岩石的电阻率相对于地层水的电阻率的放大倍数。

阿尔奇通过分析实验数据发现：

$$F = \frac{1}{\phi^m}, \tag{7-24}$$

式中，ϕ 为孔隙度；m 为胶结指数，胶结岩石的胶结指数 m 在 1.8～2.0，非胶结岩石的胶结指数 m 大约为 1.3。式（7-24）称为阿尔奇公式。

7.3.1.2 成分和结构、构造的影响

大多数岩石、矿石由均匀或不均匀的颗粒组成，而颗粒与颗粒之间由胶结物黏结在一起。电子导电类的岩石，依靠组成岩石颗粒本身的自由电子导电，电阻率取决于这些胶结物和矿物颗粒的电阻率及其含量。

当岩石中低电阻率的良导矿物体积含量高时，岩石的电阻率通常较低；反之，当岩石中高电阻率的造岩矿物含量高时，岩石的电阻率也很高。大部分金属矿物、碳质和黏土矿物具有比较好的导电性，富含这三类矿物的岩石电阻率都比较低。例如，大多数沉积岩的电阻率一般为数百到数千欧姆米的中等水平，但是富含黏土矿物（高岭石、蒙脱石和水云母等）的页岩、泥岩电阻率都比较低，一般为100～300$\Omega \cdot m$，可低至几十欧姆米。在第四系松散沉积、冲积物中，不含黏土矿物的

砂砾石层一般具有比较高的电阻率，而富含黏土矿物的黏土层往往具有比较低的电阻率。

结构和构造对岩石电阻率具有一定的影响，如同为含水砂岩，粒度均匀的含水砂岩相对于粒度不均匀的含水砂岩有更多的孔隙，因而呈现低电阻率；玄武岩中有许多孔隙但孔隙不连通，因此即使孔隙度高的玄武岩也可能呈现高电阻率；含良导矿物的岩石，如果其良导矿物的含量一定，则良导矿物为浸染状结构时其电阻率比较高，为网脉状结构时其电阻率比较低，即在良导矿物含量相同的条件下，岩石的结构起着重要的作用。图 7-11a 为浸染状结构的岩石，其中良导矿物被不导电矿物包围，从电学观点来看矿物颗粒的排列呈串联形式；图 7-11b 为网脉状结构的岩石，良导矿物彼此相连，从电学观点来看呈并联形式，因此浸染状结构岩石的电阻率比网脉状结构岩石的电阻率要高。因此良导矿物在岩石中的连通性具有决定作用。

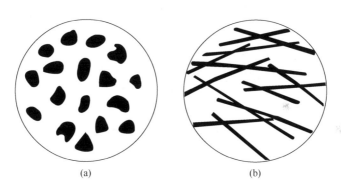

图 7-11　岩石中矿物结构示意图
（a）浸染状结构；（b）网脉状结构

7.3.1.3　温度和压力的影响

温度的变化可以明显影响岩石的电阻率。在浅部，温度升高时，一方面岩石中水溶液的黏滞性减小，使溶液中离子的迁移率增大；另一方面又使溶液的溶解度增加，矿化度提高。所以岩石的电阻率通常随温度的升高而下降，公式表示为

$$\rho_t = \frac{\rho_{18}}{1+a(t-18)}, \quad (7\text{-}25)$$

式中，ρ_{18} 为 18℃时的电阻率；ρ_t 为温度 t 时的电阻率；a 为电阻率的温度系数，约为 0.0251℃$^{-1}$。温度降低使得孔隙水由液态变为固态，岩石电阻率将成百倍增大。在深部，当温度升高到矿物发生部分熔融时，熔体的存在使得岩石的电阻率急剧降低。这时，熔融体的状态和作用与浅部岩石孔隙中的水溶液相似。

对不同的岩石或在不同的实验条件下测得的电阻率和压力的关系不尽相同，但总体而言岩石的电阻率通常随压力增大而增大，但当压力超过某一限度（如破裂压力）时，其电阻率会迅速降低。

7.3.2　矿物岩石电阻率变化范围

岩石的电阻率差异极大。不同组分的岩石有不同的电阻率；组分相同的岩石也会由于结构、构造历史及含水情况的不同而使其电阻率在很大的范围内（至少一两个数量级）变化；且不同类型岩石的电阻率变化范围常相互叠置。

表 7-7 为一些金属矿物的电阻率范围。金属矿物中，闪锌矿、钛铁矿和褐铁矿的导电性相对差，电阻率高。

表 7-7　常见金属矿物的电阻率

矿物名称	电阻率/$\Omega \cdot m$	矿物名称	电阻率/$\Omega \cdot m$
斑铜矿	$10^{-6} \sim 10^{-3}$	赤铁矿	$10^{-3} \sim 10^{-6}$
磁铁矿	$10^{-6} \sim 10^{-3}$	锡石	$10^{-3} \sim 10^{-6}$
磁黄铁矿	$10^{-6} \sim 10^{-3}$	辉锑矿	$10^{0} \sim 10^{3}$
黄铜矿	$10^{-3} \sim 10^{-1}$	软锰矿	$10^{0} \sim 10^{3}$
黄铁矿	$10^{-4} \sim 10^{-3}$	菱铁矿	$10^{0} \sim 10^{3}$
方铅矿	$10^{-3} \sim 10^{0}$	铬铁矿	$10^{0} \sim 10^{6}$
辉铜矿	$10^{-3} \sim 10^{0}$	闪锌矿	$10^{3} \sim 10^{6}$
辉钼矿	$10^{-3} \sim 10^{0}$	钛铁矿	$10^{3} \sim 10^{6}$
褐铁矿	$10^{6} \sim 10^{8}$	白铁矿	$10^{-2} \sim 10^{0}$
镜铁矿	$10^{-2} \sim 10^{1}$		

表 7-8 为常见非金属矿物、煤、石油和常见岩石等的电阻率及其变化范围。主要造岩矿物的电阻率是上文大部分金属矿电阻率的 10^{10} 倍以上，但是石墨具有异常低的电阻率，无烟煤的导电性也良好。表中右列岩石电阻率为含水条件下测量值，明显低于造岩矿物电阻率。

表 7-8　主要岩石、矿物的电阻率

名称	电阻率/$\Omega \cdot m$	名称	电阻率/$\Omega \cdot m$
石英	$10^{12} \sim 10^{15}$	黏土	$1 \sim 10^{2}$
长石	$10^{11} \sim 10^{12}$	泥岩	$5 \sim 60$

续表

名称	电阻率/Ω·m	名称	电阻率/Ω·m
黑云母	$10^{14} \sim 10^{15}$	页岩	$10^1 \sim 10^2$
白云母	$10^{10} \sim 10^{12}$	疏松砂岩	$2 \sim 50$
方解石	$10^7 \sim 10^{12}$	致密砂岩	$20 \sim 10^3$
硬石膏	$10^7 \sim 10^{10}$	含油气砂岩	$2 \sim 10^3$
石墨	$10^{-6} \sim 10^{-4}$	砾岩	$20 \sim 200$
岩盐	$10^{14} \sim 10^{15}$	石灰岩	$10^2 \sim 10^5$
钾盐	$10^{13} \sim 10^{15}$	白云岩	$50 \sim 6000$
硫磺	$10^{12} \sim 10^{15}$	玄武岩	$10^2 \sim 10^5$
煤	$10^2 \sim 10^6$	花岗岩	$10^2 \sim 10^5$
无烟煤	$10^{-4} \sim 10^{-2}$	片麻岩	$10^2 \sim 10^4$
石油	$10^9 \sim 10^{16}$	石英岩	$10^3 \sim 10^5$

从三大类岩石看，火成岩和变质岩均为结晶岩，内部结构致密，且组成矿物几乎全部为绝缘体，其导电性主要取决于岩石的含水量。这些岩石位于潜水面以上时，其导电作用主要取决于岩石内的吸附水，电阻率在 $10^3 \sim 10^6$ Ω·m；位于潜水面以下时，岩石的含水量主要取决于其中的束缚水（毛细管水）和自由水（重力水）。一般情况下，火成岩因质地致密、孔隙度低、主要造岩矿物的电阻率高，而在三大类岩石中电阻率最高；变质岩的电阻率也较高，其变化范围大体与火成岩类似，只有泥质板岩、石墨片岩等稍低；沉积岩的电阻率相对最低，大多数沉积岩因具有中等孔隙度，而具有中等电阻率，大约在数百欧姆米。沉积岩由于生成条件不同，其变化范围也很大。白云岩和致密结晶石灰岩的电阻率最高，可达到 10^6 Ω·m，而砂岩的电阻率在几十到 100 Ω·m 之间。另外，由于沉积岩具有明显的成层性，所以其电阻率具有显著的各向异性。

7.3.3 沉积岩电阻率的各向异性

大部分沉积岩都具有层理结构。从电性上看，沉积岩由电阻率不同的地层组成，故沉积岩的电阻率与通过其中电流的方向有关，呈现出各向异性。电流垂直于层理方向流过时测得的电阻率称为横向电阻率 ρ_n。电流平行于层理方向流过时测得的电阻率称为纵向电阻率 ρ_t。

假设在层状介质中取底面积为 1（长和宽均为 1）、厚度为各层层厚 h_i 的六面体岩柱，如图 7-12 所示。当电流垂直于柱体底面流过时，相当于各层电阻的串联，所测得的电阻称为横向电阻，用符号 R 表示，对应得到的电阻率称为横向电阻率，

记为 ρ_n。

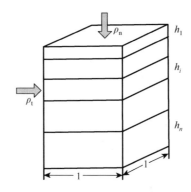

图 7-12 电流垂直层面和平行层面流入示意图

电流垂直流入单层 i 层面时,横向电阻等于该电性层的厚度与电阻率的乘积,即

$$R_i = h_i \rho_i \, 。 \tag{7-26}$$

当电流垂直流入厚度和电性不同的多层岩层时,按串联电路原理,其总横向电阻为

$$R = \sum_{i=1}^{n} R_i = \sum_{i=1}^{n} h_i \rho_i , \tag{7-27}$$

根据式(7-22)计算垂直层理方向的横向电阻率为

$$\rho_n = \sum_{i=1}^{n} h_i \rho_i / \sum_{i=1}^{n} h_i \, 。 \tag{7-28}$$

电流平行于岩柱体层面流过时,相当于各单层层面电阻的并联,此时总电导等于各单层电导之和。所测得的电导称为纵向电导,用符号 S_t 表示。对应的电阻率称为纵向电阻率,记为 ρ_t。

电流平行流入单层层面时,该层的纵向电导等于其厚度与电阻率的比值,即

$$S_i = \frac{h_i}{\rho_i} \, 。 \tag{7-29}$$

当电流平行流入厚度和电性不同的多层岩层时,其总纵向电导为

$$S_t = \sum_{i=1}^{n} S_i = \sum_{i=1}^{n} \frac{h_i}{\rho_i} , \tag{7-30}$$

根据式(7-22),沿层理方向的纵向电阻率为

$$\rho_{t} = \sum_{i=1}^{n} h_{i} \bigg/ \sum_{i=1}^{n} \frac{h_{i}}{\rho_{i}} \text{。} \tag{7-31}$$

层状岩石导电的各向异性系数公式如下：

$$\lambda = \sqrt{\rho_{n} / \rho_{t}} \text{。} \tag{7-32}$$

一般情况下，横向电阻率大于纵向电阻率，即通常 $\lambda > 1$。表 7-9 为常见沉积岩的各向异性系数。对于各向异性介质也可用平均电阻率 $\rho_{m} = \sqrt{\rho_{n}\rho_{t}}$ 表示其电学性质。

表 7-9 常见沉积岩的各向异性系数

岩石名称	各向异性系数	岩石名称	各向异性系数
层状黏土	1.02～1.05	泥质板岩	1.10～1.59
层状砂岩	1.10～1.60	泥质页岩	1.40～2.25
石灰岩	1.00～1.30	无烟煤	2.00～2.55

7.4 基于数字岩石的电、热特征研究

本章介绍的岩石电、磁、热性质中，由于岩石磁性强弱主要取决于其中磁性矿物含量，与这些矿物的形态、结构的关系很弱，因此基于数字岩石开展岩石磁性的研究非常少。下文仅介绍基于数字岩石的热学和电学参数。

7.4.1 基本方法

基于岩石微观结构的热学和电学特征研究均依据拉普拉斯方程形式的控制方程。

7.4.1.1 热导率计算

热导率计算基于热传导方程，采用式（7-3）中生热项为 0 的情况，即

$$\frac{\partial}{\partial x_{i}} \left(\lambda \frac{\partial T}{\partial x_{i}} \right) = 0 \text{，} \tag{7-33}$$

式中，λ 为热导率。该拉普拉斯形式的方程可以用多种数值方法进行求解。对于给定的岩石微观结构图像，选取一个可以代表该样品平均特征的体积（代表性体元）进行分析，定义某一方向两个边界的温度，垂直于该方向的 4 个侧面定义为

绝热边界条件。根据数字岩石结构中不同矿物成分和孔隙中流体的导热参数，计算体积内的温度分布，再根据傅里叶定律计算平均热导率。

7.4.1.2 电导率计算

电导率计算基于稳态电流连续性方程，其表达式为

$$\frac{\partial}{\partial x_i}\left(S\frac{\partial \psi}{\partial x_i}\right)=0 , \qquad (7-34)$$

式中，S 为电导率；ψ 为电势。对该方程可以采用多种不同的数值方法进行求解。对于选定的代表性体元，给定某一方向两个边界的电势差，垂直于该方向的 4 个侧面定义为无电流边界条件，根据岩石结构中不同成分计算电场分布。随后，根据欧姆定律，由电流密度平均值和电势差计算平均电导率。

前文已经阐述，岩石中多数矿物的导电性极差，当岩石孔隙中含水时，其导电性可以急剧升高，即使只是孔隙表面存在一层薄的水膜，也足以大幅影响岩石的导电性。一般水膜厚度为几纳米到 100 纳米，而数字岩石图像识别大部分孔隙的分辨率在微米级别，因此，依据数字岩石模型分析岩石的导电特性时，需要对可能存在的水膜进行特别处理。另外，根据计算的平均电导率可以准确计算岩石的地层因子 F，进而根据阿尔奇公式（7-24）估算胶结指数等参数。

7.4.2 应用实例

基于数字岩石的电性特征的研究成果相对更多，以下分别列举一个岩石热导率研究应用和两个岩石电导率研究应用。

7.4.2.1 岩石热导率随压力变化

Jones 和 Pascal（1995）较早开展了微观结构对热导率的影响研究，发现相似成分的材料，内部结构的差异可能导致热导率相差 2 倍。随后不同研究组开展了基于数字岩石的岩石热导率分析，包括孔隙结构分形维数 D 与热导率关系、孔隙中充填油或水的影响、裂缝结构的影响等（Qin et al.，2020，2019；Siegert et al.，2022；Yang et al.，2019）。

Siegert 等（2022）详细研究了砂岩电导率随压力变化的关系。在他们的研究中分析了三个贝瑞亚（Berea）砂岩，其中矿物成分主要为石英，占比 94.6%~97.9%，少量其他矿物为白云石和锆石，孔隙度介于 16.2%~17.4%。其中一个样品的结构如图 7-13a 所示，对应该结构模型的一个计算温度场分布如图 7-13b 所示。为了分

析不同压力的影响，他们在模型中设计了除固相、孔隙相之外的接触带。接触带定义在固相边界一定范围内，其热导率设置为随压力增大而增大。经过详细、缜密的类比和分析，他们获得了岩石热导率随压力变化的关系，如图 7-13c 所示。显示低压条件下，热导率随压力快速、非线性增大；大约 10 MPa 后，热导率随压力增大而缓慢、线性增大，该特征与图 7-2 所示曲线形态相似，但量值有差异。孔隙中含水时岩石热导率高于干燥岩石的热导率，且含水条件下低压作用的影响远小于干燥条件下压力对热导率的影响。

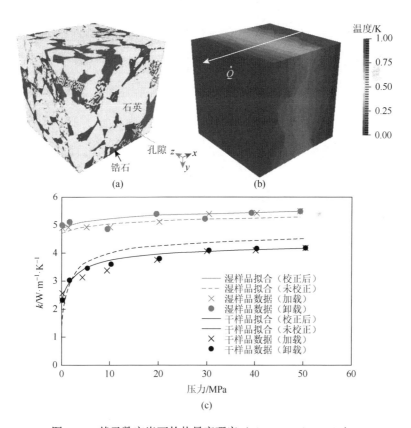

图 7-13 基于数字岩石的热导率研究（Siegert et al.，2022）

（a）数字岩石结构及成分；（b）计算的岩石结构温度场分布，箭头表示热流从高温端流向低温端；（c）不同压力条件下岩石热导率计算结果及其与实验数据的对比

7.4.2.2 砂岩孔隙流体与电导率

早期的微观尺度岩石电性模拟研究没有对由毛细管作用引起的微孔隙和裂隙中的薄层水膜进行特别处理，导致计算结果与实验测量具有较大偏差。Liu 等

（2009）考虑了孔隙内水膜的作用，以不同孔隙度砂岩的 CT 图像为基础，假设孔隙流体为油-水两相，对于水润湿型岩石和油润湿型岩石，分别计算了不同流体饱和度时的电场分布，进而计算了岩石的电导率和地层因子。图 7-14 给出了其计算模型及主要结果。

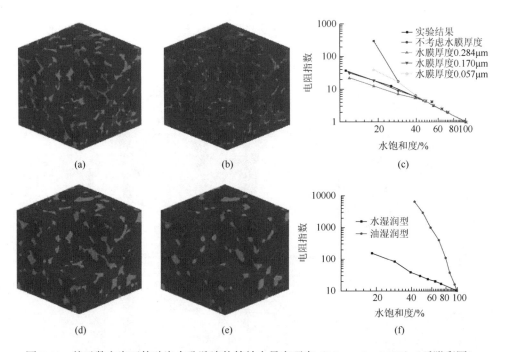

图 7-14　基于数字岩石的砂岩含孔隙流体等效电导率研究（Liu et al.，2009）（后附彩图）

(a) 水润湿型岩石 S_w = 72%时固体和油-水相分布；(b) 水润湿型岩石 S_w = 18%时固体和油-水相分布；
(c) 水润湿型岩石电阻指数随水饱和度变化关系；(d) 油润湿型岩石 S_w = 82%时固体和油-水相分布；
(e) 油润湿型岩石 S_w = 45%时固体和油-水相分布；(f) 相同孔隙结构在水润湿型和油润湿型时计算的
电阻指数随水饱和度的变化

图 7-14a 和图 7-14b 以及图 7-14d 和图 7-14e 分别为水润湿型以及油润湿型时不同水饱和度的固体-油-水三相几何结构分布。图 7-14c 显示水饱和度增加，等效电阻降低，换言之，孔隙中含水量增加，电导率升高。当含水饱和度低时，必须考虑水膜的影响，否则计算结果与实验结果误差大；但是当含水饱和度达到 50% 左右时，不考虑水膜层也可以得到和实验结果一致性很好的结果。考虑薄层水膜的影响时，以水膜层厚度为 0.17 μm 的计算结果与实验结果吻合最好。图 7-14f 显示相同孔隙结构中，油湿润型岩石的电阻明显高于水湿润型岩石。图 7-14c 和图 7-14f 纵轴的电阻指数（resistivity index）为含油岩石电阻率与水饱和岩石电阻率之比。

7.4.2.3 橄榄玄武岩熔融与电导率变化

岩石因高温发生部分熔融也导致其电导率升高。Miller 等（2015）分析了橄榄玄武岩部分熔融与电导率的关系，同时也分析了熔体的渗流问题。他们首先通过在不同位置切割不同大小的正方体，并计算电导率变化（图 7-15a）来确定 400^3 为代表性体元大小。随后利用代表性体元，根据不同熔融比例的样品计算得到等效电导率和渗透率随熔融比例的变化，如图 7-15b 所示，其中，电导率和渗透率都与熔融比例 φ 形成 $k\varphi^m$ 的关系。图 7-15c 为一个典型计算模型的结构、边界条件和数值计算结果。部分熔融总是先从结晶颗粒边界处发生，最初从多个颗粒的相交点，向三个颗粒之间的相交线扩展，因此熔体往往形成围绕结晶颗粒的三维网状。电流主要经由这些熔体网络流动。

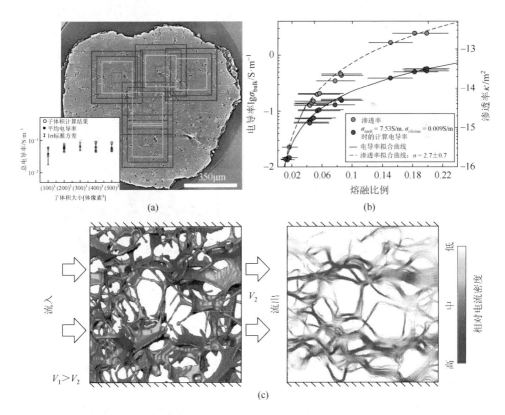

图 7-15　橄榄玄武岩部分熔融与电导率研究（Miller et al., 2015）（后附彩图）

（a）橄榄玄武岩 CT 扫描切片图像、不同计算模型取样位置及大小、计算的电导率随计算体积的变化；（b）不同熔融比例对应的等效电导率和渗透率；（c）计算分析示意图，左侧为熔融比例为 5% 时的熔融体结构（红色为熔融体与边界面相切部位）及边界条件，右侧为电流场密度分布

图 7-16 为一个计算模型的熔体流动和电流分布对比图。图 7-16a 为流体模拟结果速度分布，图 7-16b 为电流分布图，可见二者一致性很好。右侧显示的所截取局部图中，可以分辨不同颗粒及其边界。发生了熔融的颗粒边界形成类似孔隙，内部为熔体所充填，熔体发生流动。黑线所指颗粒边界由于熔融比例极低，没有熔体流动通过。但是在如图 7-16b 所示的电流密度分布图中，可见在相同位置上有电流通过。这是由于这两处颗粒之间的界面上存在熔体薄层，具有较好的导电性能。

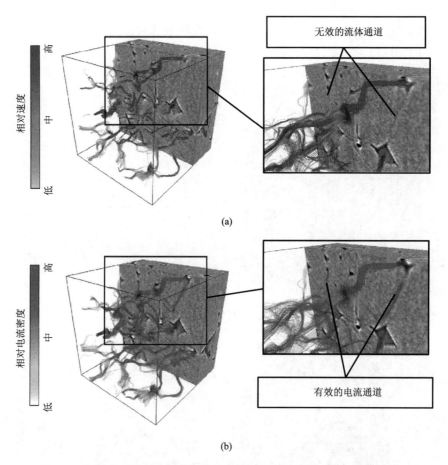

图 7-16　橄榄玄武岩部分熔融对应的流体场与电场分布对比（后附彩图）

在这些计算结果的基础上，Miller 等（2015）还深入分析了熔体薄层厚度的影响，给出了根据部分熔融岩石特征修正的阿尔奇公式，并分析了结构的弯曲度，以及含水量与化学成分的影响等。

本书从第 3 章起，每一章的最后一节都是基于数字岩石物理的相关应用。在此对数字岩石物理特征研究流程进行总结，如图 7-17 所示。

图 7-17　基于数字岩石的岩石物理特征研究流程

图 7-17 中第二步 CT 扫描需要首先根据样品特征和分析目标确定 CT 扫描分辨率，并结合分辨率和扫描设备探测器的指标确定样品加工尺度，具体 CT 扫描由相关设备管理人员指导或直接提供图像。第三步图像分割可以根据图像特征采用不同的分割方案，第 2 章进行了简要介绍，更多图像分割技术可通过检索资料获得。第四步为基于分割后的数字岩石图像开展岩石物理特征的模拟计算，对不同物性特征的研究无先后顺序要求；其中流体模拟与渗透特征的介绍见第 3 章；岩石力学参数的研究见第 4 章、破裂特征见第 5 章；岩石的声学特征见第 6 章；热和电特征见本章。

这些基于数字岩石的岩石物理特征研究除了涉及数字化图像及相关处理技术之外，还需要用到多种数值模拟技术。数值模拟技术是一个大类，丰富且各自具有一定难度，超出了本书范畴，此处不作介绍。感兴趣的读者请查阅相关教材或专著。另外，数字岩石物理是目前岩石物理学的前沿和热点，相关论文极多，本书仅介绍少量典型进展。应用实例中，一般除了数值模拟技术本身，还包含具体处理技术和比较深入的科学问题，本书作为基础教材，对应用实例中需要专门知识才能解释清楚的部分并没有加以阐述，实例仅展示数字岩石物理的发展现状和前景。

思 考 题

1. 影响岩石热导率的因素有哪些？各起何作用？
2. 岩石剩磁的类型有哪些？各有什么特点？
3. 请说明影响岩矿石电阻率的主要因素。
4. 三大类岩石电阻率的主要特点是什么？
5. 沉积岩中电阻率存在各向异性的主要原因有哪些？
6. 试针对三层介质写出横向电阻率和纵向电阻率的公式。

参 考 文 献

陈颙, 黄庭芳, 刘恩儒, 2009. 岩石物理学[M].合肥: 中国科技大学出版社.

程志平, 2007. 电法勘探原理[M].北京: 冶金工业出版社.

李金铭, 2005. 地电场与电法勘探[M].北京: 地质出版社.

周天福, 1997. 工程物探[M]. 北京: 中国水利水电出版社.

Abdulagatov I M, Emirov S N, Abdulagatova Z Z, et al., 2006. Effect of pressure and temperature on the thermal conductivity of rocks[J]. Journal of Chemical & Engineering Data, 51 (1): 22-33.

Brigaud F, Vasseur G, Caillet G, 1989. Use of well log data for predicting detailed in situ thermal conductivity profiles at well sites and estimation of lateral changes in main sedimentary units at basin scale[C]//ISRM International Symposium. Pau.

Brigaud F, Vasseur G, Caillet G, 1992. Thermal state in the north Viking Graben (North Sea) determined from oil exploration well data[J]. Geophysics, 57 (1): 69-88.

Cermak V, Rybach L, 1982. Thermal properties[M]//Hellwege K H. Landolt-Börnstein Numerical Data and Functional Relationships in Science and Technology, New Series, Group V. Geophysics and Space Research, vol. 1, Physical Properties of Rocks, subvol. A. Berlin: Springer-Verlag.

Clauser C, 2006. Geothermal energy[M]//Von Heinloth K. Landolt-Börnstein Numerical Data and Functional Relationships in Science and Technology, New Series, Group VIII. Advanced Materials and Technologies, vol. 3, Energy Technologies, subvol. C: Renewable Energies. Berlin: Springer-Verlag.

Clauser C, 2011. Radiogenic heat production of rocks[M]//Gupta H.Encyclopedia of Solid Earth Gophysics. 2nd ed. Dordrech: Springer.

Clauser C, Huenges E, 1995. Thermal conductivity of rocks and minerals[M]//Rock Physics and Phase Relations—A Handbook of Physical Constants, AGU Reference Shelf 3. American Geophysical Union.

Drury M J, Jessop A M, 1983. The estimation of rock thermal conductivity from mineral content—an assesment of techniques[J]. Zbl. Geol. Paläont. Teil., 1: 35-48.

Dunlop D J, Özdemir Ö, 2015. Magnetizations in rocks and minerals[M]. Treatise on Geophysics 2nd ed, 5: 256-308.

Hunt C P, Moskowitz B M, Banerjee S K, 1995. Magnetic properties of rocks and minerals: A handbook of physical constants[J]. Rock Physics and Phase Relations, 3: 189-204.

Jaupart C, Mareschal J C, 2013. Constraints on crustal heat production from heat flow data[C]// Rudnick R L.ed. Treatise on Geochemistry. The Crust, 2nd edn., vol. 3, pp. 65-84. New York: Pergamon.

Jones F W, Pascal F, 1995. Numerical calculations of the thermal conductivities of composites: A 3D model[J]. Geophysics, 60 (4): 1038-1050.

Kono M, 2015. 5.01-Geomagnetism: An introduction and overview[J]. Treatise on Geophysics (Second Edition), 5: 1-31.

Liu X, Sun J, Wang H, 2009. Numerical simulation of rock electrical properties based on digital cores[J]. Applied Geophysics, 6 (1): 1-7.

Melnikov N W, Rshewski W W, Prodotjakonov M M, 1975. Spravocnik (kadastr.) fiziceskich svoistv gornich porod[J]. Izdat. Nedra, Moskva.

Miao S Q, Li H P, Chen G, 2014. Temperature dependence of thermal diffusivity, specific heat capacity, and thermal conductivity for several types of rocks[J]. Journal of Thermal Analysis and Calorimetry, 115 (2): 1057-1063.

Miller K J, Montési L G J, Zhu W L, 2015. Estimates of olivine-basaltic melt electrical conductivity using a digital rock physics approach[J]. Earth and Planetary Science Letters, 432: 332-341.

Qin X, Cai J, Xu P, et al., 2019. A fractal model of effective thermal conductivity for porous media with various liquid saturation[J]. International Journal of Heat and Mass Transfer, 128: 1149-1156.

Qin X, Cai J, Zhou Y, et al., 2020. Lattice Boltzmann simulation and fractal analysis of effective thermal conductivity in porous media[J]. Applied Thermal Engineering, 180: 1-32.

Robertson E C, 1988. Thermal properties of rocks[M]. Reston: U.S. Geological Survey.

Schön S J, 2011. Thermal properties[M]//Properties T, Schön S J. Handbook of petroleum exploration and production vol. 8. Amsterdam: Elsevier: 337-372.

Siegert M, Gurris M, Finger C, et al., 2022. Numerical determination of pressure-dependent effective thermal conductivity in Berea sandstone[J]. Geophysical Prospecting, 70 (1): 152-172.

Tauxe L, 2010. Essentials of paleomagnetism[M]. Berkeley: University of California Press.

Turcotte D L, Schubert G, 2014. Geodynamics[M]. Cambridge: Cambridge University Press.

Waples D W, Waples J S, 2004. A review and evaluation of specific heat capacities of rocks, minerals, and subsurface fluids. part 1: Minerals and nonporous rocks[J]. Natural Resources Research, 13 (2): 97-122.

Yang H, Zhang L, Liu R, et al., 2019. Thermal conduction simulation based on reconstructed digital rocks with respect to fractures[J]. Energies, 12 (14): 1-13.

第 8 章 岩石物理实验方法与设备

基于前面章节介绍的基本理论,本章主要为开展传统岩石物理实验提供指导,将重点介绍岩石孔隙流体输运、力学参数和声学参数的测量方法和设备,具体包括用压汞法表征岩石孔隙分布、渗透率测量方法、岩石的单轴和三轴实验,断层泥的摩擦实验,声发射技术。随着新理论、新材料、新技术的发展,岩石物理实验方法也会不断进步,本章以目前较常用的设备为例介绍岩石物理实验的基本框架体系,以期读者了解最基本的实验理论与设备技术。

8.1 岩石孔隙表征

提取岩石孔隙结构信息的技术有多种,除 X 射线微观层析成像技术外,还包括光学显微镜、扫描电子显微镜(SEM)、透射电子显微镜(TEM)、原子力显微镜(AFM)、小角度中子散射(SANS)等无损检测技术,以及压汞法(MIM)、核磁共振(NMR)、表面吸附实验等有损检测技术。不同方法所能探测的孔隙尺度范围也有所不同,如图 8-1 所示。

第 3 章关于岩石内部孔隙与流体运移介绍了孔隙度、有效孔隙度及其测量方法;第 2 章 2.5.2 小节介绍了基于数字岩石图像、采用孔隙-网络模型表征孔隙结构的方案;本节介绍经典的压汞法的基本原理和操作步骤。该方法主要用于表征不同大小岩石孔隙的统计分布特征。

压汞法,顾名思义,即通过压力将液态汞压入岩石内部孔隙,从而测量孔隙大小分布及孔隙度,是近几十年用于测试孔径分布的常规方法。该方法能探测的孔隙(孔喉)大小范围为 3 nm～1 mm,可测试样品大小从颗粒样到 2.54 cm 直径柱样,测试分析可以在数小时内完成,重复性好,误差小于 1%(Giesche,2006)。

8.1.1 压汞法实验原理

汞为非润湿液体,润湿角大于 90°,在无附压的情况下并不能进入岩石样品的孔隙中,即在外界施加压力的条件下汞才能进入固体孔隙中。将汞注入样品孔隙的过程中,孔隙喉道会对汞产生毛细管阻力,不同大小的孔隙需要的注入压力不同,其关系可以使用 Washburn 方程描述:

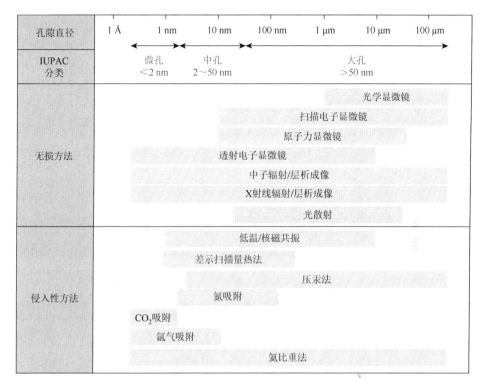

图 8-1 不同实验方法所能观测到的孔隙大小范围（Zhang et al., 2020, 2014）

$$D = 2r = -\frac{4\gamma\cos\alpha}{p}, \qquad (8\text{-}1)$$

式中，D 为样品中孔隙直径，m；r 为样品中孔隙半径，m；α 为汞与样品表面的浸润角，度；γ 为汞表面的张力，N·m^{-1}，室温25℃时为0.48；p 为注入压力，Pa。

通过不断增加注入压力 p，汞侵入样品，以由大到小的顺序逐步填充孔隙。实验时分步提高汞的注入压力，并记录分步注入体积以及累计注入体积。样品孔隙度可以由总注入体积与样品体积的比值求得。不同尺度的孔隙分布由不同注入压力下记录的注入体积以及累计注入体积计算求得。具体的实验步骤可参考美国材料与实验学会（ASTM）的建议 Designation：D4404-18[①]，常见实验数据曲线可如图 8-2 所示。

压汞实验可以记录压力增加、液态汞压入以及压力降低、液态汞退出两组数据。数据显示压汞和退汞曲线不重合，表现为相同压力下汞体积的差异（图 8-3）。原因有两个：其一是"墨水瓶（ink-bottle）效应"，即降低压力（退汞）时，部分

---

① ASTM D4404-18. Standard Test Method for Determination of Pore Volume and Pore Volume Distribution of Soil and Rock by Mercury Intrusion Porosimetry. ASTM International. 2018.

汞可能会被困在样品的孔隙中;其二是前进和后退时的弯曲液面具有不同的接触角。Jozefaciuk 等(2015)研究发现,在相同毛细管压力下,进汞和退汞曲线的孔隙体积差异在 2.4%~3.5%。注意压汞法并不测量实际孔的大小,式(8-1)体现的是对应某一压力值的孔喉直径,当出现墨水瓶状结构时,压汞法所测该尺度的孔隙值偏大。由于孔喉是控制流体运移的主要因素,压汞实验可以较好地反映流体的运移行为。另外,一般实验时默认汞对样品的接触角是固定的(通常是130°),但实际上接触角会随着表面粗糙度、孔隙几何形状、矿物类型以及前进-后退时的弯液面而变化。

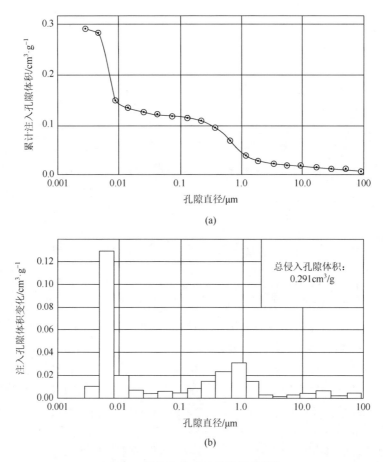

图 8-2　压汞实验中常见结果曲线[①]
(a)累计注入孔隙体积-孔隙直径曲线;(b)注入孔隙体积变化-孔隙直径曲线

---

① ASTM D 3967-08. Standard test method for splitting tensile strength of intact rock core specimens. ASTM International. 2008.

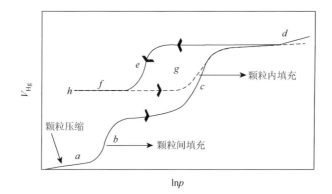

图 8-3 压汞实验进汞、退汞过程的注入体积-注入压力曲线（Rouquerol et al.，2012）

8.1.2 压汞实验设备及步骤

压汞实验设备一般包含安装测试样品的样品腔、注入汞的压力腔、测量注入汞压力和体积等参数的传感器，以及真空泵等（图 8-4）。一款较常见的压汞设备如图 8-5（AutoPore IV 9520 压汞仪）所示，其测试的压力可以达到 400MPa，可测量 3 nm～1.1 mm 的孔径。设备配专用软件，可实现在线操作控制、数据采集、数据处理功能，实时显示实验状态和控制过程，监测平衡点和进汞/退汞速率。输出报告内容包含数据表格、曲线，包含的参数有孔隙度、孔隙面积、孔隙尺度分布、真密度、堆密度、孔隙形状和弯曲因子、孔喉比等。

压汞实验具体操作时参见压汞仪操作手册。实验过程中需特别注意以下几点：

（1）明确安全使用方法，实验测量用汞时必须保证汞的纯度，应是纯度 99.4%以上的分析纯级。在汞的保存问题上，应最大限度地防止汞蒸发，如应使用密闭容器对汞进行保存。

（2）实验前应打开排风扇与空调，实验室内的温度应保持在 25℃以下，因为当温度高于 25℃时，样品管磨砂口上的真空密封脂会发生变性而导致密封不严。

（3）打开汞蒸气监测设备，在液氮杯中加满液氮并调节氮气瓶出口压力为 0.35～0.4 MPa。

（4）打开计算机与压汞仪控制软件，连接计算机与压汞仪主机，启动真空泵，进行样品测试。

（5）实验完成后应及时清洗样品管，将样品管的紧固件卸下，将样品管内的样品以及汞小心倒入废物瓶中，用异丙醇或者乙醇淋洗样品管，将其放入淋洗柜晾干以备下次实验继续使用。

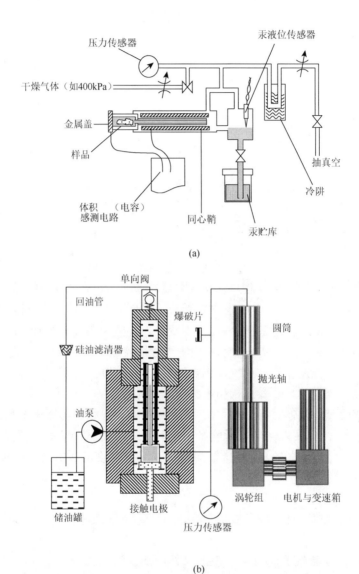

图 8-4 压汞实验设备原理示意图（Lowell et al.，2004）

（a）低压压汞设备示意图；（b）高压压汞设备示意图

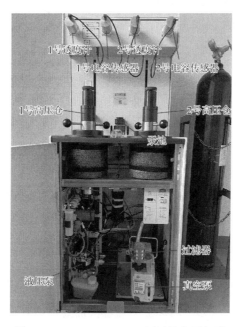

图 8-5 AutoPore IV 9520 压汞仪主要部件

8.2 渗透率测量方法

前文已经学习,渗透率 κ 为表征岩石的流体输运能力的最重要的参数,它与渗透系数 K 的关系为 $K = \rho g \kappa / \eta$。扩散系数 D 表征流体通过的难易程度,有 $D = \kappa /(\eta S_c)$,式中,η 为流体的黏滞系数;S_c 为岩石的比储流率,定义为单位压力改变时单位体积岩石容纳流体量的改变,单位为 Pa^{-1},$S_c = \beta_\varphi /(1-\phi) + \phi \cdot (\beta_m + \beta_f)$(Shi and Wang,1986),式中,$\phi$ 为孔隙度,β_φ、β_m 和 β_f 分别为孔隙、矿物颗粒和流体的压缩系数,有 $K = \rho g D S_c$。渗透率是一个张量,但如果假设岩石材料具有各向同性,则渗透率将被简化为一个标量,可基于质量守恒定律和达西定律用一维近似模型求解。

测量岩石渗透率的三种基本方法已在第 3 章有简要介绍。其中稳态法多用于渗透率较高的岩石样品($\kappa > 10^{-17} \text{m}^2$),脉冲法和周期加载法均属于瞬态法,适用于(超)低渗样品渗透率的测量。

8.2.1 稳态法

渗透率测量基于质量守恒定律 $\nabla \cdot (\rho q) = -\phi(\partial \rho / \partial t)$ 和达西定律 $q = -\kappa / \eta \cdot \nabla p$,式中,$p$ 为流体压力;q 为流体流量。假定样品内部结构均一,可以将公式简化

为一维模型，联立上面二式可得（Tanikawa and Shimamoto，2009）

$$\frac{\phi\eta}{\kappa}\frac{\partial \rho}{\partial t}=\frac{\partial}{\partial x}\left(\rho\frac{\partial p}{\partial x}\right)。 \quad (8\text{-}2)$$

对于稳态实验，有 $\frac{\partial \rho}{\partial t}=0$，即 $\frac{\partial}{\partial x}\left(\rho\frac{\partial p}{\partial x}\right)=0$。下文分别考虑液体和气体情形。

8.2.1.1　孔隙介质为液体

如果孔隙介质为液体，ρ 可假定为常数，式（8-2）可简化为 $\frac{\partial^2 p}{\partial x^2}=0$，即样品内部压力呈线性分布。代入 $q=Q/A$ 及 $Q=-A\kappa(p_\mathrm{u}-p_\mathrm{d})/(\eta L)$，则有

$$\kappa = \frac{Q\eta L}{A(p_\mathrm{u}-p_\mathrm{d})}, \quad (8\text{-}3)$$

式中，Q 为单位时间内的流体流量，$\mathrm{m}^3\cdot\mathrm{s}^{-1}$；$L$ 为流体渗流的给定长度；$(p_\mathrm{u}-p_\mathrm{d})$ 为给定长度范围下降的压力，Pa；A 为流体渗流通道垂直于流体渗流方向的截面面积，m^2。

8.2.1.2　孔隙介质为气体

如果孔隙介质为理想气体，则需考虑气体的压缩变形。此时，$\frac{\partial}{\partial x}\left(\rho\frac{\partial p}{\partial x}\right)=0$ 中密度 ρ 为压力的函数，可简化为 $\frac{\partial^2 (p^2)}{\partial x^2}=0$。对其积分可得 $p^2=cx+a$；同时可导出 $\frac{\partial(p^2)}{\partial x}=2P\frac{\partial p}{\partial x}=c$。样品一端 $x=0$ 处的压力为 p_d，称为下游压力，则可得 $\left.\frac{\partial p}{\partial x}\right|_{x=0}=\frac{c}{2p_\mathrm{d}}$，$a=p_\mathrm{d}^2$。样品另一端 $x=L$ 处 $P=p_\mathrm{u}$，称为上游压力，可有 $p_\mathrm{u}^2=cL+p_\mathrm{d}^2$，$c=(p_\mathrm{u}^2-p_\mathrm{d}^2)/L$。所以 $q=-\frac{\kappa}{\eta}\left.\frac{\partial p}{\partial x}\right|_{x=0}=-\frac{\kappa}{\eta}\frac{p_\mathrm{u}^2-p_\mathrm{d}^2}{2Lp_\mathrm{d}}$，代入 $q=Q/A$ 中，则有

$$\kappa = \frac{2Q\eta L}{A}\frac{p_\mathrm{d}}{p_\mathrm{u}^2-p_\mathrm{d}^2}。 \quad (8\text{-}4)$$

根据式（8-3）和式（8-4）可分别求取岩石的液体或气体渗透率。其中黏滞系数 η 随温度压力的变化可由状态方程求得，可参考 https://webbook.nist.gov/chemistry/fluid/；上、下游压力可由压力泵直接控制或测量；流动速率可以通过上、

下游压力泵的体积随时间的变化求得。实验时若采用上、下游压力控制，则测量流体压力泵的体积变化的方法称为恒定压差法；反之，若采用压力泵恒定流速控制，则测量上、下游压力泵的压差的方法，称为恒定流速法。

8.2.2 脉冲法（瞬态法）

脉冲法（又称脉冲衰减法）为通过突然升高样品的上游流体压力，然后测量压力随时间的变化。脉冲法的基本控制方程为

$$\frac{\eta S_c}{\kappa}\frac{\partial p}{\partial t}=\frac{\partial^2 p}{\partial x^2}。 \quad (8\text{-}5)$$

一般而言，对于致密低渗岩石样品（如花岗岩、页岩等），其孔隙度较低，考虑流体的可压缩性系数 β_f 远大于岩石颗粒和孔隙的可压缩性系数（β_m，β_φ），即致密低渗岩石样品的比储流率 S_c 足够小时，式（8-5）可以简化为 $\frac{\partial p}{\partial t}=\frac{\kappa A}{\eta \gamma}\frac{\partial p}{\partial x}$（Brace et al.，1968）。此时，通过样品的流体压力为 $p(x,t)$，初始条件（$t=0$）为 $p(x,0)=p_0, x\in[0,L]$，$p(L,0)=p_0+\Delta p$，边界条件为 $\frac{\partial p_d}{\partial t}=\frac{\kappa A}{\eta \gamma_d}\frac{\partial p_d}{\partial x}\bigg|_{x=0}$，$\frac{\partial p_u}{\partial t}=\frac{\kappa A}{\eta \gamma_u}\frac{\partial p_u}{\partial x}\bigg|_{x=L}$。其中 γ_u(m$^3\cdot$Pa^{-1})、γ_d(m$^3\cdot$Pa^{-1}) 为样品上、下游容积的储流系数，定义为单位流体压力改变时样品上、下游所能储存的流体体积的改变。如果已知上述各式中的材料和流体性质常数，根据上下游压力随时间的变化结果就可以计算出渗透率。其求解通常采用近似法（Brace et al.，1968；陈祖安等，1999）。

一般采用氩气（Ar）测量低渗岩石的渗透率，对于孔隙连通简单、孔隙度低的岩石样品（如盐岩等），可以进一步简化求解公式（Sutherland and Cave，1980）：

$$\Delta p_t = \Delta p_0 \mathrm{e}^{-\alpha t}, \quad (8\text{-}6)$$

$$\alpha = \frac{\kappa A}{\eta \beta_f L}\frac{V_1+V_2}{V_1 V_2}, \quad (8\text{-}7)$$

式中，Δp_0 为初始时刻（$t=0$）样品两端的流体压力差；Δp_t 为在时刻 t 样品两端的流体压力差；V_1 和 V_2 分别为流体泵的体积，实验时应保持恒定。

使用式（8-6）和式（8-7）计算样品渗透率时，实验开始前保持上、下游流体压力相等 30 min 以上，确保样品孔隙中充满流体，即达到饱和状态，以尽可能减少 S_c、β_u、β_d 的影响。实验时增加上游流体压力（Δp_0），记录 Δp_t 随时间的变化，当其稳定后可停止实验。使用式（8-6）和式（8-7），采用最小二乘法拟合实验数据的结果应满足 $R^2>0.97$，否则则认为实验数据质量不满足精度要求。

8.2.3 周期加载法

周期加载法也称为孔压震荡法（pore pressure oscillation method），详细介绍可参考 Kranz 等（1990）和 Fischer（1992）。实验设备原理图如图 8-6 所示，主要包括高压不锈钢样品腔体，两端各连接一个伺服控制的高压流体泵，分别控制流体在上游入口和下游入口的压力和体积。样品采用高分子塑料和 O 型圈密封，样品两端固定，由外接流体泵提供围压。注意，测试单相流体的绝对渗透率时，在实验前需要将实验系统抽真空。

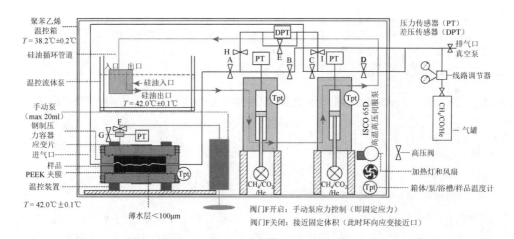

图 8-6 渗透率测量设备示意图（Liu and Spiers，2022）

由样品腔体连接两个高精度伺服控制高压流体泵。高精度伺服控制高压流体泵可以实现流体体积和流体压力的高精度控制，从而可以根据实际需求应用实现稳态法、瞬态法、周期加载法测试渗透率

8.2.4 气体滑脱效应及校正

理论上，采用式（8-3）和式（8-4）测量获得的渗透率应该相同，因为渗透率是岩石本身孔隙结构的函数；但实际上，采用液体和气体介质测量获得的渗透率往往存在较大差异。这是因为，采用液体进行测试时，液体分子在孔隙壁上的速度接近 0（参考图 3-11）；采用气体介质时，由于其黏滞性极小，气体分子在孔隙壁上有一定速度，造成测量渗透率值偏大。该现象称为气体滑脱效应，也称克林肯贝格（Klinkenberg）效应（Klinkenberg，1941）。使用气体介质测试样品渗透率时，实验所测得的气体流速不仅取决于压力梯度（达西定律），还取决于气体的平均压力。对于孔隙较小的材料，气体滑脱效应使使用气体测得的渗透率远高于

使用液体测得的渗透率。因此，使用低压气体测试样品渗透率时，应该剔除气体滑脱效应，可通过如下公式校正

$$\kappa_A = \kappa(1 + b/p_m),\qquad(8\text{-}8)$$

式中，κ_A 为通过达西定律计算得到的视渗透率；κ 为真实渗透率；b 为克林肯贝格常数；p_m 为气体的平均压力。通过实验测得不同气体压力下的视渗透率，然后依据式（8-8）绘制 κ_A 与 $1/p_m$ 的曲线，截距即真实渗透率 κ。如果使用氩气进行渗透率实验，则当气体平均压力大于 1.5 MPa（此时氩气分子的平均直径约为 5 nm）时，对大部分岩石材料而言，克林肯贝格效应对渗透率的影响可以忽略不计。

8.3 单轴压缩实验

单轴压缩通常是指使用（伺服控制）压机对样品沿轴向进行位移加载或力加载控制，岩石样品在外部荷载作用下发生形变并破坏的实验过程。单轴压缩实验时，样品一端与压机固定钢板接触，另一端与压机加载板接触，接受外部荷载。采用位移加载模式时，大刚度压机按照设定的轴向位移速率控制加载板，由压头传感器测量作用在样品端部的力的变化；采用力加载模式时，压机按照设定的轴向力变化速率控制加载板，由压头传感器测量作用在样品端部的位移变化。根据是否对样品施加侧向变形约束，可将实验类型分为"有侧限单轴压缩实验"和"无侧限单轴压缩实验"，如无特殊说明，一般表示无侧限变形条件，常见于测量圆柱体岩石样品的单轴变形特性和单轴抗压强度，或圆盘形样品的单轴抗拉强度。对于岩石颗粒样品，可以采用圆柱形不锈钢腔体进行轴向加载，由于腔体的刚度远大于岩石颗粒的刚度，可以认为此时岩石颗粒样品只允许轴向变形，对应有侧限单轴应力条件。

8.3.1 样品应力-应变的测量

无论是位移控制模式还是力控制模式，作用在样品上的应力由作用在样品端部的力除以样品的横截面面积计算得到，样品的轴向应变由样品的变形（位移的变化）除以样品的初始长度计算得到，侧向应变可由样品沿侧向的变形除以初始直径获得。单轴压缩过程中的样品变形测量有多种手段，常用方式包括电阻式应变片和线性引伸计（LVDT），应考虑样品的变形范围和精度要求合理选择。两种方式的基本测量原理都是将样品的形变转换成电信号：①将电阻式应变片粘贴在样品表面，常采用十字形粘贴方式。应变片随着样品的变形而变形，其长度的变化会改变应变片的电阻，从而改变电信号；②LVDT 包含一个线圈和一个具有磁性的可自由移动的探头，实验时，需要将一端固定、一端接触样品使可移动探头

随着样品的变形而切割线圈电场,从而改变电信号。使用 LVDT 测量样品的变形时,需要注意是否包含压机加载杆件及加载板或压力容器的变形,如若包括则需要剔除。

8.3.2 单轴抗拉强度的测量

单轴抗拉强度(σ_t)指岩石试件在单向拉伸时能承受的最大拉应力,简称抗拉强度。室内实验测定方法包括直接拉伸法和间接法,间接法应用更为广泛,分为巴西劈裂实验和点荷载法等。其中,巴西劈裂实验是将圆盘形或立方体试件横置于压力机的承压板上,且在试件上、下承压面上各放一根垫条(图 8-7)。加载板以一定速率加压,直至试件破坏。加垫条的目的是把所加的面分布载荷转变为线分布载荷,以使试件内产生垂直于轴线方向的拉应力。

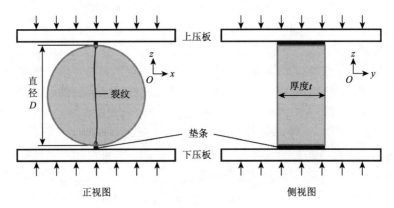

图 8-7 巴西劈裂实验示意图
圆柱体横置在加压板之间,上下放置垫条

应用巴西劈裂实验测得的岩石的抗拉强度是基于弹性理论和格里菲斯破裂准则获得的(Fairhurst,1964)。根据弹性力学,在轴向线分布荷载 P(N)的作用下,样品中心处沿水平方向受拉应力为 $\sigma_x = 2P/(\pi D t)$,垂向受压应力为 $\sigma_z = 6P/(\pi D t)$,因此,圆盘样品内部中心位置的压应力是拉应力的三倍,但岩石的抗压强度往往是抗拉强度的 10 倍以上,因此在该加载模式下,岩石将首先受拉破坏。试件的抗拉强度 σ_t 可由破坏荷载 P_t 求得:

$$\sigma_t = \frac{2P_t}{\pi D t}, \qquad (8\text{-}9)$$

$$\sigma_t = \frac{2P_t}{\pi a^2}, \qquad (8\text{-}10)$$

式中，D 和 t 分别为圆盘形试件的直径和厚度；a 为立方体试件边长。巴西劈裂实验没有固定的实验设备，只需要具备加载轴向压力并能监测位移、荷载响应能力的压力实验机即可，实验步骤可参考 ASTM（2008）D 3967-08，更多细节讨论可以参考 Li 和 Wong（2013）。

8.3.3 单轴抗压强度

单轴抗压强度（σ_c）是指岩石试件在单向压缩条件下能承受的最大压应力，简称抗压强度。抗压强度是反映岩块基本力学性质的重要参数，是工程岩体分级、建立岩石破坏判据和岩体破坏判据中必不可少的。依据工程岩体试验方法标准（GB/T 50266—2013），抗压强度的实验室测定需采用圆柱体试件，试件尺寸建议满足的条件是，试件直径为 45～54 mm；试件直径大于岩石中最大颗粒直径的 10 倍；试件高度与直径之比在 2.0～2.5。试件精度应满足：试件两端面不平行度误差不得大于 0.05 mm；沿着试件高度，直径的误差不得大于 0.3 mm；端面应垂直于试件轴线，偏差不得大于 0.25°。同一组实验试件的数量应至少为 3 个。以 MTS E45.105 型万能材料实验机为例（图 8-8），最高轴向荷载为 100 kN（精度 ±0.5%），可满足大范围位移实验速率 0.001～500 mm·min^{-1}，位移分辨率为 0.000 04 mm。实验机框架刚度约为 8.3×10^7 N·m^{-1}，尽管低于高刚性岩石实验机（例如 MTS 815 型设备刚度为 7.0×10^9～10.5×10^9 N·m^{-1}），导致难以捕捉岩石单轴压缩峰后力学性能，但仍适用于测试岩石的峰前变形特性与抗压强度。另外，岩石的变形需用外部应变片或 LVDT 单独测量，以剔除设备框架的变形量。

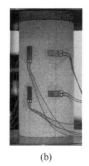

(a) (b)

图 8-8 单轴压缩实验设备及样品

（a）MTS 压力机；（b）粘贴了竖向、横向应变片的砂岩样品实验步骤一般包括：①样品粘贴应变片，并检查应变信号采集系统运行情况。②将试件置于实验机承压板中心，并确保试件两端面与实验机上下压板接触均匀；必要时应涂抹凡士林，进一步降低端部摩擦效应。③实验机以每秒 0.5~1.0 MPa 的速度加载直至试件破坏，并记录破坏荷载及加载过程中出现的现象。④实验结束后，描述试件的破坏形态。

数据处理方法：①绘制单轴应力-应变曲线。轴向应变 ε_1 由轴向应变片记录；横向应变 ε_2 由横向应变片记录。体应变 ε_v 由轴向应变和横向应变计算得到，$\varepsilon_v = \varepsilon_1 + 2\varepsilon_2$。②单轴抗压强度 σ_c 为应力-应变曲线中达到的峰值应力。③杨氏模量（E）与泊松比（v）。脆性岩石样品（如砂岩、花岗岩等）的单轴应力-应变曲线（图 8-9）一般为非线性，常包含初始压实阶段、线弹性阶段、微破裂稳定发展阶段、微破裂非稳定发展阶段以及峰后阶段。非线性的应力-应变曲线计算杨氏模量，首先应该选取线弹性段，线性拟合获得切线杨氏模量（$E_t = d\sigma_1/d\varepsilon_1$）。若无明显线弹性段，也可计算割线杨氏模量（$E_s = \sigma_1/\varepsilon_1$），或根据卸载曲线获得卸载模量。泊松比一般由线弹性区间的横向应变-轴向应变曲线获得（图 8-9），即 $v = -d\varepsilon_2/d\varepsilon_1$。

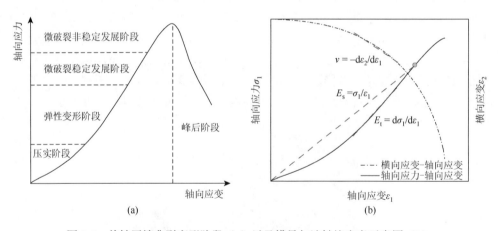

图 8-9 单轴压缩典型变形阶段（a）以及模量与泊松比定义示意图（b）

8.3.4 有侧限单轴压缩实验

有侧限单轴压缩实验方法可以用于研究深部条件下岩石颗粒材料的压缩特性和蠕变特性。在如图 8-10 所示设备中，岩石颗粒样品安装在特制钛合金腔体中，活塞中预制流体通道注入高压流体，使用氟橡胶 O 型圈密封。将放好样品的腔体放入不锈钢容器中，使用高刚度伺服控制压机进行加载。图 8-10 所示设备为 Instron 8562 型，设备的轴向荷载最大为 100 kN，控制精度为 ±0.0023 kN；轴向位移测量使用外置高精度 LVDT（量程为±1 mm，精度为±0.1 μm）；流体通过上活塞的孔道注入样品，流体压力使用 Honeywell 压力传感器测量；样品温度通过 K 型热电偶伺服控制电阻丝加热，通过邻近样品容器处的第二个 K 型热电偶测量样品温度。

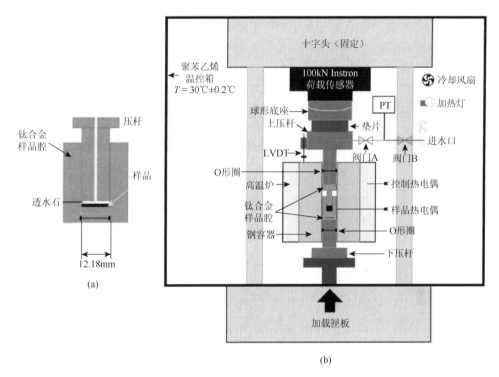

图 8-10　有侧限单轴压缩实验装置示意图（Liu et al.，2018）

（a）为样品腔；（b）为 Instron 设备框架

8.4　三轴压缩实验

显然，应用 8.3 节中介绍的单轴实验方法无法研究地下三轴应力状态下岩石的变形特征（地应力介绍见第 5 章）。前面章节也学习了当 $\sigma_1 = \sigma_2 = \sigma_3$ 时（称为静水压力作用），各向同性岩石将只发生体积改变。当存在差应力（$\sigma_1 - \sigma_3$）时，岩石不仅发生体积改变，还伴随形状的改变。由于围压的存在，岩石的力学特性明显有别于单轴实验结果。可以通过常规三轴实验（也称假三轴实验）研究围压对岩石力学特性的影响；对于更一般的地应力状态（$\sigma_1 > \sigma_2 > \sigma_3$），需要采用真三轴实验研究。下文分别介绍常规三轴实验和真三轴实验的基本原理。

8.4.1 常规三轴实验

安装在高刚度伺服控制压机上的常规三轴实验腔体（图 8-11）可以实现岩石三轴实验，以研究不同围压、温度、孔隙压作用下岩石的变形特性。轴向加载控制依然通过高刚度伺服控制压机实现位移加载或力加载模式；样品所受轴压可以通过内置于样品底部或者外置压机上的压力传感器测得，使用内置压力传感器可以尽可能减小摩擦力对测量结果的影响；样品的围压、温度、孔隙压则通过三轴实验腔体以及外接流体泵实现；为施加围压，通过 O 型圈将圆柱形样品与可移动活塞（piston）密封于实验腔体中。由外部高压流体泵控制围压液体而产生围压，作用在密封样品上。围压液体一般选用低挥发性的油，如硅油。注意，与单轴压缩实验不同，三轴实验由于围压腔体的设计，轴向加载或测得的应力为最大主应力 σ_1 与围压 σ_3 的差值，即（$\sigma_1-\sigma_3$）。

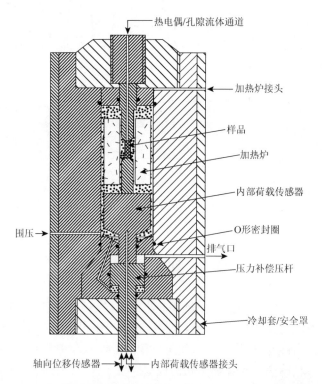

图 8-11　常规三轴实验腔体示意图（Paterson and Wong，2005）
注意此腔体设计中，测得的或施加的轴向应力为最大主应力 σ_1 与围压 σ_3 的差值，即（$\sigma_1-\sigma_3$）

一般通过电热阻加热控制围压液体温度，同时测量样品温度。为减少温度对高刚度伺服压机传感器的影响，常使用冷却水系统隔绝围压三轴腔体向外的热传导。实验时，作用在样品上的围压由外接高压流体泵控制，在恒定压力、温度条件下，流体泵中围压流体体积变化可以反映样品变形的体积变化。由于样品的体积变化较小，室温的波动以及流体泄漏都可能对测量结果带来较大的影响，因此实验和处理数据时需要尽可能剔除这些因素的影响。

岩石样品轴向的变形可由高刚度伺服控制压机或外接轴向 LVDT 测得，计算轴向应变时注意剔除设备由于加载所产生的变形，此变形包括高刚度伺服控制压机和围压三轴腔体，围压也会影响整体设备的刚度。因此常使用已知刚度的不锈钢样品在已知围压作用下对整体设备的刚度进行标定。

由单独的高压流体泵控制孔隙流体从样品的顶端压头进入样品中。对于孔隙度较大的岩石样品（如砂岩），如果假设固体颗粒在变形过程中不发生破坏，则岩石变形过程中孔隙流体体积的变化等于样品孔隙体积的变化，也等于样品体积的变化。对于低孔隙度的岩石样品（如花岗岩），依然可以使用电阻式应变片测量样品的变形，但需要标定温度对应变片变形的影响。

8.4.2 真三轴实验

真三轴实验是对样品施加三个相交方向上不同的应力，因此，样品常被加工成立方体。相比于常规三轴实验，真三轴实验无疑更加困难。受此影响，目前 σ_2 对岩石变形特性的影响尚未得到统一认识，尤其是基于常规三轴实验发展的岩石物理规律是否依然可以解释真三轴实验结果尚不确定。真三轴设备的思路主要包括两种：一种是固体接触直接加载（图 8-12a），即由三个独立马达控制的压头直接加载；另一种如图 8-12b 所示，通过液体提供围压 σ_3，两个独立马达控制的压头提供 $(\sigma_1-\sigma_3)$ 和 $(\sigma_2-\sigma_3)$。样品的变形均通过应变片测量。

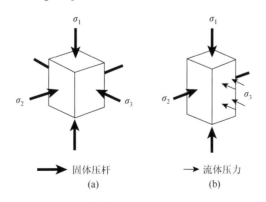

图 8-12　真三轴加载方式示意图（Mogi，2006）

（a）固体压头加载示意图；（b）液体提供围压 σ_3，两个独立马达控制的压头提供 $(\sigma_1-\sigma_3)$ 和 $(\sigma_2-\sigma_3)$

8.5 摩擦实验

常规（低速）摩擦实验包括常规直剪实验、围压剪切实验、双剪切实验以及环剪实验等。基于这类实验研究，形成了关于断层稳定性、地震动力学的一些共识。值得注意的是，近年来随着高速摩擦实验的发展，人们对地震动力学产生了新的认识。限于篇幅和研究深度，本书仅介绍常规摩擦实验。

断层的形成过程可以用第 5 章 5.2 节所介绍的库仑破裂准则描述，见式（5-2），即 $\tau = \mu\sigma_n + S_0$。考虑流体压力 p_f 的影响时，公式中的正应力修改为有效应力 $\sigma_n' = \sigma_n - p_f$。断层形成后，一般可不考虑其内聚力，从而得到在理论应用中更广泛的摩擦关系：$\tau = \mu\sigma_n'$，这里 μ 表征断层的视摩擦系数，其变化过程与断层的稳定性相关。该摩擦关系表明断层的摩擦强度（剪切强度）与有效正应力成正比，受视摩擦系数、正应力、孔隙流体压力的影响。

从力学角度分析，断层的孔隙流体压力升高、摩擦系数降低均可能导致断层的抗剪强度低于剪应力荷载从而失稳滑动。研究表明工业活动导致的地下应力条件改变可能激活断层，如注水可以提高断层带的孔隙压力，降低有效应力和摩擦阻力，容易激活断层滑动（Ellsworth，2013）；即使在低渗透岩层中流体无法连通断层，地下注水也会增加岩层的自重应力，导致断层剪应力荷载增大引发失稳；地热能开采可能降低储层温度，产生热收缩导致储层应力变化，计算表明由温度改变产生的应力变化幅度可以诱发地震（Segall and Fitzgerald，1998）；局部地层的变形活动（沉降或抬升）也可能造成断层失稳（Spiers et al.，2017）。同时，由于不同岩性的摩擦强度（以摩擦系数表征）不同，断层岩性的摩擦系数越低越容易发生失稳滑动（Kang et al.，2019）。但是，断层滑动存在稳定滑动（耐震）和加速滑动（发震）两种行为，库仑破坏准则和有效应力能够解释应力条件对断层激活的影响，但不能描述断层滑移过程以及区分耐震滑移和发震滑移。

第 5 章 5.4.3 小节介绍的粘滑与地震关系，显示断层滑动行为与断层的摩擦强度直接相关。前人已在实验室开展大量直剪或环剪实验（Marone，1998；Di Toro et al.，2011），测量了断层泥的摩擦强度，认识到当断层开始滑动时，其稳定性取决于摩擦强度与滑动速度的关系（速度依赖性）。基于大量的速度阶跃（velocity stepping，VS）实验结果，描述该过程的摩擦本构关系已经被建立并广泛使用，即速率-状态变量摩擦理论（rate and state friction，RSF）。在该理论框架下（Dieterich，1978，1979；Ruina，1983），当断层的摩擦强度随滑动速率增大而增强时，称为速度强化（velocity strengthening）行为，可以认为在微小扰动后不会出现加速滑动行为，即断层稳定滑动；当断层的摩擦强度随滑动速率增大而降低时，称为速度弱化（velocity weakening）行为，则认为断层可能处于条件稳定状态或发生不稳定滑动。RSF 理论主要关注速率依赖性参数 $(a-b)$ 和特征滑动距离 d_c 的值，其中 $a-b>0$ 指示速度强化，$a-b<0$ 指示速度弱化。$(a-b)$、d_c 和 σ'_n 共同给出了断层系统的临界刚度 K_c，即 $K_c=(a-b)\sigma'_n/d_c$，当断层系统的刚度 K 小于 K_c 时，断层可能进入失稳滑动状态，引发地震。相关理论详细介绍可参考 Scholz（2019）。

8.5.1 常规直剪实验

常规直剪实验通常是指通过剪切盒装载样品使其在恒定正压力的作用下发生剪切作用（参考图 8-13）。通过竖向活塞对样品施加恒定正应力，然后使用位移控制对样品进行横向加载，并记录作用在横向活塞上的力为作用在样品上的剪力。

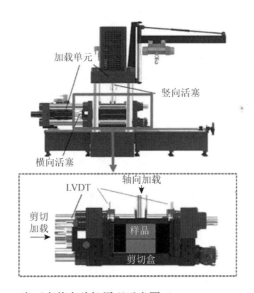

图 8-13　DJZ-500 岩石直剪实验机原理示意图（Dang et al., 2022，略有修改）

8.5.2 围压剪切实验

围压剪切实验是利用常规三轴设备，通过特别设计的剪切装样腔体实现样品（如断层泥）在不同应力、温度、流体压力作用下的摩擦特性实验。实验原理和方法与常规三轴实验方法相似，基本原理可参考图 8-14。在特制的直剪腔体（图 8-14a）内设热电偶和孔隙流体通道，实验时可对断层泥样品施加均匀的孔隙流体压力和高温条件，结合腔体外部高压流体施加的围压条件（充当断层的法向荷载），通过设备轴向压头施加剪切力，从而模拟真实的地下断层活动条件，分析断层滑动稳定性及发震可能性。

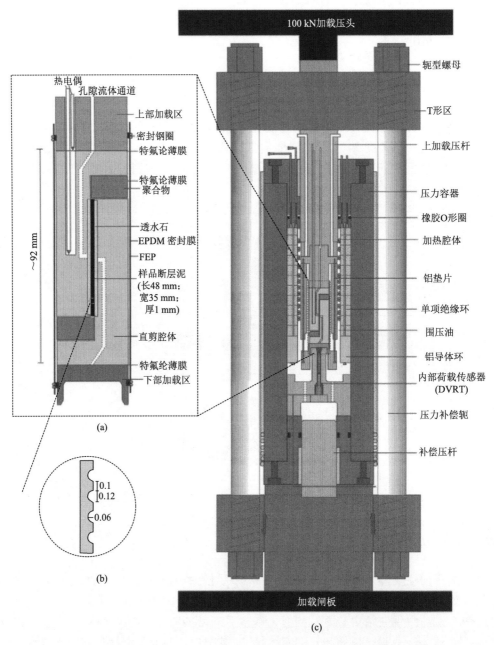

图 8-14 围压三轴直剪实验设备示意图（Liu et al.，2020）

8.5.3 双剪切实验

双剪切实验（Violay et al., 2021）是利用三块高强度岩石（如花岗岩），即一个中心加载岩块以及两个固定的侧边岩块作为断层泥的围限体，两两岩块之间涂抹断层泥，并在一定法向应力条件下进行剪切加载，从而模拟地下断层泥真实力学条件。设备及实验原理如图 8-15 所示。

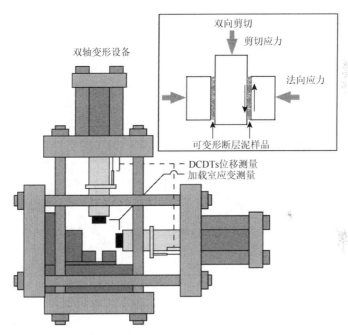

图 8-15 双剪切实验设备示意图（Numelin et al., 2007）

8.5.4 环剪实验

环剪实验常用来研究大滑移位移或高速摩擦下断层泥的摩擦特性，其基本原理详见图 8-16。环剪实验时，在扭矩作用下，试样内部产生一个相对的旋转面，控制旋转速度和轴向压力，测量旋转力偶矩 M 和角位移 θ，计算作用在样品上的剪应力和剪切位移。假设剪切面上的正应力（σ_n）和剪应力（τ_n）是均匀分布的（丁树云等，2013），扭矩与平均剪应力、平均半径有以下关系：

$$M = \tau_n \int_{R_2}^{R_1} 2\pi R \times R \mathrm{d}R = \pi(R_1^2 - R_2^2)\tau_n \times R_a, \tag{8-11}$$

式中，R_1 和 R_2 分别为样品槽的外径和内径；$\pi(R_1^2 - R_2^2)\tau_n$ 为作用在断层泥上的剪应力之和，即剪切力；R_a 为平均半径。

由式（8-11）可得平均剪应力 τ_n 为

$$\tau_n = \frac{M}{\int_{R_2}^{R_1} 2\pi R^2 \mathrm{d}R} = \frac{3M}{2\pi(R_1^3 - R_2^3)}; \tag{8-12}$$

平均半径 R_a 为

$$R_a = \frac{\int_{R_2}^{R_1} 2\pi R^2 \mathrm{d}R}{\pi(R_1^2 - R_2^2)} = \frac{2(R_1^3 - R_2^3)}{3(R_1^2 - R_2^2)}; \tag{8-13}$$

平均剪位移 S 为

$$S = R_a \theta \, 。 \tag{8-14}$$

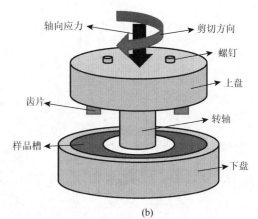

图 8-16　SRS-150 界面剪切仪
（a）实体照片；（b）实验设备原理示意图

8.6　声发射技术

本章将实验室所使用或记录的弹性波（主动源和被动源）统称为声发射（acoustic emission，AE）。声发射技术作为一种无损探测技术，被广泛应用于岩石物理力学特性的研究中。声发射技术结合岩石单轴、三轴加载状态下的形变、摩擦实验，可以实现原位分析岩石变形过程中的微观结构演化。

8.6.1　岩石波速与动态弹性常数测量

岩石的波速特征是其重要的物性指标之一，在第 6 章进行了讨论。前文 8.4 节所介绍方法测量的岩石参数称为静态参数；本节介绍岩石的动态参数，即通过弹性波在岩石材料中的传播，在不造成岩石损伤的条件下，根据地震波速度推导的弹性参数。

以图 8-17 所示的岩石声波参数测试仪为例，设备由声波信号发射及接收电脑一体机、多组声波探头组成。声波探头可细分为横波换能器（仅测横波波速）、纵波换能器（仅测纵波波速）和三分量换能器。主要技术指标包括：采样率 25 MHz，时间精度 0.01μs，采样间隔 0.04～8 μs，采样字节 0.5～8 K，放大器带宽 10 kHz～2.5 MHz。可单次或连续采集，设置特定采集时长及采集间隔，任意切换 P 波和 S 波，并自动计算泊松比、声波衰减系数、弹性模量、波速等参数。

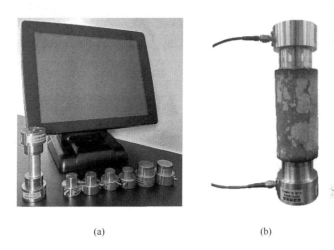

(a)　　　　　　　　　　　　　(b)

图 8-17　岩石声波参数测试仪（湘潭市天鸿电子研究所研制）(a)以及测试岩石安装示意图(b)

8.6.1.1　工作原理及实验步骤

仪器发射系统向用压电材料制成的发射换能器发射一电脉冲，激励晶片振动，发射出的声波在测试材料中传播，后经接收换能器接收，把声波转变成微弱的电信号送至接收系统，经信号放大，模数转换后，在屏幕上显示波形。从波形上读出波幅和初至时间 t，由已知的测试材料距离 L 计算出超声波在测试材料中传播的速度。实验步骤如下。

（1）测试样品需加工为有两个平行的平整端面。测量端面之间的距离 L 和样品密度 ρ。

（2）选择合适的声波换能器。

（3）先将两个换能器涂抹凡士林后，紧密接触。设备发射特定声波，获得原始波形数据，将零线标记移动到波形的初至位置 T_0，以该点作为参考零点。

(4) 在样品两端面均匀涂抹凡士林，将其安装至两个换能器之间，保证端面与换能器紧密接触。

(5) 设备再次发射特定声波，获得新的波形，参考零点标记保持不动，移动另一个标记线至当前波形的初至位置 T_1。

(6) 输入样品密度、高度，获得波速、弹性模量等参数。

8.6.1.2 数据处理-弹性参数的计算

根据 $v = L/(T_1 - T_0)$ 计算波速，包括 v_P 和 v_S，取决于所用探头。剪切模量计算公式为 $G = \rho v_\mathrm{s}^2$，约束模量计算公式为 $M = \rho v_\mathrm{p}^2$。由此可以依据表 4-1 关系导出其他弹性参数。

8.6.2 被动声发射探测

被动声发射探测是指声波信号来源于岩石材料自身，由于岩石材料受到外力或内力后发生断裂或变形时释放弹性应变能，以弹性波形式被外界设备探测。第 5 章 5.1.2 小节介绍了岩石受力变形过程伴随的声发射效应及其应用，其具体获取方式如下。

8.6.2.1 实验设备

声发射仪主要包括传感器、前置放大器、声发射仪主机（滤波器、主放大器、A/D）、计算机四个部分（图 8-18）。以 DS5-8B 型号声发射仪为例，该设备最大可支持 8 通道传感器同时采集数据，采样率支持 2.5～10 MHz，采样率越高，可同时使用通道数越少，如 10 MHz 仅支持同时使用 2 通道。设备 A/D 转换精度为 16 位，主机系统噪声 ±0.308 mV，使用温度环境在 10～50℃。

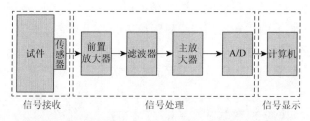

图 8-18 声发射信号采集处理框架（张茹等，2017）

传感器有多种型号（图 8-19a），尺寸、探测频率范围、中心频率及其可使用环境不同，如 RS-2A 型传感器直径 18.8 mm，高 15 mm，为不锈钢外壳，检测面为陶瓷材质，频率范围为 50~400 kHz，中心频率为 150 kHz，适应温度为–20~130℃。

前置放大器（图 8-19b）一般按照增益大小可分为 20 dB（增益 10 倍）、40 dB（增益 100 倍）、60 dB（增益 1000 倍）规格，可根据实验材料破坏过程中的 AE 信号强弱选择合适的增益，信号增益过程中，噪声也同时增益，一般选择 40 dB。

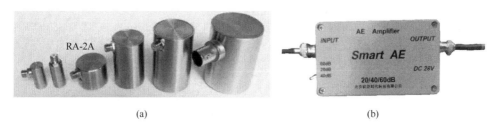

图 8-19　AE 传感器规格（a）及前置放大器（b）

8.6.2.2　AE 信号参数

对原始波形进行参数提取可获得常规 AE 参数，提取时需设置一定参数，设定参数见表 8-1，参数示意图如图 8-20 所示，参数含义见表 8-2。

表 8-1　提取参数时的参数设定

设定参数	含义	功能
门槛值	当波形的最大幅值超过门槛值时，该波形的参数将被提取，单位为 mV 或 dB	忽略低幅值噪声信号
峰值鉴别时间（PDT）	在 PDT 内出现的最大峰值被认为是该波形的波峰，单位为 μs	快速、准确地找到 AE 波形的主峰值，同时避免将前驱波误判为主波
撞击闭锁时间（HLT）	在 HDT 内不再出现过门槛值，则认为该撞击结束	判别一个波是否结束
撞击鉴别时间（HDT）	在 HLT 内即使出现过门槛的值也不认为是一个撞击信号	为了避免将反射波和滞后波当成主波处理
带通滤波	将一定频率带的信号保留，频率带之外的信号去除	排除噪声信号对参数结果的影响

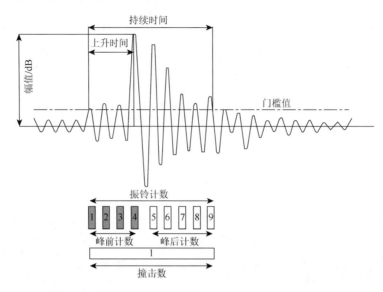

图 8-20 常规声发射信号特征（Grosse and Ohtsu，2008）

表 8-2 声发射常规参数及其含义

参数	含义
到达时间	一个声发射波到达传感器的时间，单位为 μs
幅度	信号波形的最大振幅，单位为 dB 或 mV
持续时间	信号第一次越过门限至最终降到门限所经历的时间间隔，单位为 μs
上升时间	信号第一次越过门限至最大振幅所经历的时间间隔，单位为 μs
振铃计数	越过门限信号的振荡次数
上升计数	上升时间内的振铃计数
能量	信号检波包络线下的面积，单位为 mV·μs
有效电压	采样时间内，信号的均方根值，单位为 V
平均信号电平	采集时间内，信号电平的均值，单位为 dB
撞击数	系统对撞击的累计计数
质心频率	声发射信号经快速傅里叶变换（FFT）后，振幅与频率乘积之和与振幅之和的比值
峰值频率	声发射信号经快速傅里叶变换后，最大能谱点对应的频率，也称为主频

8.6.3 声发射成像

声发射分析中的定量方法需要应用定位技术来尽可能精确地提取声发射信号的源空间坐标。在实践中，有许多不同的方法可以用来定位 AE 信号，获得一维、二维或三维源空间信息。声发射定位方法在地震波定位框架下发展得到，原理是根据 P 波到达不同位置传感器的时差来计算，即时差定位的测量方法。

8.6.3.1 时差定位原理

一维定位法也称为直线定位法，至少需要 2 个传感器。二维定位法也称为面定位法，至少需要 3 个以上传感器。三维定位法则至少需要 4 个传感器。单轴压缩实验中，做 AE 定位时，传感器的排布示意图如图 8-21 所示。实验中固定好 AE 传感器的位置后，测定不同位置各个传感器拾取 P 波的相对时差，即可实现对 AE 事件的定位。震源和第 i 个传感器之间的走时方程为

$$\sqrt{(x_i-x_0)^2+(y_i-y_0)^2+(z_i-z_0)^2}=v_\mathrm{p}(t_i-t_0), \qquad (8\text{-}15)$$

式中，x_i、y_i、z_i 为第 i 个传感器的坐标；$i=1,2,3,\cdots,m$；m 为传感器的总个数；x_0、y_0、z_0 为 AE 时间坐标值；v_p 为 P 波波速；t_i 为第 i 个传感器接收到的 AE 事件；t_0 为 AE 源发出信号的时间。用第 i 个测点的走时方程减去第 k 个测点的走时方程可得到一线性系统：

$$\begin{aligned}&2(x_i-x_k)x+2(y_i-y_k)y+2(z_i-z_k)z-2v^2(t_i-t_k)t\\&=x_i^2-x_k^2+y_i^2-y_k^2+z_i^2-z_k^2-v^2(t_i^2-t_k^2),\end{aligned} \qquad (8\text{-}16)$$

式中，i，$k=1,2,3,\cdots,m$。通过 i 和 k 的不同组合可产生 $m(m-1)/2$ 个方程，其中只有 $(m-1)$ 个线性独立方程。

实验室进行 AE 实验前，样品的纵波传播速率 v_p 可测量得到。当纵波波速已知时，有 4 个未知量 x_i、y_i、z_i、t_i，因此至少要通过 4 个不共面的传感器确定 AE 源的空间位置，即三维定位法。

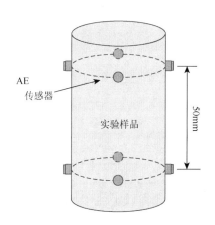

图 8-21　三维 AE 定位传感器布置方案（Chu et al.，2022）

8.6.3.2 实验步骤

（1）在实验样品上标记准确 AE 的位置，并安装 AE 传感器。
（2）"断铅实验"，用一根铅笔在已知位置压断铅芯，AE 设备采集到 AE 信号。
（3）根据断铅处已知位置，计算 P 波在样品中的传播速度。
（4）确定出波速后，则 AE 设备获得信号定位位置，对比定位结果与真实断铅位置的准确性，并在多个已知特定位置重复步骤（2）和（3），修正波速值，获得最佳的定位效果后，确定最终波速值设定。
（5）在正式实验中，设备在采集信号时，将根据上述波速设定，自动计算定位 AE 信号源空间位置。
（6）由于在自动定位过程中，软件自动选取 P 波的首波到时位置，噪声的存在将降低自动选取的准确度。后期可进行首波到时位置修正，以提高定位精度。

8.6.3.3 数据处理及三维空间信号展示

AE 信号空间位置信息可由 AE 设备软件自动提取获得，类似结果如图 8-22 所示，也可以根据需要使用声发射原始数据自行处理。

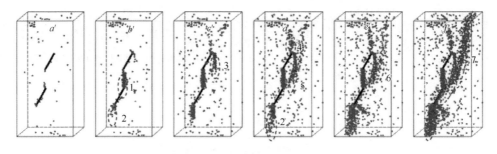

图 8-22 AE 信号源空间分布（Wang et al.，2021）

参 考 文 献

陈祖安，伍向阳，方华，等，1999. 岩石气体介质渗透率的瞬态测量方法[J]. 地球物理学报，（S1）：167-171.
丁树云，毕庆涛，蔡正银，等，2013. 环剪仪的实验方法研究[J]. 岩土工程学报，35（S2）：197-201.
张茹，艾婷，高明忠，等，2017. 岩石声发射基础理论及实验研究[M]. 成都：四川大学出版社.
Brace W F, Walsh J B, Frangos W T, 1968. Permeability of granite under high pressure[J]. Journal of Geophysical Research, 73（6）: 2225-2236.
Chu Z, Wu Z, Wang Z, et al., 2022. Micro-mechanism of brittle creep in saturated sandstone and its mechanical behavior after creep damage[J]. International Journal of Rock Mechanics and Mining Sciences，149: 104994.

Dang W, Tao K, Chen X, 2022. Frictional behavior of planar and rough granite fractures subjected to normal load oscillations of different amplitudes[J]. Journal of Rock Mechanics and Geotechnical Engineering, 14 (3) . 746-756.

Di Toro G, Han R, Hirose T, et al., 2011. Fault lubrication during earthquakes[J]. Nature, 471 (7339): 494-498.

Dieterich J H, 1978. Time-dependent friction and the mechanics of stick-slip[J]. Pure and Applied Geophysics, 116 (4): 790-806.

Dieterich J H, 1979. Modeling of rock friction 1. Experimental results and constitutive equations[J]. Journal of Geophysical Research: Solid Earth, 84 (B5): 2161-2168.

Ellsworth W L, 2013. Injection-induced earthquakes[J]. Science, 341: 1-8.

Fairhurst C, 1964. On the validity of the 'Brazilian' test for brittle materials[J]. International Journal of Rock Mechanics and Mining Sciences & Geomechanics Abstracts, 1 (4): 535-546.

Fischer G J, 1992. Chapter 8 the determination of permeability and storage capacity: Pore pressure oscillation method[J]. International Geophysics, 51: 187-211.

Giesche H, 2006. Mercury porosimetry: A general (practical) overview[J]. Particle & Particle Systems Characterization, 23 (1): 9-19.

Grosse C, Ohtsu M, 2008. Acoustic emission testing[M]. Heidelberg: Springer Berlin Heidelberg.

Jozefaciuk G, Czachor H, Lamorski K, et al., 2015. Effect of humic acids, sesquioxides and silica on the pore system of silt aggregates measured by water vapour desorption, mercury intrusion and microtomography: Cementing agents and porosity of silt aggregates[J]. European Journal of Soil Science, 66 (6): 992-1001.

Kang J Q, Zhu J B, Zhao J, 2019. A review of mechanisms of induced earthquakes: From a view of rock mechanics[J]. Geomechanics and Geophysics for Geo-Energy and Geo-Resources, 5 (2): 171-196.

Klinkenberg L J, 1941. The permeability of porous media to liquids and gases[J]. Drilling and Production Practice, 2 (2): 200-213.

Kranz R L, Saltzman J S, Blacic J D, 1990. Hydraulic diffusivity measurements on laboratory rock samples using an oscillating pore pressure method[J]. International Journal of Rock Mechanics and Mining Sciences & Geomechanics Abstracts, 27 (5): 345-352.

Li D, Wong L N Y, 2013. The Brazilian disc test for rock mechanics applications: Review and new insights[J]. Rock Mechanics and Rock Engineering, 46 (2): 269-287.

Liu J, Fokker P A, Peach C J, et al., 2018. Applied stress reduces swelling of coal induced by adsorption of water[J]. Geomechanics for Energy and the Environment, 16: 45-63.

Liu J, Hunfeld L B, Niemeijer A R, et al., 2020. Frictional properties of simulated shale-coal fault gouges: Implications for induced seismicity in source rocks below Europe's largest gas field[J]. International Journal of Coal Geology, 226: 103499.

Liu J, Spiers C J, 2022. Permeability of bituminous coal to CH_4 and CO_2 under fixed volume and fixed stress boundary conditions: Effects of sorption[J]. Frontiers in Earth Science, 10: 1-15.

Lowell S, Shields J E, Thomas M A, et al., 2004. Mercury porosimetry: Intra and inter-particle characterization[J]. Characterization of Porous Solids and Powders, 16: 311-325.

Marone C, 1998. Laboratory-derived friction laws and their application to seismic faulting[J]. Annual Review of Earth and Planetary Sciences, 26 (1): 643-696.

Mogi K, 2006. Experimental rock mechanics[M]. Boca Raton: CRC Press.

Numelin T, Marone C, Kirby E, 2007. Frictional properties of natural fault gouge from a low-angle normal fault, Panamint Valley, California[J]. Tectonics, 26 (2): 1-14.

Paterson M S, Wong T, 2005. Experimental rock deformation: The brittle field[M]. Heidelberg: Springer-Verlag.

Rouquerol J, Baron G, Denoyel R, et al., 2012. Liquid intrusion and alternative methods for the characterization of macroporous materials (IUPAC Technical Report) [J]. Pure and Applied Chemistry, 84 (1): 107-136.

Ruina A, 1983. Slip instability and state variable friction laws[J]. Journal of Geophysical Research: Solid Earth, 88(B12): 10359-10370.

Scholz C H, 2019. The mechanics of earthquakes and faulting[M]. Cambridge: Cambridge University Press.

Segall P, Fitzgerald S D, 1998. A note on induced stress changes in hydrocarbon and geothermal reservoirs[J]. Tectonophysics, 289 (1): 117-128.

Shi Y, Wang C Y, 1986. Pore pressure generation in sedimentary basins: Overloading versus aquathermal[J]. Journal of Geophysical Research: Solid Earth, 91 (B2): 2153-2162.

Spiers C J, Hangx S J T, Niemeijer A R, 2017. New approaches in experimental research on rock and fault behaviour in the Groningen gas field[J]. Netherlands Journal of Geosciences, 96 (5): s55-s69.

Sutherland H J, Cave S P, 1980. Argon gas permeability of New Mexico rock salt under hydrostatic compression[J]. International Journal of Rock Mechanics and Mining Sciences & Geomechanics Abstracts, 17 (5): 281-288.

Tanikawa W, Shimamoto T, 2009. Comparison of Klinkenberg-corrected gas permeability and water permeability in sedimentary rocks[J]. International Journal of Rock Mechanics and Mining Sciences, 46 (2): 229-238.

Violay M, Giorgetti C, Cornelio C, et al., 2021. HighSTEPS: A high strain temperature pressure and speed apparatus to study earthquake mechanics[J]. Rock Mechanics and Rock Engineering, 54 (4): 2039-2052.

Wang X, Wang E, Liu X, et al., 2021. Failure mechanism of fractured rock and associated acoustic behaviors under different loading rates[J]. Engineering Fracture Mechanics, 247: 1-15.

Zhang R, Liu S, He L, et al., 2020. Characterizing anisotropic pore structure and its impact on gas storage and transport in coalbed methane and shale gas reservoirs[J]. Energy & Fuels, 34 (3): 3161-3172.

Zhao Y, Liu S, Elsworth D, et al., 2014. Pore structure characterization of coal by synchrotron small-angle X-ray scattering and transmission electron microscopy[J]. Energy & Fuels, 28 (6): 3704-3711.

彩 图

图 1-2 典型岩石薄片观测照片

（a）纯橄榄岩；（b）辉长岩；（c）闪长岩；（d）砂砾岩

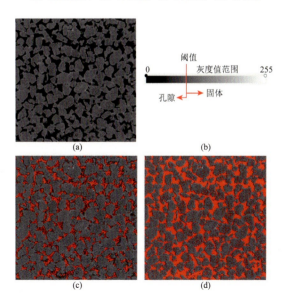

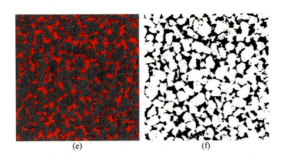

图 2-10 简单阈值分割方法及取不同阈值的分割效果

（a）一个砂岩样品切割后的原始灰度图，为 8 位类型的数据；（b）该类型数据灰度值范围及阈值含义；（c）阈值为 50 时的分割效果，红色为根据阈值选定的孔隙，显然孔隙没有全部被选中；（d）阈值为 83 时的分割效果，颗粒内部大量点被不合理地分割为孔隙；（e）阈值为 73 时的分割效果，分割效果较好；（f）灰度图像分割后转化为二值图像，黑色部分为孔隙，白色部分为固体基质

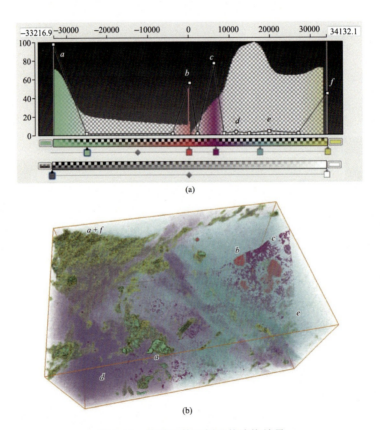

图 2-11 传递函数示例及体渲染结果

（a）传递函数，图中底部灰度条为原始图像灰度范围；中部横条为与灰度对应的伪色彩，伪色彩可以自定义；上部阴影部分为灰度直方图，斜线定义颜色的透明度，纵轴方向越高表示越不透明，a、b、c、f 部位不透明，d、e 部位透明度高，其余部位完全透明。（b）体渲染效果图，其中所标示的 $a\sim f$ 对应传递函数中所定义的色彩和透明度

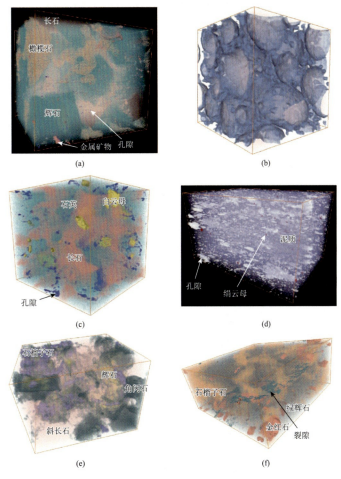

图 2-12　一些典型岩石中的三维微观结构体渲染图

（a）辉长岩，其中蓝色表示微小孔隙；（b）浮岩；（c）细砂岩；（d）板岩；（e）麻粒岩；（f）榴辉岩

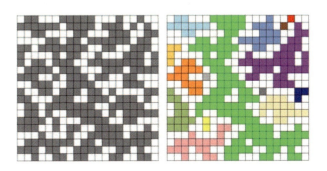

图 2-15　二维方格模型团簇标注与逾渗分析（Liu and Regenauer-Lieb，2021）

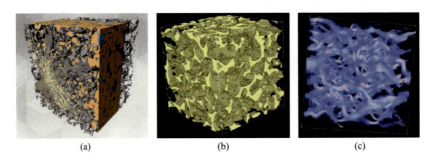

图 3-19　孔隙尺度流体模拟

（a）岩石微观结构及流体模拟示意图（引自 Avizo®主页）；（b）一个砂岩样品的孔隙结构（固体骨架透明）；（c）孔隙中流体速度分布

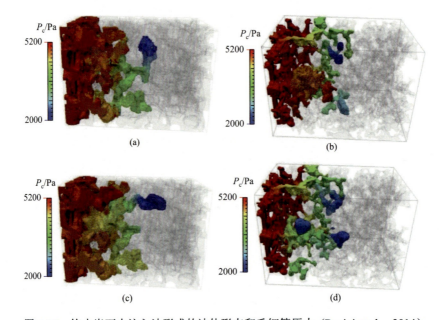

图 3-22　饱水岩石中注入油形成的油体形态和毛细管压力（Raeini et al.，2014）

（a）压实砂体样品，毛管值 $1.5×10^{-5}$；（b）贝雷砂岩样品，毛管值 $1.5×10^{-5}$；（c）压实砂体样品，毛管值 $6.0×10^{-5}$；（d）贝雷砂岩样品，毛管值 $6.0×10^{-5}$

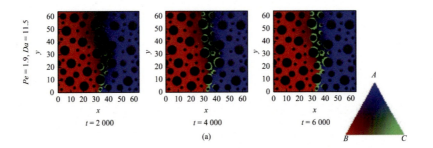

(a)

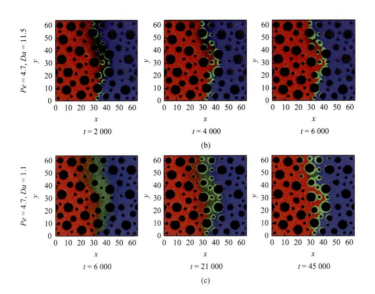

图 3-24　光滑粒子水动力学方法分析两相流混合及新生物质沉淀过程（Meakin and Tartakovsky，2009；Tartakovsky et al.，2008）

（a）$Pe = 1.9$，$Da = 11.5$；（b）$Pe = 4.7$，$Da = 11.5$；（c）$Pe = 4.7$，$Da = 1.1$

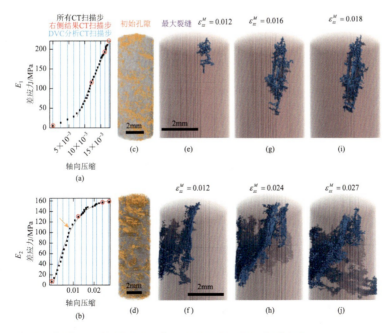

图 5-10　两个埃特纳火山玄武岩的三轴实验同步 CT 扫描观测结果（McBeck et al.，2019）

（a）、（b）为加载条件，（c）、（d）为样品体渲染图，（e）～（j）依次为样品压缩过程中三个步骤的最大裂缝的形态

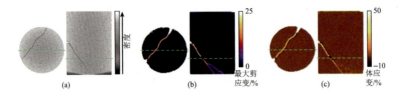

图 5-46　DVC 方法确定应变分布（Tudisco et al.，2017）

（a）变形后两个切片图像；（b）最大剪应变分布；（c）体应变分布

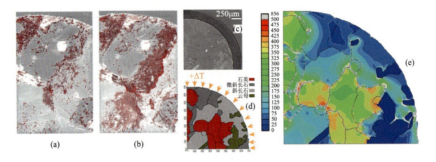

图 5-47　韦斯特利花岗岩热裂纹及结构内部应力（Schrank et al.，2012）

（a）0℃时天然裂缝结构体渲染；（b）220℃时裂缝结构体渲染；（c）分析的二维空间原始图像；（d）分析范围矿物分区；（e）加热到360℃后的米泽斯应力分布

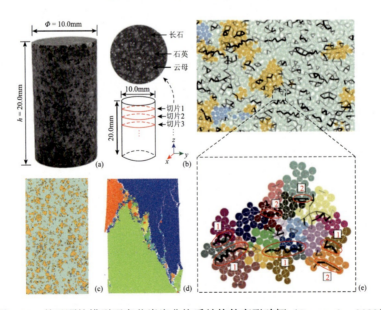

图 5-50　基于颗粒模型研究花岗岩非均质结构的变形破坏（Guo et al.，2023）

（a）花岗岩样品外观；（b）CT 扫描图像结构及典型切片图，其中深灰色影像对应长石，浅灰色对应石英，近白色影像对应云母；（c）图像分割后模型切面视图，其中大面积浅绿色对应长石，颗粒状黄色对应石英，细小的蓝色颗粒对应云母；（d）样品加压后破坏形态；（e）以不同粗细的线条表示的样品加热到150℃时矿物颗粒之间、颗粒内部粒子之间的力键，其中 1 代表颗粒之间高值力键，2 代表颗粒内部高值力键

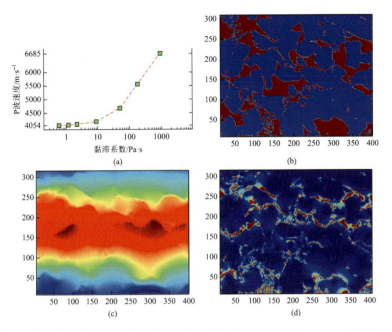

图 6-15 黏性流体充填孔隙时黏滞系数变化与地震波特征（Saenger et al.，2011）

（a）有效 P 波速度与黏滞系数关系；（b）一个孔隙结构的纵切面，红色为孔隙，蓝色为固体；（c）某一时刻 P 波的位移分布，中部暖色表示位移值大；（d）同一时刻剪切波能量密度分布，紫红色表示高值，蓝色表示低值
图（b）（c）（d）中坐标轴数字为网格点，每一个网格点长度为 2.275 μm

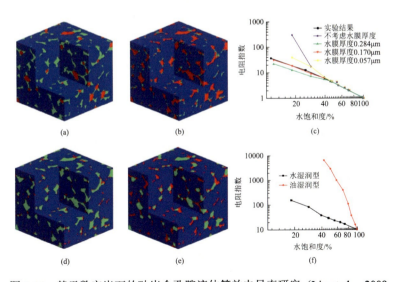

图 7-14 基于数字岩石的砂岩含孔隙流体等效电导率研究（Liu et al.，2009）

（a）水润湿型岩石 S_w = 72%时固体和油-水相分布；（b）水润湿型岩石 S_w = 18%时固体和油-水相分布；
（c）水润湿型岩石电阻指数随水饱和度变化关系；（d）油润湿型岩石 S_w = 82%时固体和油-水相分布；
（e）油润湿型岩石 S_w = 45%时固体和油-水相分布；（f）相同孔隙结构在水润湿型和油润湿型时计算的
电阻指数随水饱和度的变化

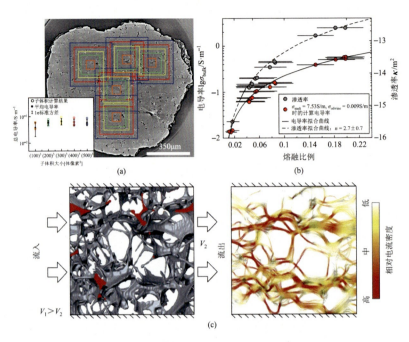

图 7-15 橄榄玄武岩部分熔融与电导率研究（Miller et al., 2015）

（a）橄榄玄武岩 CT 扫描切片图像、不同计算模型取样位置及大小、计算的电导率随计算体积的变化；（b）不同熔融比例对应的等效电导率和渗透率；（c）计算分析示意图，左侧为熔融比例为 5%时的熔融体结构（红色为熔融体与边界面相切部位）及边界条件，右侧为电流场密度分布

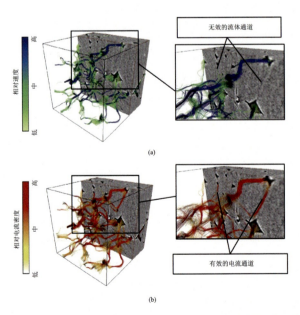

图 7-16 橄榄玄武岩部分熔融对应的流体场与电场分布对比